固体废物环境管理丛书

GUTI FEIWU HUANJING GUANLI CONGSHU

# 建筑垃圾处理与处置

**JIANZHU LAJI CHULI YU CHUZHI**

总主编　陈昆柏　郭春霞

本册主编　卢洪波　廖清泉　司常钧

U0293599

河南科学技术出版社

·郑州·

**图书在版编目（CIP）数据**

　　建筑垃圾处理与处置/卢洪波，廖清泉，司常钧编．—郑州：河南科学技术出版社，2016.11

　　（固体废物环境管理丛书）

　　ISBN 978-7-5349-8475-4

　　Ⅰ.①建… 　Ⅱ.①卢… ②廖… ③司… 　Ⅲ.①建筑垃圾-垃圾处置 Ⅳ.①TU746.5

　　中国版本图书馆 CIP 数据核字（2016）第 278892 号

出版发行：河南科学技术出版社

　　　　　地址：郑州市经五路 66 号　　邮编：450002

　　　　　电话：（0371）65737028

　　　　　网址：www.hnstp.cn

策划编辑：李肖胜　冯俊杰

责任编辑：樊晓辉　张　恒　冯俊杰

责任校对：柯　姣

封面设计：张　伟

版式设计：栾亚平

责任印制：张艳芳

印　　刷：河南日报报业集团有限公司彩印厂

经　　销：全国新华书店

幅面尺寸：185 mm×260 mm　　印张：16　　字数：303 千字

版　　次：2016 年 11 月第 1 版　　2016 年 11 月第 1 次印刷

定　　价：70.00 元

# 《建筑垃圾处理与处置》
## 编者名单

| | |
|---|---|
| **主　　编** | 卢洪波　廖清泉　司常钧 |
| **参编人员** | 马军涛　李克亮　王慧贤　张旭芳 |
| | 傅炳煌　徐祥来　傅国华　邱志辉 |
| | 徐　锋　卢　鹏　李中林　孟　威 |
| | 刘　俊 |
| **参编单位** | 郑州鼎盛工程技术有限公司 |
| | 华北水利水电大学 |
| | 福建泉工股份有限公司 |
| | 江苏晨日环保科技有限公司 |

# 前　言

自 20 世纪 90 年代以来，世界上许多国家，特别是发达国家，已把城市建筑垃圾减量化和资源化处理作为环境保护和可持续发展战略目标之一。在综合利用建筑垃圾方面，欧美许多发达国家和亚洲的日本、韩国等开展得较早，经过了数十年的发展和完善，有些发达国家建筑垃圾的再生利用率已在 90%以上。

我国建筑垃圾管理起步于 20 世纪 80 年代末，由于法律和法规不够健全，配套制度、管理政策的不完善，绝大部分建筑垃圾未经任何处理，便被运往郊外或乡村，采用露天堆放或者简易填埋的方式进行处置。同时，在清运和堆放过程中，遗撒、粉尘和灰砂飞扬等又造成了严重的环境污染。日益严峻的环境问题、日趋紧张的土地供给、日渐耗尽的矿产资源是我们生存与发展的现状，建筑垃圾的产生无疑又加剧了人、环境、资源之间的矛盾，影响了城市生态环境的协调发展。因此建筑垃圾处理日益受到人们的重视，发展建筑垃圾资源化利用产业，是建筑业可持续发展的重要出路之一。

开展建筑垃圾资源化利用工作有利于减少建筑垃圾的排放量，降低废弃物带来的严重环境问题，改善城市的建设环境和人民的生活环境，在环境和经济都可行的条件下尽可能的提高建筑垃圾的再生利用率，减缓建筑垃圾无处处置的趋势。

基于此，特组织了多位有丰富经验的建筑垃圾资源化利用科研工作者和企业管理者，将积累多年的宝贵经验与建筑垃圾行业发展变化相结合，编写了《建筑垃圾处理与处置》一书。希望本书能对已经从事及即将涉足建筑垃圾资源化利用的企业和从业人员有所帮助和借鉴。鉴于编者水平有限，本书中难免有不妥之处，欢迎行业同仁批评指正。

编　者

2016 年 4 月

# 目　　录

# 第1章 建筑垃圾概述

## 1.1 建筑垃圾的定义、分类和组成

### 1.1.1 建筑垃圾的定义

不同国家和地区对建筑垃圾有不同的定义，例如：

（1）日本对建筑垃圾的定义是："伴随拆迁构筑物产生的混凝土破碎块和其他类似的废弃物，是稳定性产业废弃物的一种。"在厚生省指南中，更具体化为"混凝土碎块""沥青混凝土砂石凝结块废弃物"等，而木制品、玻璃制品、塑料制品等废材并不包括在"建筑废材"中。

（2）美国环保署对建筑垃圾的定义是："建筑垃圾是在建筑新建、扩建或拆除过程中产生的废弃物质。"这里的建筑物包括各种形态和用途的建筑物和构筑物。根据生产建筑垃圾的建筑活动的性质，通常将其分为五类，即交通工程垃圾、挖掘工程垃圾、拆卸工程垃圾、清理工程垃圾和扩建翻新工程垃圾。

（3）我国原建设部颁布的《城市垃圾产生源分类及垃圾排放》（CJ/T 3033—1996）将城市垃圾按其产生源分为九大类，这些产生源包括垃圾产生场所、清扫垃圾产生场所、商业单位、行政事业单位、医疗卫生单位、交通运输垃圾产生场所、建筑装修场所、工业企业单位和其他垃圾产生场所。建筑垃圾即为在建筑装修场所产生的城市垃圾，建筑垃圾通常与工程渣土归为一类。根据原建设部 2003 年颁布的《城市建筑垃圾和工程渣土管理规定》，建筑垃圾、工程渣土，是指建设、施工单位或个人对各类建筑物、构筑物等进行建设、拆迁、修缮及居民装饰房屋过程中所产生的余泥、余渣、泥浆及其他废弃物。建筑垃圾按照来源可分为土地开挖、道路开挖、旧建筑物拆除、建筑施工和建材生产垃圾五类。自 2005 年 6 月 1 日起施行的《城市建筑垃圾管理规定》所称建筑垃圾，是指建设单位、施工单位新建、改建、扩建和拆除各类建筑物、构筑物、管网等以及居民装饰装修房屋过程中所产生的弃土、弃料及其他废弃物。

## 1.1.2 建筑垃圾的分类和组成

1. 按照建筑废弃物的来源分类

建筑废弃物按照来源可分为土地开挖废弃物、道路开挖废弃物、旧建筑物拆除废弃物、建筑工地废弃物和建材生产废弃物五类，主要由渣土、砂石块、废砂浆、砖瓦碎块、混凝土块、沥青块、废塑料、废金属料、废竹木等组成。

（1）土地开挖废弃物。分为表层土和深层土，前者可用于种植，后者主要用于回填、造景等。

（2）道路开挖废弃物。道路开挖分为混凝土道路开挖和沥青道路开挖，其废弃物包括废混凝土块、沥青混凝土块。

（3）旧建筑物拆除废弃物。主要分为砖、石头、混凝土、木材、塑料、石膏、灰浆、屋面废料、钢铁和非铁金属等几类。

（4）建筑施工废弃物。分为剩余混凝土、建筑碎料以及房屋装修产生的废料。剩余混凝土是指工程中没有使用掉而多余出来的混凝土，也包括由于某种原因（如天气变化）暂停施工而未及时使用的混凝土。建筑碎料包括凿除、抹灰等产生的旧混凝土、砂浆等矿物材料，以及木材、纸、金属和其他废料等类型。房屋装修产生的废料主要有：废钢筋、废铁丝和各种非钢配件、金属管线废料，废竹木、木屑、刨花，各种装饰材料的包装箱、包装袋，散落的砂浆和混凝土、碎砖和碎混凝土块，搬运过程中散落的黄砂、石子和块石等。其中，主要成分为碎砖、混凝土、砂浆、桩头、包装材料等，约占建筑施工废弃物总量的80%。

1）碎砖（砌块）。砖（砌块）主要用于建筑物承重和围护墙体。产生碎砖（砌块）的主要原因是：①组砌不当、设计不符合建筑模数或选择砖（砌块）规格不当、砖（砌块）尺寸和形状不准等原因引起的砍砖；②运输破损；③设计选用过低强度等级的砖（砌块）或砖（砌块）本身质量差；④承包商管理不当；⑤订货过多等。

2）砂浆。砂浆主要用于砌筑和抹灰。产生砂浆废料的主要原因是：①在施工操作过程中不可避免的散落；②拌和过多、运输散落等也是造成砂浆废料的原因。

3）混凝土。混凝土是重要的建筑材料，用于基础、构造柱、圈梁、柱、楼板和剪力墙等结构部位施工。产生混凝土废弃物废料的主要原因是：①浇注时的散落和溢出、运输时的散落；②订货过多；③由于某种原因（如天气变化）暂停施工而未及时使用。

4）桩头。对于预制桩，达到设计标高后，将尺寸过长的桩头部分截去；对于灌注桩，开挖后要将上部浮浆层截去。截下的桩头成为施工废弃物废料。

5）包装材料。施工现场的各类建筑材料使用后的包装材料也是废弃物废料的一部分。

（5）建材生产废弃物。主要是指为生产各种建筑材料所产生的废料、废渣，也包括建材成品在加工和搬运过程中所产生的碎块、碎片等。如在生产混凝土过程中难免产生的多余混凝土以及因质量问题不能使用的废弃混凝土。经测算，平均每生产 $100m^3$ 的混凝土，将产生 $1\sim1.5m^3$ 的废弃混凝土。

**2. 按照建筑废弃物的材料分类**

除了按建筑废弃物的来源分类之外，也可以根据建筑废弃物的主要材料类型将其分成三类：可直接利用的材料，可作为材料再生或可以用于回收的材料，以及没有利用价值的废料。例如在旧建筑材料中，可直接利用的材料有窗、梁、尺寸较大的木料等，可作为材料再生的主要是矿物材料、未处理过的木材和金属，经过再生后其形态和功能都和原先有所不同。

**3. 按照建筑废弃物的强度分类**

将剔除金属类和可燃物后的建筑废弃物（混凝土、石块、砖等）按强度分类：标号大于 C10 的混凝土和块石，命名为Ⅰ类建筑废弃物；标号小于 C10 的废砖块和砂浆砌体，命名为Ⅱ类建筑废弃物；为了更好地利用建筑废弃物，还将Ⅰ类细分为Ⅰa 类和Ⅰb 类。各类建筑废弃物的分类标准及用途见表 1-1 所示。

表 1-1 各类建筑废弃物的分类标准及用途

| 大类 | 亚类 | 标号 | 标志性材料 | 用途 |
| --- | --- | --- | --- | --- |
| Ⅰ | Ⅰa | ≥C20 | 4 层以上建筑的梁、板、柱 | C20 混凝土骨料 |
| | Ⅰb | C10~C20 | 混凝土垫层 | C10 混凝土骨料 |
| Ⅱ | Ⅱa | C5~C10 | 砂浆或砖 | C5 砂浆或再生砖骨料 |
| | Ⅱb | < C5 | 低标号砖 | 回填料 |

**4. 按照可资源化程度分类**

《中华人民共和国固体废物污染环境防治办法》确立了我国固体废物污染防治的三化原则，即固体废物污染防治的减量化、资源化、无害化原则，这也是我国废弃物管理的基本政策。

（1）减量化。建筑废弃物减量化是指减少建筑废弃物的产生量和排放量，是对建筑废弃物的数量、体积、种类、有害物质的全面管理，亦即开展清洁生产。它不仅要求减少建筑废弃物的数量和体积，还包括尽可能地减少其种类、降低其有害成分的浓度、减少或消除其危害特性等。对我国而言，应当鼓励和支持开展清洁生产，开发和推广先进的施工技术和设备，充分合理利用原材料等，通过这些政策措施的实施，达到建筑废弃物减量化的目的。

（2）资源化。建筑废弃物资源化是指采取管理和技术手段从建筑废弃物中回收有用的物质和能源。它包括以下三方面的内容。

1）物质回收。物质回收是指从建筑废弃物中回收二次物质不经过加工直接使用。例如，从建筑废弃物中回收废塑料、废金属、废竹木、废纸板、废玻璃等。

2）物质转换。物质转换是指利用建筑废弃物制取新形态的物质。例如，利用混凝土块生产再生混凝土骨料；利用房屋面沥青作沥青道路的铺筑材料；利用建筑废弃物中的纤维质制作板材；利用废砖瓦制作混凝土块等。

3）能量转换。能量转换是指从建筑废弃物处理过程中回收能量。例如，通过建筑废弃物中废塑料、废纸板和废竹木的焚烧处理回收热量。

（3）无害化。建筑废弃物的无害化是指通过各种技术方法对建筑废弃物进行处理与处置，使其不损害人体健康，同时对周围环境不产生污染。建筑废弃物的无害化主要包括两方面的内容：

1）分选出建筑废弃物中的有毒有害成分，如建筑废弃物中的含汞荧光灯泡，含铅铬电池、铅管以及其他如油漆、杀虫剂、清洁剂等有毒化学产品，并对其按照危险废物的处理与处置标准进行处理与处置。

2）建造专用的建筑废弃物填埋场对分选出有毒有害成分后的建筑废弃物进行填埋处置。

## 1.2 建筑垃圾资源化利用的必要性

### 1.2.1 国外建筑废弃物资源化利用现状

自 20 世纪 90 年代以来，世界上许多国家，特别是发达国家，已把城市建筑废弃物减量化和资源化处理作为环境保护和可持续发展战略目标之一。在综合利用建筑废弃物方面，欧美许多发达国家和亚洲的日本、韩国等开展较早，经过了数十年的发展和完善，有些发达国家建筑废弃物的再生利用率已在 90% 以上。这些国家凭借经济实力与科技优势实行建筑废弃物源头消减策略，即在建筑废弃物形成之前，就通过科学管理和有效控制将其减量化，对于产生的建筑废弃物则采用科学手段，使其成为再生资源。

1. 日本

日本部分地区建筑废弃物再利用率达到 100%。

日本国土面积小，资源相对匮乏，因此，他们将建筑废弃物视为建筑副产品，十分重视将其作为可再生资源而重新开发利用。

过去几十年，日本先后出台了《推进建筑副产物正确处理纲要》《建筑废弃物对策行动计划》《建设再循环法》《建设再循环指导方针》《再生骨料和再生混凝土使用规范》《废弃物处理指定设施配备的有关法律》《资源重新利用促进法》《再循环法》《废弃物处理法》《绿色采购法》等与建筑废弃物资源化利用相关的法律、法规和制度。并相继在各地建立了以处理混凝土废弃物为主的再生加工厂，生产再生水泥和再生骨料，生产规模最大的可加工生产 100t/h。日本对于建筑废弃物的主导方针是：尽可能不从施工现场排出建筑废弃物，建筑废弃物要尽可能地重新利用，对于重新利用有困难的则应适当予以处理。早在 1988 年，东京的建筑废弃物再利用率就达到了 56%。在日本部分地区，建筑废弃物再利用率已达到 100%。

2. 韩国

韩国立法要求使用建筑废弃物再生产品。

韩国 2003 年制定了《建设废弃物再生促进法》，2005 年、2006 年又对其进行了两次修订。《建设废弃物再生促进法》明确了政府、排放者和建筑废弃物处理商的义务，明确了对建筑废弃物处理企业资本、规模、设施、设备、技术能力的要求。更重要的是，《建设废弃物再生促进法》规定了建设工程义务使用建筑废弃物再生产品的范围和数量，明确了未按规定使用建筑废弃物再生产品将受到哪些处罚。据了解，目前，韩国已有建筑废弃物处理企业 373 家。

韩国的人善 ENT 公司是一家专门生产再生骨料的公司，该公司的主要业务为收集、运输建筑废弃物和生产再生骨料。其生产的再生骨料可分为普通骨料和优质骨料，粒径为 5~40mm。普通骨料可用于铺路，优质骨料可按一定比例混入混凝土生产。人善 ENT 公司的办公建筑就有 30% 使用了自己生产的再生骨料。并且经有关部门检测，该建筑完全符合建筑有关标准的要求。另据调查显示，像这样的再生骨料公司在韩国一共有 276 家，其中首尔就有 73 家。2002 年韩国建筑废弃物的产生量为 120 141 t/d，再利用量为 100 209 t/d，再生利用率为 83.4%。

3. 美国

美国 5% 的建筑骨料是建筑废弃物再生骨料。

美国每年有 1 亿吨废弃混凝土被加工成骨料用于工程建设，通过这种方式实现了再利用。据悉，再生骨料占美国建筑骨料使用总量的 5%。在美国，68% 的再生骨料被用于道路基础建设，6% 被用于搅拌混凝土，9% 被用于搅拌沥青混凝土，3% 被用于边坡防护，7% 被用于回填基坑，7% 被用在其他地方。

美国早在 1976 年就颁布实施了《资源保护回收法》，并提出：没有废弃物，只有放错地方的资源。美国制定的《超级基金法》规定：任何生产有工业废弃物的企业，必须自行妥善处理，不得擅自随意倾卸。

美国每年产生的建筑废弃物约 3.25 亿吨。美国对建筑废弃物的综合利用分三个级别：一是低级利用，如现场分拣利用，一般性回填等，占建筑废弃物总量的 50%~60%；二是中级利用，如用作建筑物或道路的基础材料，经处理厂加工成骨料，再制成各种建筑用砖、低标号水泥等，约占建筑废弃物总量的 40%；三是高级利用，如将建筑废弃物还原成水泥、沥青等再利用。但由于技术和成本关系，建筑废弃物高级利用部分所占比例很少。

美国住宅营造商协会正在推广一种"资源保护屋"，其墙壁是用回收的轮胎和铝合金废料建成，屋架所用的大部分钢料是从建筑工地上回收来的，所用的板材是锯末和碎木料加上 20% 的聚乙烯制成，屋面的主要原料是旧的报纸和纸板箱。美国的塞克林公司（CYCLEAN）采用微波技术，可以百分之百地回收利用再生旧沥青路面料，其质量与新拌沥青路面料相同，而成本可降低 1/3。同时节约了废弃物清运和处理等费用，大大减轻了城市的环境污染。

4. 法国

法国建筑科学技术中心（CSTB）是欧洲首屈一指的"废物及建筑业"集团，专门运营欧洲的"废物及建筑业"业务。

公司提出的废物管理整体方案有两大目标，一是通过对新设计建筑产品的环保特性进行研究，从源头控制工地废物的产量；二是在施工、改善及清拆工程中，通过对工地废物的生产及收集做出预测评估，以确定有关的回收应用程序，从而提升废物管理层次。该公司以强大的数据库为基础，使用应用软件对建筑废弃物进行从产生到处理的全过程分析控制，以协助在建筑物使用寿命期内的不同阶段做出决策。

5. 荷兰

据了解，在荷兰，建筑业每年产生的废物大约为 1 400 万 t，大多数是拆毁和改造旧建筑物的产物（石块、金属、塑料和木材的杂乱物）。目前，已有 70% 的建筑废弃物可以被再循环利用，但是荷兰政府希望将这个数字增加到90%。因此，他们制定了一系列法律，建立限制废物的倾卸处理、强制再循环运行的质量控制制度。

荷兰建筑废弃物循环再利用的重要副产品是筛砂，产量大约100万 t/a。砂很容易被污染，其再利用是有限制的。为此，荷兰采用了砂再循环网络，由拣分公司负责有效筛砂：依照它的污染水平分类，储存干净的砂，清理被污染的砂。

6. 德国

德国建筑废弃物消纳企业年营业额20亿欧元。

第二次世界大战结束后，德国面临大规模建设，建筑材料需求量很大。同时，很多建筑废弃物要从被战争摧毁的城市中运走，城镇废砖总量达到400万~600万 m³。一边是巨大的建材缺口，一边是大量亟待清运的建筑废弃物，循环利用建筑废弃物无疑是最好的对策。1955年至今，德国的建筑废弃物再生工厂已加工约1 150万 m³ 再生骨料，并用这些再生骨料建造了17.5万套住房。同时，德国对未处理利用的建筑废弃物按每吨500欧元的标准征收处理费。

德国约有200家建筑废弃物消纳企业。据悉，世界上生产规模最大的建筑废弃物处理厂就在德国，每小时可生产1 200t 建筑废弃物再生材料。

德国作为世界上最早推行环境标志的国家，其国内每个地区都有大型的建筑废弃物再加工综合工厂，德国在利用建筑废弃物制备再生骨料领域处于世界领先水平，经过长期的实际运作和不断改进，德国目前已经形成一套先进完善的制作工艺，并科学合理地配套了相应的机械设备对建筑废弃物进行循环利用，大大减少了建筑废弃物的外排数量，不仅节约了大量的清运费用，还为重建提供了大量的可用建材。德国西门子公司开发的干馏燃烧废弃物处理工艺，可将废弃物中的各种可再生材料十分干净地分离出来再回收利用，处理过程中产生的燃气则用于发电，废弃物经干馏燃烧处理后有害重金属物质仅剩下2~3 kg/t，有效地解决了废弃物占用大片耕地的问题。德国政府在《废弃物法（增补草案）》中，将各种建筑废弃物的利用率做了规定，并对未处理利用的建筑弃物征收存放费。

7. 丹麦

丹麦建筑废弃物再利用率达90%。

丹麦的废弃物处理体系建立在传统管理手段与各种经济手段相结合的基础之上。1998~2004年，丹麦政府的建筑废弃物处理目标是：再利用率达到90%，对危害环境的废弃物进行分拣和单独收集，推广环境友好型设计。

8. 奥地利

奥地利建筑废弃物生成企业自行购置处理设备。

奥地利最大的特点是对建筑废弃物收取高额的处理费，提高资源消耗成本。另外，所有生成建筑废弃物的企业几乎都购置了建筑废弃物移动处理设备，全国约有 130 台（套）。

## 1.2.2 国内建筑废弃物资源化利用现状

建筑废弃物的处理和利用是一个系统工程，涉及生产、运输、处理、再利用各个层面，其中更是牵涉了住房与城乡建设、发展与改革、环保、工业与信息化等多个行政管理部门。只有所有的环节统一管理，协同配合，才能形成一个闭合的建筑废弃物处理链，真正实现建筑废弃物的再生利用。目前我国建筑垃圾资源化利用还处于起步阶段，面临资源化利用认识不到位、处理能力不足、处理水平不高、产业链不健全等一些亟待解决的问题，主要表现在以下四个方面。

1. 认识不到位

长期以来，我国对建筑垃圾再利用没有给予足够重视。在杭州，建筑垃圾严重超量问题已成为城市管理的顽疾，由此引发的市民投诉逐年增加。其原因有：①我们对建筑垃圾的管理和再利用不够重视，绝大多数城市发展规划中没有建筑垃圾资源化利用的相关内容，其处理理念仍是简单的堆放或填埋。②缺乏建筑垃圾再生产品的国家政策法规与相关的检测、应用标准，相关宣传报道不足，导致公众对质优价廉的建筑垃圾再生产品不了解、不信任，再生产品的市场认可度不高。

2. 管理体制不健全

管理体制不健全体现在：①缺少建筑垃圾资源化利用的总体规划。②建筑垃圾的管理和资源化利用在地方上涉及住建、城管（市容和环卫）、发改、财政、工信、环保、交通、公安、规划、土地等多个部门，且各城市的主管部门不一、多头管理问题突出，缺少有效的管理协调体系。例如，北京市有 9 个部门负责建筑垃圾管理工作，其涉及部门之多、协调难度之大、影响范围之广让北京市的主要领导也感叹不已，成为建筑垃圾管理和资源化利用的主要障碍。③没有形成建筑垃圾收集、分类、运输、加工、产品检测、市场应用推广的全过程监管体系。2007 年以前，由于缺乏统一有效的监管体系，尽管许昌市有近十个涉及建筑垃圾的监管部门，但建筑垃圾清运秩序混乱，仅清运队伍就有十多个，城乡接合部成了建筑垃圾倾倒场地，导致堵塞道路、侵占农田、淤塞河道、污染环境等严重问题，引起老百姓的强烈不满。四是对建筑垃圾资源化利用企业的监管措施不完善。

**3. 政策机制不完善**

政策机制不完善体现在：①缺乏源头减排约束机制。多数发达国家均施行"建筑垃圾源头消减策略"，效果显著。我国建筑寿命普遍较短、拆除方式粗放，建筑垃圾乱运乱倒，导致建筑垃圾产生量大、资源化利用成本高。②建筑垃圾资源化利用作为节能环保产业的重要内容，相应的财政、税收、金融等专项优惠政策不完善。例如，深圳市在南方科技大学拆迁项目中节省建筑垃圾外运及填埋处置费用5 000多万元，并没有得到相应的补助和政策支持。全国已建成投产的近30家百万吨级建筑垃圾资源化利用企业的2/3处于亏损或微利状态。③法律体系不健全。没有建筑垃圾资源化利用专项法律，相关的《中华人民共和国固体废物污染环境防治法》《中华人民共和国循环经济促进法》等法律，没有涵盖建筑垃圾资源化利用从源头到末端的全部环节，缺少配套法规。④标准体系不完善。除目前已发布和正在编制的10项产品标准和应用规程外，在拆除、分类、运输、处理以及生产等方面的标准几乎空白。⑤建筑垃圾再生利用项目用地问题亟待解决。建筑垃圾资源化利用项目选址难、环评难，再加之投资意愿低，给地方政府带来的直接经济收益少，不能满足地方政府经济指标预期而不被重视，这在特大型和大型城市尤为突出。⑥"禁实限粘"政策制约了工程弃土的资源化利用，造成了资源浪费。

**4. 技术水平不高**

影响建筑垃圾再生产品质量的主要原因是在建筑拆除过程中混入了泥土、木材、轻物质等杂质。在收集分类方面，绝大部分是混合收集后再分拣，效率很低。建筑垃圾的源头收集分类程度不高，不仅大量建筑垃圾未能有效利用，还导致建筑垃圾再生产品质量难以提高，处理成本增加。在工艺设备方面，没有建筑垃圾资源化利用的专业工业设计和技术研发单位，缺少处置工艺与装备的适用性研发与设计，缺少全面的应用技术与产业化示范。例如，目前建筑垃圾资源化利用企业基本沿用机制砂石的生产工艺和装备，缺乏高附加值的建筑垃圾再生利用成套工艺设备，影响正常生产和产品质量，效益低下。在再生产品方面，大部分建筑垃圾被粉碎、筛选后作为再生骨料直接出售，产品附加值低，没有实现效益最大化。在工程弃土的资源化利用中，良莠不齐的技术和产品无序竞争，技术路线及产品形态千差万别，再加之缺乏产品标准，让使用方无所适从。

## 1.2.3　建筑垃圾的危害

建筑废弃物对我们生活环境的影响具有广泛性、模糊性和滞后性的特点。广泛性是客观的，但其模糊性和滞后性会降低人们对它的重视，造成生态地质环境的污染，严重损害城市环境卫生，恶化居住生活条件，阻碍城市的健康发展。

1. 占用土地、破坏土壤

目前我国绝大部分建筑废弃物未经处理而直接运往郊外堆放。据估计，每堆积 1 万 t 建筑废弃物约需占用 67 ㎡ 的土地。我国许多城市的近郊常常是建筑废弃物的堆放场所，建筑废弃物的堆放占用了大量的生产用地，从而进一步加剧了我国人多地少的矛盾。随着我国经济的发展，城市建设规模的扩大以及人们居住条件的提高，建筑废弃物的产生量会越来越大，如不及时有效地处理和利用，建筑废弃物侵占土地的问题会变得更加严重，甚至出现随意堆放的建筑废弃物侵占耕地、航道等现象。2006 年 7 月，重庆市巴南区李家沱码头被倾倒了 1 万余 t 建筑废弃物，侵占了约 30m 长江航道，一旦出现大雨或洪水，就会使过往船舶陷入搁浅危险。

此外，堆放建筑废弃物对土壤的破坏是极其严重的。露天堆放的城市建筑废弃物在外力作用下侵入附近的土壤，改变土壤的物质组成，破坏土壤的结构，降低土壤的生产力，如图 1-1 所示。建筑废弃物中重金属的含量较高，在多种因素作用下会发生化学反应，使得土壤中重金属含量增加，引发农作物中重金属含量增加。

**图 1-1　建筑废弃物对土壤的破坏**

2. 污染水体

建筑废弃物在堆放和填埋过程中，由于发酵和雨水的淋溶、冲刷以及地表水和地下水的浸泡而渗滤出的污水（渗滤液或淋滤液），会造成周围地表水和地下水的严重污染，如图 1-2 所示。废砂浆和混凝土块中含有的大量水化硅酸钙和氢氧化钙、废石膏中含有的大量硫酸根离子、废金属料中含有的大量金属离子。

**图 1-2　建筑废弃物对水体的破坏**

同时废纸板和废木材自身发生厌氧降解产生木质素和单宁酸并分解生成有机酸，建筑废弃物产生的渗滤水一般为强碱性并且还有大量的重金属离子、硫化氢以及一定量的有机物。如不加控制让其流入江河、湖泊或渗入地下，就会导致地表和地下水的污染。水体被污染后会直接影响和危害水生生物的生存和水资源的利用。一旦饮用这种受污染的水，将会对人体健康造成很大的危害。

3. 污染空气

建筑废弃物在堆放过程中，在温度、水分等作用下，某些有机物质会发生分解，产生有害气体，如图 1-3 所示。例如，废石膏中含有大量硫酸根离子，硫酸根离子在厌氧条件下会转化成具有臭鸡蛋味的硫化氢；废纸板和废木材在厌氧条件下可溶出木质素和单宁酸，两者可生成挥发性的有机酸。废弃物中的细菌、粉尘随风吹扬飘散，造成对空气的污染。少量可燃性建筑废弃物在焚烧过程中又会产生有毒的致癌物质，造成对空气的二次污染。

**图 1-3　建筑废弃物对空气的污染**

4. 影响市容

目前我国建筑废弃物的综合利用率很低，许多地区建筑废弃物未经任何处理，便被运往郊外，采用露天堆放或简易填埋的方式进行处理。工程建设过程中未能及时转移的建筑废弃物往往成为城市的卫生死角，混有生活废弃物的城市建筑废弃物如不能进行适当的处理，一旦遇到雨天，脏水污物四溢、恶臭难闻，往往成为细菌的滋生地。而且建筑废弃物运输大多采用非封闭式运输车，不可避免地引起运输过程中的废弃物遗撒、粉尘和灰砂飞扬等问题，严重影响了城市的容貌，如图 1-4 所示。可以说城市建筑废弃物已成为损害城市绿地的重要因素，是市容的直接或间接破坏者。

图 1-4　建筑废弃物对市容的影响

5. 安全隐患

大多数城市建筑废弃物堆放地的选址具有随意性，留下了不少安全隐患。施工场地附近多成为建筑废弃物的临时堆放场所，由于只图施工方便和缺乏应有的防护措施，在外界因素的影响下，建筑废弃物堆出现崩塌、阻碍道路甚至冲向其他建筑物的现象时有发生，如图 1-5 所示。

图 1-5　建筑废弃物存在安全隐患

# 1.3　建筑垃圾资源化利用技术简介

## 1.3.1　废木材的处理与利用

1. 直接利用

建筑物拆迁产生的废旧木材，一部分可以直接重新利用，如较粗的立柱、梁、托梁以及本质较硬的橡木、红衫木、雪松。在废旧木材重新利用前，应考虑以下两个因素：①腐坏、表面涂漆和粗糙程度。②尚需拔除的钉子以及其他需清除的物质。废旧木材利用等级一般需做适当降低。对于建筑施工产生的多余木料（木条），清除其表面污染物后可根据其尺寸直接利用，而不用降低其使用等级，如加工成楼梯、室内地板、护壁板和饰条等。

2. 废木料用于生产黏土-木料-水泥复合材料

废木料还可用于生产黏土-木料-水泥复合材料，与普通混凝土相比，黏土-木料-水泥混凝土具有质量轻、导热系数小等优点，因而可作特殊的绝热材料使用。将废木料与黏土、水泥混合生产黏土-木料-水泥复合材料，可使复合材料的密度和导热系数进一步降低。

### 1.3.2　废旧塑料的综合利用

目前，随着新型建筑材料的大量应用，建筑物的组成材料趋向多元化，尤以化学建材的广泛应用为标志，这就必然会产生大量的废旧塑料，如果不妥善处理必然会造成较大的污染。所以，加强对废旧塑料资源的综合利用，不仅可以有效地减少"白色污染"，而且能够变废为宝，节约资源，保护环境。目前，我国对废旧塑料的处理途径主要有以下几种：焚烧法、卫生填埋法、热分解法、废旧塑料与其他材料复合技术。其中具有代表性的处理方法是废旧塑料的再生利用和废旧塑料与其他材料复合技术。

1. 废旧塑料的再生利用

废旧塑料的再生利用可分为直接再生利用和改性再生利用两大类。

（1）废旧塑料的直接利用。废旧塑料的直接利用是指将废旧塑料经过清洗、塑化加工成型或与其他物质经过简单加工制成有用的制品。废旧塑料的这种直接再生制品已经广泛应用于农业、渔业、建筑业、工业等领域，目前我国废旧塑料的再生利用仍然具有广阔的前景。除了废旧 PE（聚乙烯）外，其他废旧塑料制品如 PP（聚丙烯）、PVC（聚氯乙烯）等同样可以采用直接利用生产再生料。如废 PP 制品中的编织袋、打包带、捆扎绳、仪表盘、保险杆等。

（2）废旧塑料的改性再生利用。为了改善废旧塑料再生料的基本力学性能，满足专用制品的质量要求，可以采取物理或化学方法对废旧塑料进行改性（如复合、增强、接枝）以达到或超过原塑料制品的性能。废旧塑料的改性再利用具有较好的发展前景，越来越受到人们的重视。

2. 废旧塑料与其他材料复合技术

废旧塑料的性能虽然有所降低，但还存在塑料基本性能。可以将废旧塑料和其他材料复合，形成具有新性能的复合材料。主要是利用塑料盒、锯末、木材枝杈、糠壳、稻壳、农作物秸秆、花生壳等以一定的比例混合，添加特制的黏合剂，经高温高压处理后制成结构型材，属于基础工业原料，可以直接挤出制品或将型材再装配成产品，如托盘或包装箱等。木塑复合材料集木材和塑料的优点于一身，不仅有像天然木材那样的外观，而且克服了木料的不足，具有防腐、防潮、防虫蛀、尺寸稳定性高、不开裂、不翘曲等优点。

我国对木塑复合材料技术也进行了多年的研究，并取得了一些阶段性的成果，但在如何保证拉伸、弯曲和冲击强度等物理机械性能同硬木相当的前提下，尽量提高生产效率，以满足大规模工业生产的需要以及如何保证木粉的高填充量，使制品具有较低的生产成本和较高的使用性能等，一直是摆在科研人员面前的课题。目前，木塑材料制造的关键问题主要有以下几个：① 塑料原料种类的选择及如何提高塑料与木粉之间的界面结合力。② 提高木粉在体系中共混分散的能力及产生足够的成型压力，在高填充量的前提下，如何确保树脂材料有高的流动性和渗透性，从而促使热塑性熔体能充分分散木粉，达到共同复合的力学性能及其他方面的实用性能。③ 合理选择成型模具与冷却定型技术，提高挤出机的挤出量，提高木塑材料的生产效率。

### 1.3.3 废砖、瓦的综合利用

目前我国正在拆除的建筑大多是砖混结构，其中黏土砖在建筑垃圾中占有较大的比例，如果忽略了这部分垃圾的再生利用必然会造成较大的浪费和污染。建筑物拆除的废砖，如果块型比较完整，且黏附的砂浆比较容易剥离，通常可作为砖块回收并重新利用。如果块型已不完整，或与砂浆难以剥离，就要考虑其综合利用问题。废砂浆、碎砖石经破碎、过筛后与水泥按比例混合，再添加辅助材料，可制成轻质砌块、空（实）心砖、废渣混凝土多孔砖等，具有抗压强度高、耐磨、轻质、保温、隔声等优点，属环保产品。

（1）将碎砖适当破碎，制成轻骨料，用于制作轻骨料混凝土制品。青岛理工大学曾利用破碎的废砖制造多排孔轻质砌块，所用配合比为：水泥10%~20%，废砖（含砂浆）60%~80%，辅助材料10%~20%。采用机制成型，制品性能完全符合建筑墙体要求，市场供不用求。

（2）青岛理工大学将粒径小于5mm的碎砖与石灰粉、粉煤灰、激发剂拌和，压力成型，蒸压养护，形成蒸压砖。蒸压粉煤灰砖具有较高的强度及耐久性、抗裂性，其保温隔热性能优于黏土空心砖。

（3）废砖瓦替代天然骨料配置再生轻骨料混凝土。将废砖瓦破碎、筛分、粉磨所得的废砖粉在石灰、石膏或硅酸盐水泥熟料激发条件下，具有一定的活性。小于3cm的青砖颗粒表观密度为752kg/m³，红砖颗粒表观密度为900kg/m³，基本具备制作轻骨料的条件，再辅以表观密度较小的细骨料或粉体，制成具有承重、保温功能的结构轻骨料混凝土构件（板、砌块）、透气性便道砖及花格等水泥制品。

（4）废砖瓦在联合粉磨制砂设备中进行粉磨和选粉制备再生微粉。废砖瓦再生微粉的生产工艺包括下列四个主要工艺步骤：①使用大型破碎机对大块建筑垃圾进行初级破碎，将大块垃圾破碎成较小的原材料碎块，通过砖混分离设备，分离出混凝土块并剥离垃圾中的残余钢筋，并对破碎后的垃圾碎块进行初级混合均化。②通过磁选、风选和人工分拣等工艺对经过初级混合均化的建筑垃圾碎块进行洁净化处理，剔除其中的玻璃、塑料、木块、纺织物及金属质杂物，并通过筛分、水洗等工艺去除泥土，然后进行二级混合均化，得到基本洁净的建筑垃圾原料。③使用专用破碎设备对初级破碎后的洁净建筑垃圾原材料进行二次加工，并通过筛分装置分离出符合使用要求的不同粒径的再生粗、细骨料。④将符合粒径要求的再生骨料经必要的烘干处理后，经过配料计量和三级混合均化后，使用专用联合粉磨制砂设备系统对物料进行细碎和粉磨，通过选粉机分离出建筑垃圾砖瓦再生微粉，送入专用筒仓储存备用。较粗的颗粒即作为再生细砂。

建筑垃圾再生微粉是生产再生建筑材料的一种主要原材料，用以替代部分水泥并全部或大部分替代粉煤灰，起到降低成本、充分消耗建筑垃圾的作用。高活性再生微粉和活性再生微粉与水泥混合使用时具有较好的反应活性，主要作为矿物掺合料用以生产不同等级和性能的预拌混凝土。低活性再生微粉的反应活性较低，颗粒也较粗，主要用以生产预拌砂浆和混凝土砌块、砖等制品。高活性再生微粉颗粒微细，比表面积在1 000m²/kg以上，28 d活性指数不低于95%，具有接近S95级矿渣粉的活性效应和使用性能，主要用作矿物掺和料生产预拌高性能建筑垃圾再生材料混凝土。高性能建筑垃圾再生材料混凝土的强度等级为C30～C80，坍落度为180～220mm，混凝土配合比设计采用低水泥用量、低水胶比、低用水量的技术原则，使用水泥、高活性再生微粉和高活性矿渣粉组成复合胶凝材料系统。其中高活性再生微粉的使用比例为20%～50%。所制作的高性能建筑垃圾再生材料混凝土不但具有良好的工作性能和强度性能，而且具有优异的抗渗透性能、抗碳化性能、抗冻融性能和抗硫酸盐侵蚀性能。

活性再生微粉的细度较高，比表面积在 $500m^2/kg$ 以上，28 d 活性指数不低于 65%，具有接近二级粉煤灰的活性效应和使用性能，主要用作替代粉煤灰的矿物掺和料生产预拌建筑垃圾再生材料混凝土。混凝土的强度等级为 C10~C50，坍落度为 120~220mm，活性再生微粉对水泥的替代率为 15%~30%。所制作的预拌建筑垃圾再生材料混凝土具有良好的性能。此外，活性再生微粉还用作生产 M10~M20 的预拌砌筑砂浆，单方砂浆中活性再生微粉的用量为 200~250kg。低活性再生微粉的颗粒较粗，活性较低，主要作为粉料用以生产预拌砌筑砂浆、预拌保温砂浆、预拌抹灰砂浆、承重或非承重混凝土砌块、混凝土墙体砖和混凝土路面砖。

### 1.3.4 废弃混凝土的综合利用

#### 1. 配制再生骨料混凝土

建筑废料中的废弃混凝土进行回收处理后称之为循环再生骨料，一方面可以解决大量废弃混凝土的排放及其造成的生态环境日益恶化等问题；另一方面可以减少天然骨料的消耗，缓解资源的日益匮乏及降低对生态环境的破坏问题。因此，再生骨料是一种可持续发展的绿色建材。大量的工程实践表明废旧混凝土经破碎、过筛等工序处理后可作为砂浆和混凝土的粗、细骨料（或称再生骨料），用于建筑工程基础和路（地）面垫层、底基层、基层，非承重结构构件，砌筑砂浆等；但是由于再生骨料与天然砂石骨料相比性能较差（内部存在大量的微裂纹，压碎指标值高，吸水率高），配制的混凝土工作性和耐久性难以满足工程要求。要推动再生骨料混凝土的广泛应用，必须对再生骨料进行强化处理。比如，日本利用加热研磨法处理的再生骨料各项性能已经接近天然骨料，但使用这种方法耗能较大，生产的再生骨料成本较高不利于推广利用。

研究表明，利用颗粒整形技术强化得到的高品质再生骨料配制的混凝土的力学性能、耐久性能等已经接近天然骨料混凝土，从根本上解决了再生骨料的各种缺陷，完全可以取代天然骨料应用于结构混凝土中。

#### 2. 配制绿化混凝土

绿化混凝土属于生态混凝土的一种，它被定义为能够适应植物生长、可进行植被作业，并具有环境保护、改善生态环境、基本保持原有防护作用功能的混凝土块。

混凝土的强度与孔隙率及骨料粒径呈反比，即骨料越大、接点越少，混凝土强度也就随之下降，但要想植物深入就必须确保混凝土块具有一定的孔隙率。与此同时，混凝土浇筑后，水泥水化生成氢氧化钙，使混凝土碱度增加，不利于植物生长。普通水泥混凝土的孔隙率约为 4%、碱度为 13，而绿化混凝土则要求其空隙率要达到 20% 以上、碱度下降到 11 左右才能实现混凝土与绿色植物共存。因此，筛选合适的耐碱植物、解决混凝土孔隙率和强度的矛盾以及确定植物培养基是绿化混凝土技术要重点解决的问题。

3. 制作景观工程

利用建筑垃圾制作景观工程，工艺简单，难度较小。对建筑垃圾筛选处理后，可进行堆砌胶结表面喷砂，做成假山景观工程。例如合肥市政务新区天鹅湖边护坡就利用了拆除的混凝土道路面层块修建的。

4. 用于地基基础加固

建筑垃圾中的石块、混凝土块和碎砖块也可直接用于加固软土地基。建筑垃圾夯扩桩施工简便、承载力高、造价低，适用于多种地质情况，如杂填土、粉土地基、淤泥路基和软弱土路基等。主要利用途径有以下两种：

（1）建筑垃圾作建筑渣土桩填料加固软土地基。建筑垃圾具有足够的强度和耐久性，置入地基中，不受外界影响，不会产生风化而变为疏松体，能够长久地起到骨料作用。建筑渣土桩是利用起吊机械将短柱形的夯锤提升到一定高度，使之自由落下夯击原地基，在夯击坑中填充一定粒径的建筑垃圾（一般为碎砖和生石灰的混合料或碎砖、土和生石灰的混合料）进行夯实，以使建筑垃圾能托住重夯，再进行填料夯实，直至填满夯击坑，最后在上面做 30cm 的三七灰层（利用桩孔内掏出的土与石灰拌成）。要求碎砖粒径 60~120mm，生石灰尽量采用新鲜块灰，土料可采用原槽土但不应含有机杂质、淤泥及冻土块等，其含水量应接近最佳含水量。

（2）建筑垃圾作复合载体桩填料加固软土地基。建筑垃圾复合载体桩技术是由北京波森特岩土工程有限公司针对软弱地基和松散填土地基研究开发的一种地基加固处理新技术。该技术结合了多种桩基施工方法的优点，已在全国多个地区推广应用。

建筑垃圾复合载体桩施工工艺采用细长锤（锤的直径为 250~500mm，长度为 3 000~5 000mm，质量为 3.5~6t），在护筒内边打边沉，沉到设计标高后，分批向孔内投入建筑垃圾（碎石、碎砖、混凝土块等），用细长锤反复夯实、挤密，在桩端处形成复合载体，放入钢筋笼，浇筑桩身（传力杆）混凝土面层。

5. 建筑垃圾粉体的再生利用

建筑垃圾粉体是指在建筑工地或建筑垃圾处理厂产生的粒径小于0.075mm 的微小粉末，也有文献将建筑垃圾粉体定义为粒径小于 0.16mm 的微小粉末。在利用建筑垃圾的各种方法中，利用颗粒整形技术对经过简单破碎的粗、细骨料进行强化处理已经被证明是一项成功的技术，但在整形过程中会产生占原料质量 15% 左右的粉体。粉体主要由硬化水泥石和粗、细骨料的碎屑组成，在一定条件下仍具有活性，如不加以利用，既会造成浪费又会产生新的污染。目前有关建筑垃圾粉体资源化的研究还比较少，主要有将建筑垃圾粉体用于生产免烧砖和空心砌块。

### 1.3.5　废旧沥青的综合利用

1. 废旧沥青屋面材料的再生利用

有资料表明，屋面废料中有 36% 的沥青，22% 的坚硬碎石和 8% 的矿粉和纤维。沥青屋面废料适合作沥青路面的施工材料，因为像盖板之类的沥青屋面材料产品含有较多用于冷拌和热拌沥青的相同材料。沥青屋面板含有高百分比的沥青，其沥青含量一般为 20%～30%。如将沥青屋面废料回收应用于路面沥青的冷拌或热拌施工，能减少天然沥青的需求量。沥青屋面材料还含有高等级的矿质填料，它们能替换冷拌和热拌沥青中的一部分骨料。另外，沥青屋面材料中含有纤维素结构，有助于提高热拌沥青的性能。废旧屋面材料的再生利用主要有以下两种途径：

（1）回收沥青废料作热拌沥青路面的材料。

（2）回收沥青作冷拌材料。

美国明尼苏达州首先使用 9% 的有机板废料作为热拌沥青掺和物铺筑一段道路，目前该段道路运行状况良好。

2. 旧沥青路面料的再生利用

沥青混凝土再生利用技术，是将需要返修或废弃的旧沥青混合料或旧沥青路面，经过翻挖回收、破碎筛分，然后和再生剂、新骨料、新沥青材料等按适当配比重新拌合，形成具有一定路用性能的再生沥青混凝土，用于铺筑路面面层或基层的整套工艺技术。目前国外沥青混合料的再生工艺有热再生和冷再生两种方法。

（1）热再生方法。简单地说，热再生方法就是提供大量的热能，在短时间内将沥青路面加热至施工温度，通过旧料再生等工艺措施，使病害路面达到或接近原路面技术指标的一种技术。

（2）冷再生方法（常温再生法）。冷再生方法是利用铣刨机将旧沥青面层及基层材料翻挖，将旧沥青混合料破碎后当作骨料、加入再生剂混合均匀，碾压成型后，主要作为公路基层及底基层使用。

2000 年天津市公路局在京福北公路改造工程中，采用冷再生法，将旧路材料掺入一定量的水泥，经拌和、碾压后形成新的基层或底基层，有效降低了工程成本，有良好的实际运用效果，实现了质量与效益的完美结合。

# 第2章 建筑垃圾资源化利用设备

## 2.1 破碎设备

### 2.1.1 设备介绍

1. 行业分类标准

（1）按照工作原理进行分类：

1）冲击式破碎机（见图2-1，图2-2）：冲击式破碎机靠物料与锤头、物料与物料之间的高速撞击产生冲击性高的解理破碎。

图2-1 冲击式破碎机实物图

2）层压式破碎机（见图2-3，图2-4）：层压式破碎机靠相互挤压产生的压力使物料破碎。

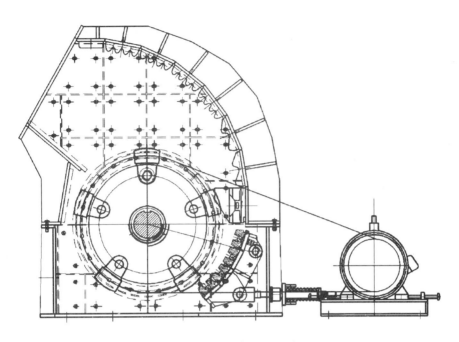

图 2-2　冲击式砖碎机示意图

图 2-3　层压式破碎机实物图

其他用电一览表

| | | | |
|---|---|---|---|
| 液压油站电机 | 功率 | kW | 5.5 |
| | 电压 | V | 380(50Hz) |
| 液压油站电加热器 | 功率 | kW | 1 |
| | 电压 | V | 380(50Hz) |
| 干油润滑系统电机 | 功率 | kW | 0.37 |
| | 电压 | V | 380(50Hz) |
| 减速机油站电机 | 功率 | kW | 2.2×2 |
| | 电压 | V | 380(50Hz) |

技术性能表

| 规格 | 单位 | 数据（熟料） |
|---|---|---|
| 挤压辊直径 | mm | 1400 |
| 挤压辊宽度 | mm | 650 |
| 通过量 | t/h | 266~362 |
| 喂料粒度最大 | mm | 70%≤42/Max≤85% |
| 产品粒度平均 <2mm/<0.09mm | % | 65/20 |
| 挤压辊线速度 | m/s | 1.58 |
| 挤压辊最大作用力 | kN | 6370 |
| 液压系统额定工作压力/最大压力 | bar | 120/160 |
| 电机功率 | kW | 2×500 |
| 电压（频率） | V/(Hz) | 1000/(50) |
| 最高喂料温度 | ℃ | 100 |
| 最大喂料湿度 | % | 5 |

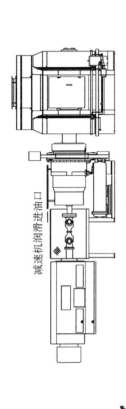

减速机润滑进油口

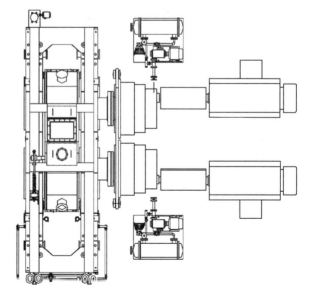

图2-4 层压式破碎机示意图

（2）按照台时产量分类：按单台破碎设备的每小时的生产能力（t/h），可以将破碎机分为大、中、小三类。

1）大型破碎机：生产能力为300~1 500 t/h。

2）中型破碎机：生产能力为100~300 t/h。

3）小型破碎机：生产能力为0~100t/h。

（3）从转子的角度对破碎机进行分类：

1）根据转子数量划分：①单转子破碎机（见图2-5，图2-6）。一台破碎机配置一套转子的设备即单转子破碎机②双转子破碎机（见图2-7，

图2-5　单转子破碎机实物图

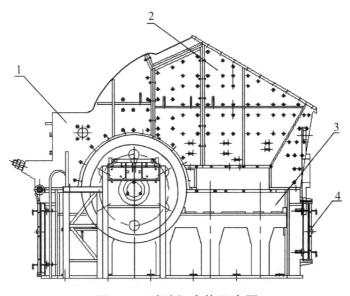

图2-6　破碎机壳体示意图

1. 上壳体（Ⅰ）　2. 上壳体（Ⅱ）　3. 下壳体　4. 下机体门

图 2-8）。一台破碎机配置两套转子的设备即双转子破碎机。

图 2-7　双转子破碎机实物图

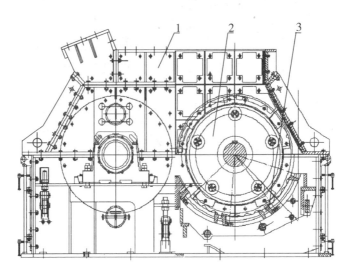

图 2-8　双转子破碎机示意图

1. 壳体　2. 转子　3. 箅架

图 2-9　转子实物图

3）按照转子尺寸来划分：①转子在运行中锤头运转后外圆直径即转子直径。转子两端键头之间的长度即转子长度。②两端锤头之间的长度即转子长度。

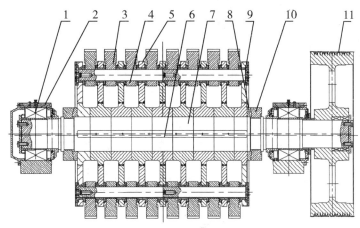

图 2-10　转子示意图

1. 轴承　2. 轴承座　3. 锤头　4. 锤轴　5. 锤盘　6. 主轴键
7. 主轴　8. 端套　9. 端盘　10. 卡箍　11. 皮带轮

2. 设备系统

（1）设备分类

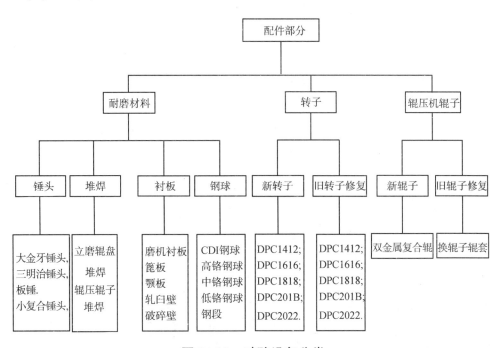

图 2-11　破碎设备分类

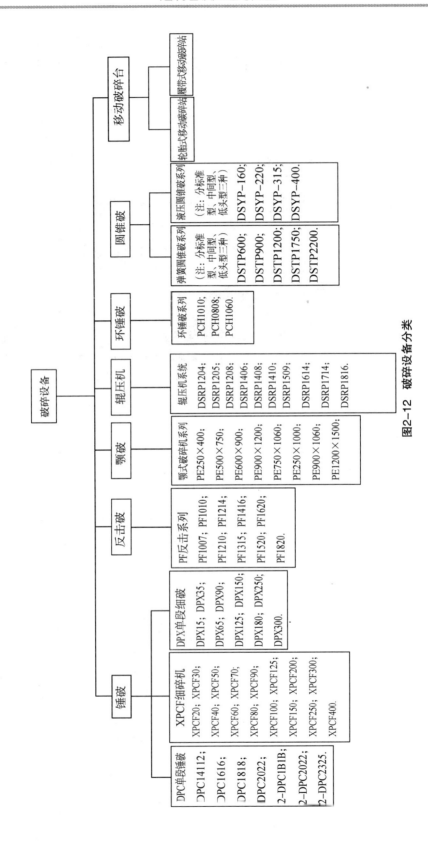

图2-12 破碎设备分类

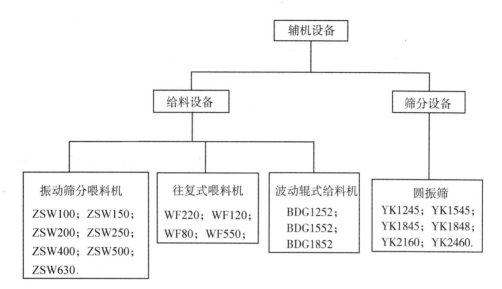

图 2-13　破碎辅机设备

（2）产品型号：

1）单段锤式破碎机，包括：DPC1412、DPC1616、DPC1818、DPC2018、DPC2022。

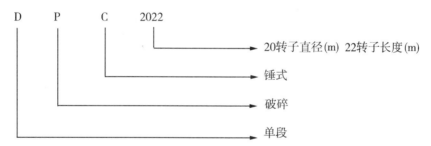

2）高效细碎机，包括：XPCF20、XPCF30、XPCF100、XPCF300、XPCF500、XPCF1000。

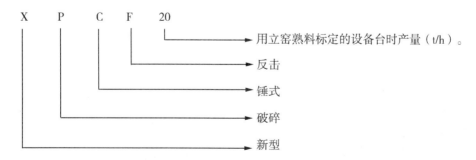

3）反击式破碎机，包括：PF1007、PF1010、PF1210、PF1214、PF1315、PF1320、PF1416、PF1520、PF1820。

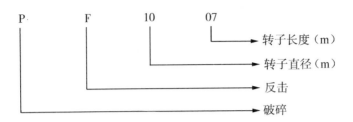

4）颚式破碎机，包括：PE250×400、PE400×600、PE500×750、PE600×900、PE750×1060、PE900×1060、PE900×1200、PE1200×1500、PE1500×1500、PEX300×1300。

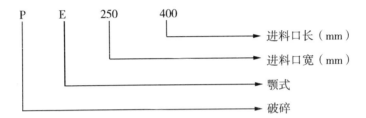

5）单段锤式细碎机，包括：DPX15、DPX35、DPX65、DPX90、DPX125、DPX150、DPX250、DPX300。

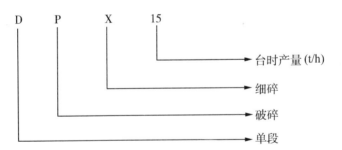

6）冲击式破碎机，包括：PCX700、PCX850、PCX1050、PCX1200、PCX1280、PCX1400。

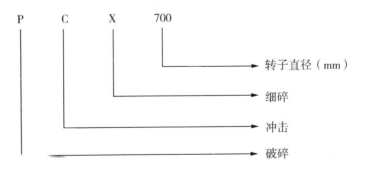

7）高效圆振筛，包括：YKF1545、YKF1848、YKF2160、YKF2460。

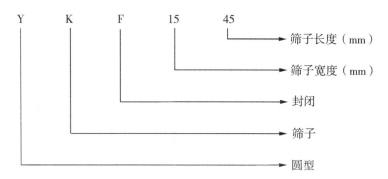

8）往复式喂料机，包括：WF120、WF220。

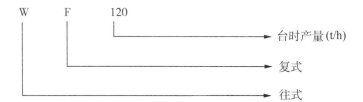

9）振动筛分喂料机，包括：ZSW100、ZSW150、ZSW200、ZSW250、ZSW300、ZSW400、ZSW630。

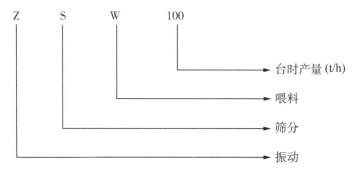

10）辊压机，包括：DSRR1204、DSRR1205、DSRR1208、DSRR1406、DSRR1408、DSRR1509、DSRR1614、DSRR1714、DSRR1816。

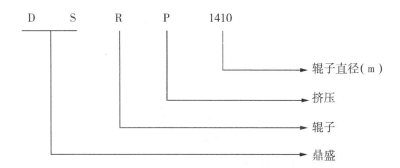

11）液压圆锥破碎机：DSYP160。

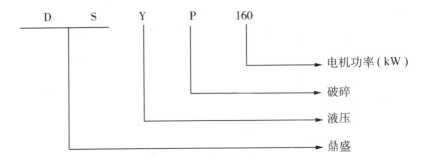

12）弹簧圆锥破碎机：DSTP600。

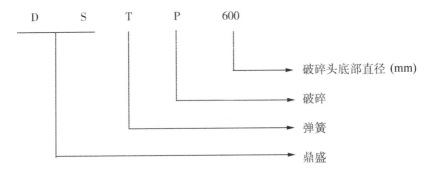

13）西蒙斯圆锥破碎机：PYSB（D）1321。

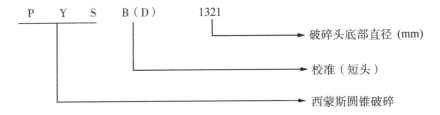

## 2.1.2 工作原理

### 1. DPF 建筑垃圾专用破碎机

建筑垃圾再生细骨料破碎过程中，根据物料本身的物理特性，通常采用两级破碎，破碎产品的粒度为 0~10mm。为了提高细骨料的产量，采用三级破碎是非常有效的手段，使破碎产品大部分达到 10mm 以下。在具体的技术工艺实施中，遇到了流程复杂、工艺布置困难、耗电量大、投资过大等问题。市场现已推出有 DPF 系列建筑垃圾破碎专用机型，该设备既可实现多级破碎为一级破碎，又能满足粒型规整的需要，为建筑垃圾骨料再生破碎工艺提供了一套较为完美解决方案。

（1）破碎机总成（见图 2-1，图 2-2）：工作原理：原矿通过给料设备喂入到破碎机的进料口后，堆放在机体内特设的中间托架上。锤头在中间托架的间隙中运行，将大块物料连续击碎并使其坠落，坠落的小块被高速运转的锤头打击到后反击板而发生细碎，再下落至均整区。锤头在均整区将物料进一步细碎化后，物料排出。同时，在均整区的衬板上设计有退钢筋的凹槽，物料中混有的钢筋在经过这些凹槽后被排出。均整板到锤头的距离是可以调整的，距离越小，出料粒度越小，反之，出料粒度就越大。

2）破碎机转子总成（见图 2-9，图 2-10）：

A. 转子工作原理：转子由安装在主轴两边的主轴承支承，由大皮带轮接受三角带传递过来的动力，使整个转子体产生转动。在启动的初期，锤头随着转子转动且锤头本身也做 360° 的自转。随着转子转速的加大，锤头的离心力也不断增大，当达到一定值时锤头完全张开进入工作状态。当物料从进料口下落到锤头的工作范围后，锤头开始破碎作业。破碎后的小块物料进入第二破碎腔进行二次破碎，破碎后的合格物料排出机外。当遇到特大块的物料时，锤头一次破碎不完全，这时锤头就会自动转动并"藏"到锤盘里，从而达到保护锤头和电机的作用。

B. 转子总成组成：转子主轴、皮带轮、主轴承、轴承座、锤盘、锤头、锤轴等组成。

C. 系统作用：整个转子系统可以说是破碎机的心脏。一个好的转子它要具备有良好的动平衡、高使用寿命的耐磨件和高寿命的主轴承。只有具备以上三个特点，才能充分保证破碎机的出料粒度、连续的运转性能。如果一个转子的动平衡不好、耐磨材料和主轴承寿命太短会直接影响到破碎机的运转和产量，造成维护成本升高，检修频繁。

3）壳体总成（见图 2-14，图 2-2）：

A. 壳体的工作原理：壳体是破碎机的支承部件。它承担着支承转子和承受破碎物料的任务。壳体内安装有高强度的衬板和破碎板。当物料由于转子锤头的撞击四处飞溅时，壳体内的衬板起到破碎和收集物料的作用。机壳内有粗破碎腔和细碎腔，经过这两个腔的破碎和细碎后，合格的物料经下部的排料篦板排出。

B. 组成：破碎机壳体由上机壳、下机壳、内部衬板等组成。

C. 系统作用：机壳在破碎机里有支承转子、破碎物料两个作用。机壳要具有良好的焊接性能，要有足够大的强度和刚度，足够小的内应力。这

图 2-14　壳体总成实物图

样才能保证破碎机长时间的工作而自身不产生变形。如果一个机壳的强度或刚度不够，会在破碎机长时间的运转过程中产生变形、焊缝开裂等现象，造成破碎机无法正常工作。

4）驱动系统（见图 2-15）：

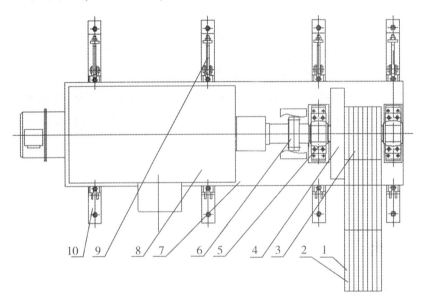

图 2-15　驱动系统示意图

1. 主机带轮　2. 窄 V 带　3. 小带轮　4. 飞轮　5. 轴承座
6. 联轴器　7. 电机底座　8. 电动机　9. 滑轨　10. 拉杆

A. 工作原理：主机产生的动能，通过电动机皮带轮由三角带传递给破碎机的大皮带轮。大皮带轮带动整个转子做圆周运动。从而达到连续运转破碎的目的。

B. 组成：驱动系统由主电动机、电机皮带轮、三角带、大皮带轮组成。

C. 系统作用：驱动系统的功能是把主电动机的动能传递给破碎机。大小皮带轮要用优质的铸铁件生产，以保证长时间的使用不会变形。在结构上要保证小皮带轮有尽可能大的包角，这样小皮带轮传动效率才能更高。如果驱动系统的大小皮带轮材质不好，就会造成三角带槽的变形进而产生传动带脱落的现象，造成破碎机的停机。

5）耐磨件系统（见图 2-16）：

图 2-16　耐磨件系统实物图

A. 工作原理：

冲击类破碎机是靠锤头对物料的冲击使物料产生动能，然后撞击到机腔内的破碎板上而产生破碎的。

B. 组成：

耐磨件系统由锤头、衬板、箅板等组成。

C. 系统作用：

破碎机对物料的破碎是依靠耐磨件来完成的。耐磨件在工作时同时承受着物料对它的冲击和磨损，因此要求耐磨件要有足够的表面硬度和内部韧性。这样才能减少破碎机的破碎成本，提高破碎机的运转率。

6）液压系统（见图 2-17）：

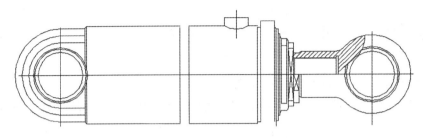

图 2-17　起盖油缸示意图

A. 工作原理：在破碎机的机壳外部和上机壳外侧安装有液压缸。当启动油泵电动机时，液压油推动液压缸工作，完成锤轴的抽出工作和启盖工作。

B. 组成：液压系统由油泵、输油管道、液压缸、钢结构支架组成。

C. 系统作用：液压系统在破碎机中是个辅助系统，是专门为了方便检修而设计的。液压系统要求要有良好的密封性。如果出现漏油现象就不能完全把锤轴抽出，也会提高生产成本。

（2）颚式破碎机

颚式破碎机，简称颚破，典型的 PE 新型颚破具有破碎比大、产品粒度均匀、结构简单、工作可靠、维修简便、运营费用经济等特点。鄂式破碎机广泛运用于矿山、冶炼、建材、公路、铁路、水利和化学工业等众多领域，破碎抗压强度不超过 320MPa 的各种物料，是初级破碎的首选设备。

1）颚破总成（见图 2-18、图 2-19）：工作原理：该系列破碎机破碎方式为曲动挤压型。电动机驱动皮带和皮带轮，通过偏心轴使动颚上下运动，

图 2-18　颚式破碎机实物图

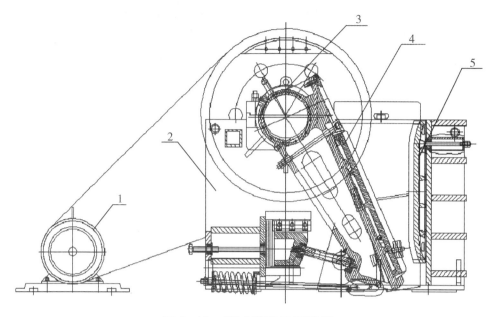

图 2-19 颚式碎碎机示意图

1. 驱动部分 2. 壳体部分 3. 转子部分 4. 动颚部分 5. 定颚部分

当动颚上升时肘板和动颚间夹角变大，从而推动动颚板向定颚板接近，与此同时物料被压碎或碾、搓达到破碎目的；当动颚下降时，肘板与动颚间夹角变小，动颚板在拉杆、弹簧的作用下离开定颚板，此已破碎物料从破碎腔下口排出。随着电动机连续转动而破碎机动颚作周期性的压碎和排泄物料，进而实现批量生产。

2）动颚总成（见图 2-20）：

图 2-20 动颚总成实物图

A. 工作原理：动颚总成由安装在两边的主轴承支承。当动颚皮带轮转动时带动主轴转动。主轴的中心转动部位有两条偏心的中心线。当主轴沿主中心线转动时，偏心中心线带动动颚作前后及上面的复合运动。当动颚与定颚之间的距离最小时完成破碎工作，当动颚与定颚距离最大时完成排料工作。

B. 组成：动颚由主轴、支承轴承、动颚轴承、动颚体、动颚板、皮带轮、惯性轮等组成。

C. 系统作用：动颚总成是颚破破碎物料的部件，它要有良好的强度和刚度。动颚板要有良好的耐磨性。支承轴承和动颚体轴承部位要有良好的密封性。由于支承轴承和动颚体轴承在颚破的内部安装，极易进入灰尘。如果密封不好进入灰尘，会极大地降低轴承的使用寿命。

3）壳体（见图2-21）：

图2-21　壳体实物图

A. 工作原理：壳体是支承动颚总承和定颚板的部件，它要有足够的强度和刚度，以保证整机的运转平稳可靠。

B. 组成：壳体是一个完整的焊接组件或整体的铸钢件。

C. 系统作用：壳体是颚破的主要支承部件。由于颚破工作时的振动大，所以壳体必须有足够的强度和刚度，如果壳体的强度不够颚破在运转的过程中就会发生变形的现象，影响破碎机的工作。

4）驱动系统（见图2-22）：

A. 工作原理：主机产生的动能通过电动机皮带轮由三角带传递给破碎机的大皮带轮。大皮带轮带动整个转子做圆周运动，从而达到连续运转破碎的目的。

图 2-22　锷式破碎机驱动系统实物图

B. 组成：驱动系统由电动机皮带轮、传动皮带、大皮带轮组成。

C. 系统作用：驱动系统的功能是把主电动机的动能传递给破碎机。大小皮带轮要用优质的铸铁件生产，以保证长时间的使用而不会变形。在结构上要保证小皮带轮有尽可能大的包角，这样小皮带轮传动效率才能更高。如果驱动系统的大小皮带轮材质不好，就会造成三角带槽的变形进而产生传动带脱落的现象，造成破碎机的停机。

5）耐磨件系统（见图 2-23）：

图 2-23　耐磨系统实物图

A．工作原理：颚破的动颚板安装在动颚体上，静颚板安装在壳体上。动颚板随着动颚体的复合运动与静颚板的间距作由大变小然后由小变大的变化，从而完成破碎和排料的作业。

B．组成：耐磨件由动颚板和静颚板组成。

C．系统作用：颚破是靠动颚板和静颚板的互相挤压而完成破碎作业的。在破碎的过程中动颚板和静颚板同时承受来自物料的正向压力和切向摩擦力。这就要求动颚板既要有足够的表面硬度也要有足够的内部韧性。如果动、静颚板的表面硬度太小就会很快损坏，如果内部的韧性太小就会发生断裂的现象。

（3）反击式破碎机

PF 系列反击式破碎机（反击破）是郑州鼎盛工程技术有限公司在吸收国内外先进技术，结合国内砂石行业具体工况条件而研制的最新一代反击破。它采用最新的制造技术，独特的结构设计，加工成品呈立方体，无张力和裂缝，粒形相当好，其排料粒度大小可以调节，破碎规格多样化。本机的结构合理，应用广泛，生产效率高，操作和保养简单，并具有良好的安全性能。

本系列反击破与锤式破碎机相比，能更充分地利用整个转子的高速冲击能量。但由于反击破板锤极易磨损，它在硬物料破碎的应用上也受到限制，反击破通常用来粗碎、中碎或细碎石灰石、煤、电石、石英、白云石、硫化铁矿石、石膏等中硬以下的脆性物料。

1）反击破总成（见图 2-24，图 2-25）：

图 2-24　反击式破碎机实物图

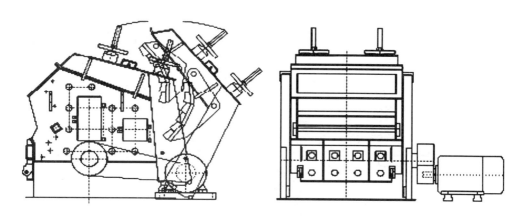

图 2-25　反击式破碎机示意图

A. 工作原理：反击式破碎机是一种利用冲击能来破碎物料的破碎机械。当物料进入板锤作用区时，受到板锤的高速冲击使被破碎物不断被抛向安装在转子上方的反击装置上破碎，然后又从反击衬板上弹回到板锤作用区重新被反击，物料由大到小进入一、二、三反击腔重复进行破碎。直到物料被破碎至所需粒度，由机器下部排出为止。调整反击架与转子架之间的间隙可达到改变物料出料粒度和物料形状的目的。

B. 组成：反击破总成由转子部件、机架、反击架组成。①转子架采用钢板焊接而成，板锤被固定在正确的位置，轴向限位装置能有效的防止板锤窜动。板锤采用高耐磨材料制成。整个转子具有良好的动静平衡性和耐冲击性。②机架有底座、中箱架、后上盖，这三部分由坚固、抗扭曲的箱形焊接结构件组成，彼此用高强度螺栓连接。为保证安全可靠地更换易损件，铰链式机架盖可用棘轮装置启闭。建议用户在机架上放置起吊装置，这将有助于更为快捷地打开上机架以更换易损件或检修设备。机架两侧均设有检修门。③本机装有前、后两个反击架，均采用自重式悬挂结构。每一反击架被单独地支撑在破碎机机架上。破碎机工作时，反击架靠自重保持其正常工作位置；过铁时，反击架迅速抬起，异物排除后，又重新返回原处。反击架与转子之间的间隙可通过悬挂螺栓进行调整。反击衬板可以从磨损较大的地方更换到磨损较小的地方。

C. 传动部分：传动部分采用高效窄 V 形三角皮带传动。与主轴配合的皮带轮采用锥套连接，既增强结合面承载能力，又便于装拆。转子的转速可通过更换槽轮来调整。

2）壳体总成（见图 2-26，图 2-27）：反击破由前、后反击架、反击衬板、主轴、转子等部分组成。壳体是破碎机的支承部件，要有足够的强度。

壳体不能产生变形或开裂现象，在壳体内部不能存在内应力。如果存在内应力且壳体强度不够，会在破碎机运行过程中产生整机的变形，造成破碎机的停机，严重时会造成破碎机的报废。

图 2-26　反击式破碎机壳体实物图

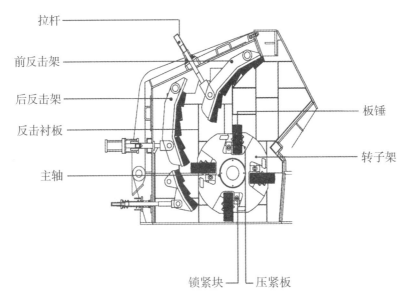

图 2-27　反击式破碎机内部结构示意图

3）驱动系统（见图 2-28，图 2-29）：

A. 工作原理：主机产生的动能，通过电动机皮带轮由三角带传递给破碎机的大皮带轮，大皮带轮带动整个转子做圆周运动，从而达到连续运转破碎的目的。

**图 2-28　大皮带轮实物图**

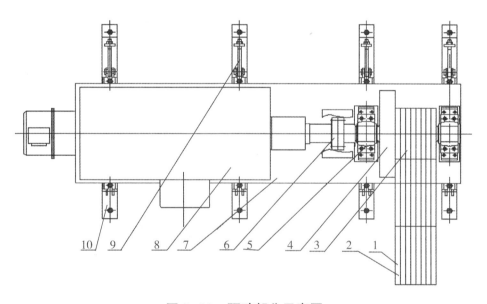

**图 2-29　驱动部分示意图**

1. 主机带轮　2. 窄 V 带　3. 小带轮　4. 飞轮　5. 轴承座　6. 联轴器
7. 电机底座　8. 电动机　9. 滑轨　10. 拉杆

　　B. 组成：驱动系统由主电动机、电动机皮带轮、三角带、大皮带轮组成。

　　C. 系统作用：驱动系统的功能是把主电动机的动能传递给破碎机。大小皮带轮要用优质的铸铁件生产，以保证长时间的使用而不会变形。在结构上要保证小皮带轮有尽可能大的包角，这样小皮带轮传动效率才能更高。

如果驱动系统的大小皮带轮材质不好，就会造成三角带槽的变形进而产生传动带脱落的现象，造成破碎机的停机。

4）转子部分（见图2-30）：

图2-30　转子实物图

A. 工作原理：转子由安装在主轴两边的主轴承支承，由大皮带轮接受三角带传递过来的动力，使整个转子体产生转动。在启动的初期，板锤随着转子转动且板锤本身也做360°的自转。随着转子转速的加大，板锤的离心力也不断增大，当达到一定值时板锤完全张开进入工作状态。当物料从进料口下落到板锤的工作范围后，板锤开始破碎作业。破碎后的小块物料进入第二破碎腔进行二次破碎，破碎后物料下落到皮带传送装置，进行筛分。

图2-31　耐磨件系统实物图

B. 组成：转子由主轴、皮带轮、主轴承、轴承座、锤盘、板锤、锤轴等组成。

C. 系统作用：整个转子系统可以说是破碎机的心脏。一个好的转子要具备有良好的动平衡、高使用寿命的耐磨件和高寿命的主轴承。只有具备以上三个优点，才能充分保证破碎机的出料粒度、连续的运转性能。如果一个转子的动平衡不好、耐磨材料和主轴承寿命太短会直接影响到破碎机的运转和产量，进而造成维护成本升高，检修频繁。

5）耐磨件系统（见图 2-31）：板锤是破碎机耐磨备件的核心零件，要有足够的强度和表面硬度。如果板锤没有足够的表面硬度，板锤在运行过程中就会很快损坏，造成破碎机的维护费用升高。如果板锤的韧性不够，板锤就会断裂，造成破碎机设备事故。

6）液压系统（见图 2-12）：液压缸是用于机器的起盖装置，液压缸不能有漏油现象。如果液压缸有漏油现象，就会造成维护成本的升高及液压缸工作无力，不能完成抽轴作业及启盖作业。

（4）整机性能评价体系

1）破碎能力（见表 2-1）：

### 表 2-1　工艺状况对产量的影响

| 工艺情况 | 石灰石产量 | | 熟料产量 | |
| --- | --- | --- | --- | --- |
| | 出料<25mm 占 85% | 出料<75mm 占 85% | 出料<5mm 占 85% | 出料<10mm 占 85% |
| 进料粒度大 | 减小 | 减小 | 减小 | 减小 |
| 进料粒度小 | 增大 | 增大 | 增大 | 增大 |
| 出料粒度大 | 增大 | 增大 | 增大 | 增大 |
| 出料粒度小 | 减小 | 减小 | 减小 | 减小 |
| 水分高 | 减小 | 减小 | 减小 | 减小 |
| 水分低 | 增大 | 增大 | 增大 | 增大 |
| 物料易破性好 | 增大 | 增大 | 增大 | 增大 |
| 物料易破性差 | 减小 | 减小 | 减小 | 减小 |
| 转子转速高 | 增大 | 增大 | 增大 | 增大 |
| 转子转速低 | 减小 | 减小 | 减小 | 减小 |
| 电机富余功率大 | 增大 | 增大 | 增大 | 增大 |
| 电机富余功率小 | 减小 | 减小 | 减小 | 减小 |

2）整机耐久性：整机耐久性从以下 7 个方面来体现，这 7 个方面做得越好对整机耐久性越有利：

A. 耐磨件寿命。

B. 主轴承使用寿命。

C. 转子寿命。

D. 转子平衡：转子在生产好后整体作动平衡，保证了转子在工作时平稳。使主轴、主轴承处于一个良好的工作状态。

E. 电机使用寿命。

F. 液压使用寿命。

G. 壳体的材质和厚度。

3）整机经济性：

A. 备件费用。

a. 锤头：锤头是破碎机主要的耐磨件，是否耐磨直接影响到破碎机维护费用的高低。

b. 主轴：主轴是破碎机主要的零件，如果主轴出现问题会造成破碎机长时间停机，严重时出现设备事故。

c. 锤轴：锤轴是破碎机主要的耐磨件，是否耐磨直接影响到破碎机维护费用的高低。

d. 锤（端）盘：锤（端）盘是破碎机主要的耐磨件，是否耐磨直接影响到破碎机维护费用的高低。

e. 篦板：篦板是破碎机主要的耐磨件，是否耐磨直接影响到破碎机维护费用的高低。

f. 衬板：衬板是破碎机主要的耐磨件，是否耐磨直接影响到破碎机维护费用的高低。

g. 轴承：是破碎机的主要支承部件，也是破碎机单件备件最昂贵的备件。

B. 维护和维修。

a. 配件更换便利性：破碎机配有液压抽轴装置和液压启盖装置。极大地方便了检修，减少了工人的劳动强度。

b. 破碎机整体结构的设计：由于整体设计合理，维护保养时，只需打开或者拆开需要维护或维修的相关部件，而不需要拆卸其他部件，从而节省工时，降低人工成本，增加破碎机有效工作时间。

## 2.2　筛分及辅机设备

### 2.2.1　振动筛分喂料机

振动筛分喂料机是广泛用于冶金、选矿、建材、化工、煤炭、磨料等行业的破碎、筛分联合设备。可用于剔除天然的细料，为下道工序传送和筛分。振动筛分喂料机集筛分选料与传送喂料功能与一体，在激振装置的振动作用下可使振动和筛分功能得以最大程度的发挥，具有很好的经济性。

1. 振动筛分喂料机总成（见图 2-33）

图 2-33　振动筛分喂料机总成实物图

2. 振动筛分喂料机工作原理和用途

（1）工作原理：（S）ZSW 系列振动喂料机主要由弹簧支架、给料槽、激振器、弹簧及电动机等组成。激振器是由两个成特定位置的偏心轴有齿轮啮合组成，装配时必须使两齿轮按标记相啮合，通过电动机驱动，使两偏心轴旋转，从而产生巨大的合成直线激振力，使机体在支承弹簧上做强制振动，物料则以此振动为主动力，在料槽上做滑动及抛掷运动，从而使物料前移达到给料的目的。当物料通过槽体上的筛条时，较小的料通过筛条间隙落下，可不经过下道破碎工序，起到了筛分的效果。

（2）用途：①粗碎破碎机前连续、均匀的给料，在给料的同时可筛分细料，使破碎机能力增大。②在工作过程中可把块状、颗粒状物料从储料仓中均匀、定时、连续地送入受料装置。③在砂石生产线中为破碎机械连续均匀地喂料避免破碎机受料口的堵塞。④可对物料进行粗筛分，其中的双筛分喂料机可以除去来料中的土和其他细小杂质。

3. "除土、预筛分"三合一振动喂料机客户案例

据不完全统计,已有数百台郑州鼎盛工程技术有限公司生产的振动筛分喂料机被用在砂石骨料生产线中,并先后出口到俄罗斯等 50 多个国家和地区。(注:振动筛分喂料机颜色可根据客户要求进行生产。)

## 2.2.2 胶带输送机

胶带输送机(见图 2-34)是砂石和建筑垃圾破碎生产线的必备设备,主要用于在砂石生产线中连接各级破碎设备、制砂设备、筛分设备,还广泛用于水泥、采矿、冶金、化工、铸造、建材等行业。

胶带输送机又称皮带机、皮带输送机,胶带输送机可在环境温度-20℃~40℃、输送物料的温度在 50℃以下使用。在工业生产中,皮带输送机可用做生产机械设备之间构成连续生产的纽带,以实现生产环节的连续性和自动化,提高生产率和减轻劳动强度。

图 2-34 胶带输送机实物图

胶带输送机工作原理和性能特点。胶带输送机是砂石生产线的必备设备,一条砂石生产线通常要用到 4~8 条胶带输送机。在砂石生产线中,胶带输送机是连接砂石生产线各级破碎设备及给料筛分设备之间的纽带,以实现砂石骨料生产环节的连续性和自动化,从而提高砂石生产线的生产率和减轻人工劳动强度。此外,由于胶带输送机所处位置不同,还常被业内分为主给料皮带机、筛分皮带机等。当然,胶带输送机还被用于移动式建筑垃圾破碎设备、移动筛分站、固定式建筑垃圾处理生产线中。

## 2.2.3 YKF 圆振动筛

YKF 振动筛(见图 2-35,图 2-36)轨迹运动为圆形,又称圆振动筛、高效圆振动筛,是一种多层数、新型高效振动筛,专门为采石场筛分料石设计,也可供选煤、选矿、建材、电力及化工部门等用作产品分级。

图 2-35　YKF 圆振动筛实物图

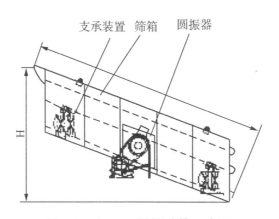

图 2-36　YKF 圆振动筛示意图

## 1. 工作原理

圆振动筛是一种最常见也是使用效果最好的筛分设备，尤其是在砂石生产线中，该设备可用于对原料中的细小物料进行筛分，也可用于对一级破碎设备、二级破碎设备破碎后的物料进行筛分，经筛分后符合一定粒度要求的骨料则会被皮带机送到成品料堆。

在 YKF 圆振动筛运行过程中，电动机通过轮胎式联轴器驱动激振器、偏心块高速度旋转产生强大的离心力，使筛箱做强制性、连续的圆运动，物料则随筛箱在倾斜的筛面上做连续的抛掷，不断地翻转和松散，细粒级有机会向料层下部移动并通过筛孔排出，卡在筛孔的物料可以跳出，防止筛孔堵塞，这样周而复始就完成了粒度的分级和筛选过程。

2. 性能特点

YKF系列为国内新型机种，该机采用块偏心激振器及轮胎联轴器，具有结构先进、激振力强、振动噪声小、坚固耐用、易于维修等特点。经多条砂石生产线生产实践证明，该系列圆振动筛具有以下性能特点：

（1）通过调节激振力改变和控制流量，调节方便、稳定。

（2）振动平稳、工作可靠、寿命长。

（3）结构简单、重量轻、体积小、便于维护保养。

（4）可采用封闭式结构机身，防止粉尘污染。

（5）噪声低、耗电小、调节性能好，无冲料现象。

### 2.2.4　收尘器

收尘器（见图2-37，图2-38）是一种应用比较广泛的除尘设备。收尘器一般有袋式收尘器、脉冲袋式收尘器、电收尘器等。收尘器主要用途有两种：一种是除去空气中的粉尘，改善环境，减少污染，所以有时候又把这种用途的收尘设备叫作除尘设备，如工厂的尾气排放使用的收尘设备；另一种用途是通过收尘设备筛选收集粉状产品，如水泥系统对成品水泥的收集提取。

图2-37　收尘器实物图

袋式收尘器以收尘风机带动含尘气体进入收尘器内部尘室，空气通过滤袋变洁净后由收尘风机排出，而粉尘则被阻止，吸附在滤袋的外表面，然后由脉冲阀控制向滤袋内部喷吹高压气体，将粉尘振落，进入集料斗，经过锁风下料装置（有星形卸料装置和翻板阀两种锁风装置，具体使用哪种视使用环境而定）排出。

图 2-38　收尘器在生产中的应用

### 2.2.5　XS 轮斗式洗砂机、螺旋洗砂机

1. XS 轮斗式洗砂机

XS 轮斗式洗砂机（见图 2-39，图 2-40）又称洗砂机、洗沙机，主要用在制砂工艺中，用于清洗砂子中的混土、粉尘等，亦可用于选矿等作业中的提砂或类似的工艺中，达到洁净砂子的目的。在生产过程中，传动部分与水、砂隔离，故障率大大低于螺旋洗砂机，是国内洗砂机设备升级换代的首选。

图 2-39　XS 轮斗式洗砂机实物图

（1）工作原理：XS 轮式洗砂机具有洗净度高、结构合理、产量大、洗

砂过程中砂子流失少等特点，因而被广泛用于砂石场、矿山、建材、交通、化工、水利水电、混凝土搅拌站等行业中对物料进行洗选。在运行过程中，轮斗式洗砂机经电动机、减速机的传动，驱动水槽中的叶轮不停地在水槽中做圆周转动，从而将水槽中的砂石或矿渣颗粒物料在水中搅拌、翻转、淘洗后将物料在叶轮中脱水后排出。

（2）性能特点：

1）XS轮斗式洗砂机在洗砂过程中细纱和石粉流失少，所洗建筑砂级配合理，细度模数达到国家《建筑用砂》《建筑用卵石、碎石》标准要求。

2）XS轮斗式洗沙机结构简单，叶轮传动轴承装置与水和受水物料隔离，避免轴承因浸水、砂和污染物导致损坏，大大降低了故障率。

3）使用XS轮斗式洗沙机洗沙，成品洁净度高、处理量大、功耗小、使用寿命长。

图2-40　XS轮斗式洗砂机在砂石生产线上的应用

2. 螺旋洗砂机

XS系列螺旋式洗砂机（见图2-41）可清洗并分离砂石中的泥土和杂物，其新颖的密封结构、可调溢流堰板，可靠的传动装置确保清洗脱水的效果，可广泛应用于公路、水电、建筑等行业。该螺旋洗砂机具有洗净度高、结构合理、处理量大、功耗小、砂子流失少（洗砂过程中）等优势，其传动部分均与水、砂完全隔离，故其故障率远远低于目前常用的螺旋洗砂机设备。

（1）工作原理：XS螺旋式洗砂机在工作时，电动机通过三角带、减速机、齿轮减速后带动叶轮缓慢转动，砂石由给料槽进入洗槽中，在叶轮的带动下翻滚，并互相研磨，除去覆盖砂石表面的杂质，同时破坏包覆砂粒

**图 2-41　XS 螺旋洗砂机实物图**

的水汽层，以利于脱水；同时加水，形成强大水流，及时将杂质及相对密度小的异物带走，并从溢出口洗槽排出，完成清洗作用。干净的砂石由叶片带走。最后，砂石从旋转的叶轮倒入出料槽，完成砂石的清洗作用。

（2）性能特点

1）该螺旋洗砂机结构简单，性能稳定，叶轮传动轴承装置与水和受水物料隔离，大大避免了轴承因浸水、砂和污染物导致损坏的现象发生。

2）中细砂和石粉流失极少，所洗建筑砂级配和细度模数达到国家《建筑用砂》《建筑用卵石、碎石》标准。

3）该机除筛网外几乎无易损件，使用寿命长，长期不用维修。

## 2.3　建筑垃圾破碎生产线系统

### 2.3.1　概述

随着城市建设步伐的加快，建筑垃圾的产生和排放量也在快速增长，占垃圾总量的 40%～45%，已成为城市管理的难题。传统的掩埋方式不仅需要投入大量的人力、物力和财力，而且还要占用大量土地，使原本能够循环利用的资源浪费严重。

节能、节地与利用废弃物的建筑垃圾制砖项目，不仅可以解决大部分建筑垃圾的出路问题，而且对节约能源消耗，实现资源再利用，发展循环经济，建设环境友好型和资源节约型社会将产生积极作用。

建筑垃圾经过处理，将有 80% 的用于生产再生骨料，配合水泥、石子等材料，进行深加工，制作生产绿色低碳环保新型建筑材料，实现了资源再利用，并且具有很高的市场价值。

生产产品种类、技术分析见表 2-2。

表2-2　生产产品种类、技术分析

| 墙体材料 | 普通承重砌块与非承重砌块，如190系列、280系列、300系列，包括单排孔、多排孔、通孔、盲孔、过梁、转角、异型、实心标砖等80种 |
| --- | --- |
| | 装饰性砌块，包括普通单面劈裂砌块、双面劈裂砌块、双面劈裂拉孔砌块、彩色劈裂贴面砖、条纹墙面砖等40种 |
| | 功能性砌块，包括承重保温砌块、隔音砌块、拉孔砌块、特型砌块20种 |
| 地面材料 | 铺地砖，包括普通（承重）铺地砖、连锁（承重）铺地砖、渗水铺地砖、古典铺地砖等50种 |
| | 路沿石道路侧石，园林界石等10种 |
| | 草坪砖，包括普通植草砖、连锁草坪砖、承重草坪砖等20种 |
| 环保建材 | 园林挡土砌块，包括干垒挡土砌块，其他园林砌块 |
| | 坡堤防护砌块（水工砌块），包括连锁护坡砌块、绞接式护坡砌块、坡堤护土、嵌锁式护土砖、植草砖等20种 |

部分产品如图2-42，图2-43，图2-44，图2-45所示。

图2-42　护坡砖（实物图）

图2-43　空心砌砖

图2-44　大型路沿石（实物图）

图 2-45　多孔砖实物图

### 2.3.2　建筑垃圾破碎生产线配置

1. 固定式建筑垃圾生产线

（1）传统建筑垃圾生产线（见图 2-46）。传统建筑垃圾生产线配置以鄂破、反击破配置为主，配备相应的除铁和除土设备。

图 2-46　传统建筑垃圾破碎现场

2. 单段式建筑垃圾生产线

郑州鼎盛工程技术有限公司专利产品——单段反击式锤破（见图 2-47），其具有进料比大、破碎比大、产量大、功率低等优点，只用一台主机就可以替代传统模式破碎机，简化工艺流程，变多级破碎为一级破碎，成本降低 26%，产量增加 12%。

（1）固定式生产线优点：①厂区规划科学、形象好；②用水、用电方便；③粉尘可以得到很好的治理；④噪声污染可以得到很好的治理；⑤原材料和再生骨料得到很好的储存。

图 2-47　单段反击破建筑垃圾破碎现场

（2）固定式生产线缺点：①基础建设投资大；②施工周期长；③不可移动作业，对原料开采局限性大；④人工成本高；⑤环保投入大。

2. 移动式建筑垃圾生产线

（1）轮胎式移动破碎站（见图 2-48，图 2-49）。轮胎式系列移动破碎站是郑州鼎盛工程技术有限公司开发的系列化新颖的岩石破碎设备，大大拓展了粗碎、细碎作业领域。把消除破碎场地、环境、繁杂基础配置带给客户破碎作业的障碍作为首要的解决问题。真正为客户提供简捷、高效、低成本的项目运营硬件设施。

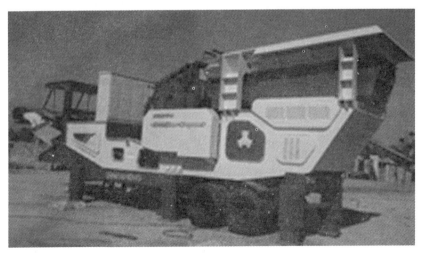

图 2-48　轮胎式移动破碎站

图 2-49　轮胎式移动破碎站

轮胎式系列移动破碎站具有以下性能特点：①移动性强。②一体化整套机组。③降低物料运输成本。④组合灵活，适应性强。⑤作业直接有效。

一体化机组设备安装形式，消除了分体组件的繁杂场地基础设施安装作业，降低了物料消耗、减少了工时。

2. 履带式移动破碎站

履带移动破碎站（见图 2-52）采用液压驱动的方式，该技术先进，功能齐全，在任何地形条件下，此设备均可达到工作场地的任意位置，达到国际同类产品水平。采用无线遥控操纵，可以非常容易地把破碎机开到拖车上，并将其运送至作业地点。无需装配时间，设备一到作业场地即可投入工作。

履带式移动破碎站性能特点：

（1）噪声小、油耗低，真正地实现了经济环保。

（2）整机采用全轮驱动，可实现原地转向，具有完善的安全保护功能，特别适用于场地狭窄、复杂区域。

（3）底盘采用履带式全刚性船型结构，强度高，接地比压低，通过性好，对山地、湿地有很好的适应性。

（4）集机、电、液一体化的典型多功能工程机械产品。其结构紧凑、整机外形尺寸有大中小不同型号。

（5）运输方便，履带行走不损伤路面，配备多功能属性，适应范围广。

（6）一体化成组作业方式，消除了分体组件的繁杂场地基础设施及辅助设施安装作业，降低了物料、工时消耗。机组合理紧凑的空间布局，最大限度地优化了设施配置在场地驻扎的空间，拓展了物料堆垛、转运的空间。

（7）机动性好。履带式系列移动破碎站车更便于在破碎场区崎岖恶劣的道路环境中行驶。为快捷地进驻工地节省了时间。更有利于进驻施工合理区域，为整体破碎流程提供了更加灵活的作业空间。

（8）降低物料运输费用。履带式系列移动破碎站，本着物料"接近处理"的原则，能够对物料进行第一线的现场破碎，免除了物料运离现场再破碎处理的中间环节，极大降低了物料的运输费用。

（9）作业作用直接有效。一体化履带系列移动破碎站，可以独立使用，也可以针对客户对流程中的物料类型、产品要求，提供更加灵活的工艺方案配置，满足用户移动破碎、移动筛分等各种要求，使生成组织、物流转运更加直接有效，最大化地降低成本。

（10）适应性强配置灵活。履带式系列移动破碎站，为客户提供了简捷、低成本的特色组合机组配置，针对粗碎、细碎筛分系统，可以单机组独立作业，也可以灵活组成系统配置机组联合作业。料斗侧出为筛分物料输送方式提供了多样配置的灵活性，一体化机组配置中的柴油发电机除给本机组供电外，还可以针对性的给流程系统配置机组联合供电。

（11）性能可靠维修方便。履带式系列移动破碎站，配置的 PE 系列、PF 系列、HP 系列、PV 系列破碎机，高破碎效率，多功能性、优良的破碎产品质量，具有轻巧合理的结构设计、卓越的破碎性能、可靠稳定的质量保证，最大范围的满足粗、中、细物料破碎筛分要求。

图 2-50　履带式移动破碎站

3. 郑州鼎盛工程技术有限公司在建筑垃圾破碎处理方面的优势

（1）双筛分振动喂料机除土系统。

郑州鼎盛工程技术有限公司专利产品"双筛分"振动筛分喂料机，可有效去除原料中的杂土，简化工艺流程，减少占地面积，降低了设备投资。

（2）轻物质处理器系统。

轻物质处理器（见图 2-51），为郑州鼎盛工程技术有限公司专利技术产品，利用旋风气流分级技术，以一种均衡的速率喂入，并且通过喂料辊进到气流分级的分离室。然后在强气流的作用下灰尘和轻物质被分离，灰尘和轻物质被直接导入沉降室同成品物料分离，分离了灰尘和轻物质的物料从分离器的另一个出口排出。

设备有以下两个特点：①循环风设计，减少扬尘，提高设备效率。②一次除杂率达 90%以上，并可多级串联，最大程度上实现除杂效果。

图 2-51　轻物质处理器

（3）人工分选处理系统。

针对建筑垃圾有大块的木头和塑料等杂质物料进入破碎系统难以处理等问题，郑州鼎盛工程技术有限公司做出特殊的工艺设计，在保障安全的前提下预留出专门的人工分选平台和车间，能有效去除原料中的大型杂质物料，提高成品质量。目前正在和中国电子科技集团公司第二十七研究所一起积极研发"机器手"分选系统，能极大地提高安全性和分选效率。

（4）双极除铁系统。

双极除铁系统（见图 2-52），采用源头和成品双极除铁工艺，有效地提高了设备的运转效率和成品的纯净度，对收集的铁质原料采用液压打包机（见图 2-53）进行打包，便于储存和搬运。

图 2-52　除铁器

图 2-53　液压打包机

（5）三级粉尘治理系统。

为了有效地控制粉尘的排放量，减少其对周围环境的影响，三级粉尘治理系统采取以防为主的方针，从工艺设计上尽量减少生产中的扬尘环节，选择扬尘少的设备；对于胶带机输送的物料尽量降低物料落差，加强密闭，减少粉尘外逸；物料的装卸、倒运及物料的露天堆场等处考虑喷水增湿，减少扬尘；扬尘点采用高效袋式除尘器（见图 2-54）除尘。即三级除尘处理方案：减尘方案、降尘方案、除尘方案。

1）减尘方案。通过对整条生产线的优化设计和提升密封性，减少粉尘的产生，此方案可以减少后续扬尘量 60%~75%，能有效降低后续降、除尘负荷。

2）降尘方案。降尘主要通过高效喷雾装置将悬浮的粉尘尽快降下，减少污染；为本项目采用国内知名的北京新景有限公司的喷雾装置，确保水的雾化效果；此方案可减少约 20%~30% 的扬尘量并有效控制刮风天气及汽车装卸料时的间断性扬尘。

3）除尘方案。除尘方案可使粉尘排放量不大于 $40\mathrm{mg/NM^3}$，完全达到国家标准。目前除尘设备主要有旋风除尘、电除尘器、袋式除尘器、水除尘等。

（6）自动钢筋剪切系统。

本系统通过在破碎设备内增加相应的剪切装置，能对进破碎机物料内含的钢筋进行剪切破碎，防止钢筋缠绕转子和损坏设备，大大提高了设备运转的安全性和运转率。

图 2-54　收尘器运行现场

# 2.4　耐磨件产品

## 2.4.1　锤头的材质

### 1. 奥氏体耐磨钢

高锰钢的主要成分是 $\omega_C = 0.9\% \sim 1.5\%$，$\omega_{Mn} = 11\% \sim 14\%$。经热处理后得到单相奥氏体组织，由于高锰钢极易冷变形强化，使切削加工困难，故基本上是铸造成形后使用。

高锰钢铸件的牌号，前面的 "ZG" 是 "铸钢" 两字汉语拼音字首，其后是化学元素符号 "Mn"，随后数字 "13" 表示平均锰的质量分数的百倍（即平均 $\omega_{Mn} = 13\%$），最后的一位数字 1、2、3、4 表示顺序号。如 ZGMnl3-1，表示 1 号铸造高锰钢，其碳的质量分数最高 $\omega_C = 1.00\% \sim 1.50\%$）；而 4 号铸造高锰钢 ZGMnl3-4，碳的质量分数低 $\omega_C = 0.90\% \sim 1.20\%$）。

高锰钢由于铸态组织是奥氏体十碳化物，而碳化物的存在要沿奥氏体晶界析出，降低了钢的韧性与耐磨性，所以必须进行水韧处理。所谓 "水韧处理"，是将高锰钢铸件加热到 1 000~1100℃，使碳化物全部溶解到奥氏体中，然后在水中急冷，防止碳化物析出，获得均匀的、单一的过饱和单相奥氏体组织。这时其强度、硬度并不高，而塑性、韧性却很好（$\sigma_b \geqslant 637 \sim 735$N/mm$^2$，$\delta_5 \geqslant 20\% \sim 35\%$，硬度 $\leqslant 229$HBS，$A_k \geqslant 118$J）。但是，当工作时受到强烈的冲击或较大压力时，表面因塑性变形会产生强烈的冷变形强化，从而使表面硬度提高到 500~550HBW，因而获得较高的耐磨性，而内部仍然保持着原来奥氏体所具有的高塑性与韧性，能承受冲击。当表面磨损后，新露出的表面又可在冲击和磨损条件下获得新的硬化层。因此，这种钢具有很高耐磨性和抗冲击能力。但要指出，这种钢只有在强烈冲击和磨损下工作才显示出高的耐磨性，而在一般机器工作条件下高锰钢并不耐磨。

高锰钢被用来制造在高压力、强冲击和剧烈摩擦条件下工作的抗磨零件，如坦克和矿山拖拉机履带板、破碎机颚板、挖掘机铲齿、铁道道岔及球磨机衬板等。

2. 耐磨合金钢

20世纪80年代以来，我国科研工作者根据高锰钢韧性富余而硬度过低、高铬铸铁硬度高而韧性不足的状况，借鉴国外经验，结合我国资源，研发出的多种耐磨合金钢，具有较高的韧性及硬度，综合机械性能优良，应用范围更广。

3. 中高碳合金钢

由于中碳低合金钢的合金含量不高，淬透性差，油淬工艺复杂、成本高，因此又研制了适当提高合金含量、采用风淬的中碳中合金钢。热处理采用风淬，金相组织为马氏体+弥散碳化物，力学性能为硬度 HRC42~55、冲击韧性 15~50J/$cm^2$，综合机械性能优异。常在大型磨机衬板、隔仓板、篦板及颚板、小锤头上应用，型号有 ZG40Cr5Mo、ZG40Cr5Mo、ZG60Cr5Mo。

3. 高铬铸铁

对含铬 10%~30%的合金白口铁进行了研究，发现高铬铸铁有很多优点：

（1）在含铬 12%时可以形成 $Cr_7C_3$ 型碳化物，显微硬度 HV1 300~1 800，比普通白口铁中 $Fe_3C$ 型碳化物的显微硬度（HV800~1100）高很多，因此耐磨性好。

（2）碳化物形状变为断网状、菊花状，比网状碳化物韧性高。此外，高铬铸铁的基体可以通过不同的热处理工艺来获得从全部奥氏体到全部马氏体的各种基体，扩大其应用范围，满足不同工况条件的需要。

4. 粉末冶金材料

粉末冶金是用金属粉末或金属与非金属粉末的混合物作原料，经压制成形后烧结，以获得金属零件和金属材料的方法。它是一种不经熔炼生产材料或零件的方法，又是一种精密的无切屑或少切屑的加工方法。粉末冶金可生产其他工艺方法无法制造或难以制造的零件和材料，如高熔点材料、复合材料、多孔材料等。

5. 硬质合金

硬质合金是采用高硬度、高熔点的碳化物粉末和粘结剂混合、加压成形、烧结而成的一种粉末冶金材料。硬质合金的硬度，在常温下可达 86 ~ 93HRA（相当于 69 ~ 81HRC），红硬性可达 900 ~ 1000℃。因此，其切削速度比高速钢可提高 4 ~ 7 倍，刀具寿命可提高 5 ~ 80 倍。由于硬质合金的硬度高、脆性大，不能进行机械加工，故常将其制成一定形状的刀片，镶焊在刀体上使用。

（1）钨钴类硬质合金。

钨钴类硬质合金的主要化学成分为碳化钨及钴。其牌号用"硬"和"钴"两字的汉语拼音的字首"YG"加数字。数字表示钴的质量分数。钴含量越高，合金的强度、韧性越好；钴含量越低，合金的硬度越高、耐热性越好。例如 YG6 表示钨钴类硬质合金 $\omega Co = 6\%$，余量为碳化钨。这类合金也可以用代号"K"来表示，并采用红色标记。

（2）钨钴钛类硬质合金。

钨钴钛类硬质合金的主要成分为碳化钨、碳化钛和钴。其牌号用"硬"和"钛"两字的汉语拼音的字首"YT"加数字。数字表示碳化钛的质量分数。例如：YT15 表示碳化钛硬质合金 $\omega_{TiC} = 15\%$，余量为碳化钨和钴。这类合金也可用代号"P"表示，并采用蓝色标记。

（3）钢结硬质合金。

钢结硬质合金碳化钛与高锰钢混合烧结而成，如型号 TM52 的钢结硬质合金含 48% 的碳化钛，型号 TM60 的钢结硬质合金含 40% 的碳化钛。

### 2.4.2　典型易损件耐磨材料的选择

1. 锤头的磨损机制

当物料与高速旋转的锤头撞击时，物料尖角压入锤面，形成撞击坑，其冲击力全部转为对锤面的压应力，此时锤头属于冲击凿削磨损。当物料以一定角度撞击锤头或锤头与篦板相互搓磨时，冲击力分解为平行锤面的切向应力，对锤头表面进行切削，形成一道道切削沟槽，则为切削冲刷磨损。

2. 影响锤头使用寿命的因素

锤头的磨损情况与诸多因素有关，如物料性质（入机粒度、种类、硬度、水分、温度等）、锤头线速度、篦板篦缝的大小等。合理选材十分重要。

3. 锤头材料的选择

（1）大型破碎机：进料粒度 >400 mm，单重 50 ~ 125kg 及以上的大锤头，因为受冲击力大，应该以安全使用为前提，主要选择高韧性的超高锰合金钢，也可选用合金化高锰钢。

（2）中型破碎机：入料粒度<200mm，单重50kg以下的锤头，受冲击力相对较小，普通高锰钢加工硬化能力不能充分发挥，因而不耐磨，应该选择含碳量为上限的合金高锰钢或中低碳合金钢。

（3）小型破碎机：入料粒度<50mm，单重15kg以下的锤头，受冲击力更小，不适宜选用高锰钢，可选择中碳中合金钢，更适宜选用复合铸造锤头。锤头顶部采用高铬铸铁，锤柄用35#钢或低合金钢，两种材料分别发挥各自的特点。

入料粒度<100mm的细碎机锤头，受冲击力适中，应选用高韧性超高铬铸铁，硬度>HRC60，冲击韧性>8J/cm$^2$，使用寿命可比高锰钢提高3~5倍。

4. 单段破碎机锤头

单段锤破大锤头用于破碎 500 ~ 1 500mm 大块石料的单段锤式破碎机，锤头单重80~220kg。因承受的冲击力太大，锤头材质有如下 5 种选择。因石灰石的性质差异太大，目前尚不能确认哪种方案最好，只能通过对比使用后合理选择。

（1）合金高锰钢锤头（见图 2-55）：在 ZGMn13 中加入 Cr、Mo 等合金。

（2）超高锰钢（见图 2 - 56）含 Mn16%以上，并加入 Cr、Mo 等合金。

图 2-55　合金高锰钢锤头

（3）表面堆焊锤头（见图 2-57）：高锰钢锤头工作面堆焊 TM55（Mn系）、ZD3（Cr系）等，表面堆焊层硬度 HRC56~62。

图 2-56　超高锰钢锤头

图 2-57　表面堆焊锤头

（4）双金属铸造锤头（见图 2-58，图 2-59）：Magotteaux 公司头部高铬铸铁+柄部铬钼合金钢（头部：3.4%C，16%Cr，HRC≥61。柄部：0.2%C，1.9%Cr）。

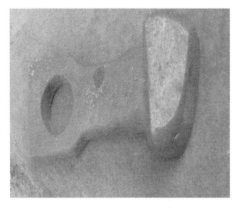

图 2-58　双金属铸造锤头

图 2-59　双金属铸造锤头

（5）合金高锰钢头部镶铸硬质合金块（见图 2-60，图 2-61）

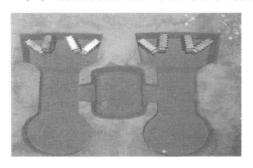

图 2-60　块状合金

图 2-61　棒条状合金

# 第3章 建筑垃圾资源化利用工艺

## 3.1 100t/h 单段式固定破碎工艺

### 3.1.1 工艺布置

1. 生产线工艺简述（工艺见图3-1）。

（1）用铲车（自卸车）将原料运至原料仓。

（2）给料、破碎。安装于原料仓下的除土振动筛分喂料机（ZSW100）将原料中的杂土筛分出，经一条皮带机输送出去，再经一个圆振筛（2YKF1245）筛分，筛分后的杂土经皮带输送机输送到废土堆，筛分后的≥20mm 的物料输送至破碎机下方的主料皮带，运送至一个封闭圆振筛（2YKF1860）进行筛分。经给料机除土后的原料输送到破碎机（AF150 单段建筑垃圾破碎机）破碎。

（3）轻物质分离。破碎后的物料先经过人工分选平台进行预分选，剔除出大块的轻物质，再通过磁选除去钢筋，然后再输送至轻物质分离器（QZF96-01）分离出轻物质和物料中未除去的杂土。

（4）筛分。分离过轻物质的物料用皮带输送机输送至一个封闭圆振筛（2YKF1860）进行筛分，筛分出的 0~10mm 的物料用作再生砖制作的原料（这部分成品可以设计再筛分，筛分出 0~3mm、3~6mm、6~10mm），筛分出的 10~31.5mm 的物料用作再生骨料。

（5）筛分出的 10~31.5mm 的物料经轻物质分离器再次分离残余的轻物质后经皮带机输送至一台砖混分离设备，分离出混凝土骨料和红砖骨料，混凝土骨料再用一个圆振筛（2YKF1545）分离成 10~20mm 和 20~31.5mm 两个规格成品，红砖直接进入料库。

2. 生产设备

生产线采用一级破碎，主机使用郑州鼎盛工程技术有限公司生产的给料机、建筑垃圾专用破碎机和振动筛分设备、轻物质分离设备和砖混分离设备，除尘采用芬兰 BME（柏美迪美）公司先进的环保除尘设备。具体为：

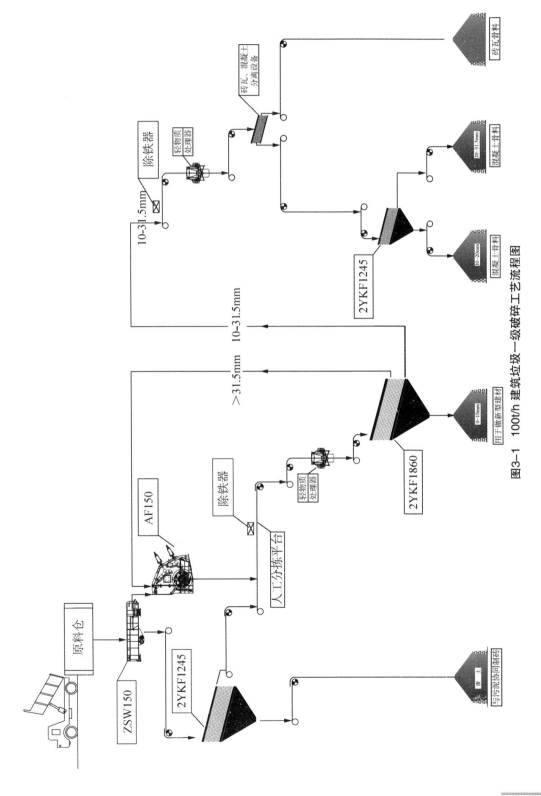

图3-1 100t/h 建筑垃圾一级破碎工艺流程图

（1）振动喂料、振动筛分。

（2）无缠绕单段反击破碎机。

（3）"亚飞"轻物质分离器。

（4）砖混分离设备。

（5）BME 粉尘抑制系统。

### 3.1.2 建筑垃圾破碎

AF150 破碎机是由郑州鼎盛工程技术有限公司研发的 AF 系列建筑垃圾破碎机，是国内唯一一款具有钢筋切除装置的建筑垃圾专用破碎机。主机不会堵塞，再生骨料粒型好，变三级破碎为单段破碎，在同档机型中有着较高的性价比，是最佳的建筑垃圾破碎设备之一，其特点如下：

（1）带有钢筋切除装置，主机不会堵塞；

（2）变三级破碎为一级破碎，简化工艺流程；

（3）出料细、过粉碎少、颗粒成型好；

（4）半敞开的排料系统，适合破碎含有钢筋的建筑垃圾；

（5）破碎机匀整区的衬板上设计有钢筋的凹槽，物料中混有的钢筋在经过这些凹槽后被捋出而分离；

（6）配套功率小、耗电低、节能环保；

（7）结构简单、维修方便、运行可靠、运营费用低。

目前可供选择的各类破碎建筑垃圾的设备均属于传统的矿山机械设备，如颚式破碎机、反击式破碎机等，建筑垃圾成分的复杂性，对建筑垃圾处理装备提出了专业化要求。比如，建筑垃圾中含有的钢筋，是传统破碎机不能破碎的，在生产中也往往会出现如钢筋缠绕破碎机转子、破碎腔堵塞严重、生产效率低下等问题，若要真正应用于建筑垃圾，还需要采用针对带有钢筋剪切装置的建筑垃圾专用破碎机。

为此，郑州鼎盛工程技术有限公司在 DPX 单段细碎机的基础上，经过多次优化、改良推出了 DPF 系列建筑垃圾专用破碎机。该破碎机为单段破碎机，也是目前国内唯一一款带有钢筋剪切装置的建筑垃圾专用破碎机。它"吃"下去的是砖头、混凝土块之类的建筑垃圾，"吐"出来的却是可以替代天然砂石的再生建筑骨料，像"剪刀"一样可以把建筑垃圾中的钢筋剪断，几乎不会出现过转子被钢筋缠绕的现象，不堵塞主机。

### 3.1.3 破碎后物料筛分

郑州鼎盛工程技术有限公司生产的 YK（F）系列为国内新型机种，该机采用偏心块激振器及轮胎联轴器，经多条砂石及建筑垃圾生产线生产实践证明，该系列圆振动筛具有以下性能特点：

（1）通过调节激振力改变和控制流量，调节方便稳定；

（2）振动平稳、工作可靠、寿命长；

（3）结构简单、重量轻、体积小、便于维护保养；

（4）可采用封闭式结构机身，防止粉尘污染；

（5）噪声低、耗电小、调节性能好，无冲料现象。

### 3.1.4　钢筋处置

经由建筑垃圾破碎机处置后的钢筋多是小段钢筋，经磁选设备选出后放入液压打包机打包处理，工艺特性如下：

（1）破碎机钢筋切断装置，剔除钢筋；

（2）多级电磁除铁，磁选分拣；

（3）输送过程中人为分拣；

（4）最后液压打包，码垛堆放。

### 3.1.5　骨料洁净处理

"亚飞"轻物质分离器是郑州鼎盛工程技术有限公司研发的具有专利技术的产品，垃圾分离率超过 90%，超出同行轻物质分离率 30% 以上，创造了国内目前最好的分离效果，在轻物质分离设备的创新方面取得重大突破，其特点如下：

（1）循环风设计可减少扬尘，提高设备效率；

（2）一次除杂率可达 90% 以上，并可多级串联，最大程度上保证除杂效果；

（3）保证建筑垃圾成品骨料的洁净度；

（4）设计理念先进；

（5）维修方便，电动机消耗低。

"亚飞牌"轻物质分离器由于条件限制，一直被用在固定式建筑垃圾破碎、制砖生产线中，目前，郑州鼎盛工程技术有限公司在"亚飞"轻物质分离器的基础上，成功研发出了风选式轻物质分离器，并成功应用在移动式建筑垃圾破碎生产线中。

### 3.1.6　环保方面设计

环保方面采用芬兰进口 BME 除尘设备，应用生物纳膜抑尘技术、收尘封、云尘封和易尘封技术，系统投资成本低，生产成本小，占地面积小，无粉尘收集处理困扰。

为了有效地控制粉尘的排放量，减少其对周围环境的影响，本项目设计采取以防为主的方针从工艺设计料堆防尘、破碎源头降尘和收集泄漏的少量粉尘三级除尘处理方案。

1. 破碎车间除尘方案

破碎车间的粉尘具有进料粒度大、排料粒度大、破碎比小、建筑垃圾通过能力大、破碎腔落差大、速度高的特点，因此粉尘以大颗粒物为主。针对大颗粒物的处理，BME 设计具体的除尘方案如下：

（1）使用 1 台百诺抑尘机 Hybrid 对于该段破碎所产生的粉尘进行处理。该机型同时具备喷射纳膜和干水雾两种特性。在振动筛分喂料机及建筑垃圾倒料口处喷射水雾对物料进行初步润湿，扑捉扬尘可以很好地解决细颗粒物扩散的问题并进行包裹加强，对物料在振动以及下落时碰撞产生的粉尘进行扑捉和团聚；同时在颚式破碎机进料口喷洒生物纳膜，和大块建筑垃圾一起进入破碎机，在破碎过程中进行混拌，由此对产生的粉尘进行吸附和包裹，从而加大灰尘的重量形成凝聚和沉降作用，加快其下落速度；

（2）在破碎机落料口的输送带安装使用 12m 易尘封（不含钢架主板），满足落料口完全密封的要求，加强粉尘凝聚和沉降作用，确保该处粉尘不再飘扬；

（3）在破碎机下料口设计安装 1 台收尘封 TF-37，用于抽取颚式破碎机下料口的粉尘，这部分由于冲击力较大，产尘量较大且扩散速度快。通过该机器的疏导，可确保包裹后的粉尘在易尘封中沉降，且残留的含尘空气被抽取后通过 3 次水幕粹洗，完全过滤灰尘后排放，水中沉积下的粉尘形成泥屑，后经专用皮带排出后做统一处理。

2. 筛分车间除尘方案

筛分车间的粉尘浓度大，且细粒级含量多、飞逸性强、覆盖面积大，导致处理难度极大，历来为粉尘处理的难点。为此，BME 设计除尘方案如下。

对于筛分部分，由于经过前期纳膜的包裹和处理，在筛分处几乎没有建筑垃圾新鲜断裂的情况出现，故此只需做一些预防性和补充处理即可，这也是抑尘技术最大的优势。为了进一步加强除尘效果，共用百诺抑尘机，该设备可喷射超细荷电干雾，雾粒直径仅为 5～100μm，对于同等直径的灰尘具有很强的捕捉能力，可以很好地解决超细颗粒物扩散的问题进行包裹加强，并对物料在振动以及下落时碰撞产生的粉尘进行扑捉和团聚，加强后续效果。

### 3.1.7 信息化、智能化设计

该生产线可预留配备相应的数据算法及生产工艺数据，能根据喂料、破碎、筛分、输送等模块的数据化反馈，调整相应的设备运转状况，从而达到各个模块相互匹配的理想化生产状态，相比于传统生产线的现场观察，调整能够提高整条生产线运转效率 20%。其具备以下特点：

（1）各个设备工艺状况上相互配备，达到最优生产状况。

（2）根据生产状况的不同，自动寻找最优生产工艺状态，显著提高生产效率；

（3）智能化锤头，及时反馈锤头磨损情况和调整出料粒度并及时反馈整条生产线运营状况，进行自动寻优调整。

（4）远程监控，预警，诊断，可以通过手机、平板电脑等电子工具对现场生产状况进行了解，根据现场反馈的情况及时与现场沟通，便于管理。

（5）ERP（企业资源计划），SCM（供应链管理），CRM（客户关系管理）系统，可根据客户要求对 ERP 管理系统里的内容进行设定，并进行数据存档和远程反馈，如：日报表、周报表和销售报表等生产数据，便于管理人员对生产状况的把握和调整检测，有效提高企业生产管理水平。

### 3.1.8　定岗定员及主机设备

1. 生产线定岗定员（见表 3-1）

表 3-1　生产线定岗定员表

| 序号 | 工种 | 每班人数 | 合计人数 | 备注 |
| --- | --- | --- | --- | --- |
| 1 | 铲车司机 | 1 | 2 | 每天两班 |
| 2 | 挖掘机工 | 1 | 1 | 每天一班 |
| 3 | 值班长 | 1 | 1 | 每天一班 |
| 4 | 保管员 | 1 | 1 | 每天一班 |
| 5 | 运行工 | 2 | 4 | 每天两班 |
| 6 | 机修保养工 | 1 | 1 | 每天一班 |
| 7 | 发货开票员 | 1 | 2 | 每天两班 |
| 8 | 出纳 | 1 | 2 | 每天两班 |
| 9 | 会计 | 1 | 1 | 每天一班 |
| 10 | 技术、生产、副厂长 | 1 | 1 | 每天一班 |
| 11 | 厂长 | 1 | 1 | 每天一班 |
| 合计 | | 12 | 17 | — |

## 2. 主机设备清单

主机设备清单（见表3-2）。

表3-2 主机设备清单

| 序号 | 货物名称 | 规格 | 数量 | 功率（kW） | 备注 |
|---|---|---|---|---|---|
| 1 | 振动筛分给料机 | ZSW150 | 1 | 11 | — |
| 2 | 建筑垃圾破碎机 | AF150 | 1 | 185 | — |
| 3 | 高效圆振筛 | 2YKF1860 | 1 | 22 | — |
| | | 2YKF1245 | 1 | 11 | — |
| | | 2YKF1545 | 1 | 18.5 | — |
| 5 | 皮带机 | B800×21M | 1 | 11 | — |
| | | B800×26M | 1 | 15 | |
| | | B650×25M | 1 | 11 | |
| | | B500×14M | 4 | 22 | |
| | | B500×29M | 1 | 11 | |
| | | B500×28M | 2 | 22 | |
| 7 | BME抑尘系统 | 抑尘机JI型 | 1 | 30 | — |
| | | TF-37b | 1 | 37 | |
| | | 易尘封 | 12m | — | |
| | | 智能感应 | 1 | — | |
| | | 远程通信报警 | 1 | — | |
| 8 | 除铁器 | RCYD-8 | 2 | 4.4 | 含电机 |
| 9 | 轻物质分离器 | QZF96-01 | 3 | 45 | 含电机 |
| 10 | 液压打包机 | — | 1 | — | — |
| 11 | 电控系统 | — | — | — | — |

# 3.2 200t/h 两级破碎生产工艺

## 3.2.1 工艺布置

1. 生产线工艺简述（见图3-2）

（1）用铲车（或自卸车）将原料运至原料仓。

（2）给料、破碎。安装于原料仓下的除土振动筛分喂料机（ZSW300）经过除土的原料直接进入鄂式破碎机（PE900×1060）破碎后直接进入二段破碎机。原料中所筛分出的杂土，经一条皮带机输送出去，再经一个圆振

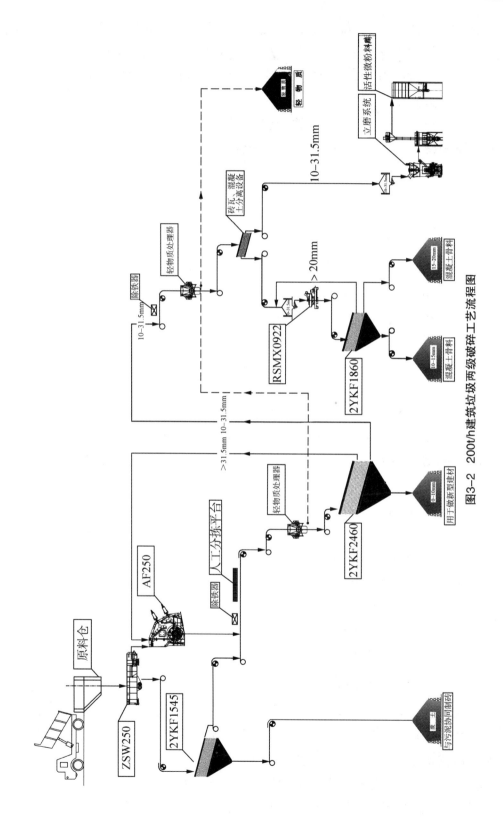

图3-2　200t/h建筑垃圾两级破碎工艺流程图

筛（2YKF1545）筛分，筛分后的杂土经皮带输送机输送到废土堆，筛分后的≥20mm的物料输送至破碎机下方的主料皮带，运送至一个封闭圆振筛（2YKF2460）进行筛分。经给料机除土后的原料输送到破碎机（AF250 单段建筑垃圾破碎机）破碎。

（3）轻物质分离。破碎后的物料先经过人工分选平台进行预分选，剔除出大块的轻物质，再通过磁选除去钢筋，然后再输送至轻物质分离器（QZF96-01）分离出轻物质和物料中未除去的杂土。

（4）筛分。分离过轻物质的物料用皮带输送机输送至一个封闭圆振筛（2YKF2460）进行筛分，筛分出的0~10mm的物料用作再生砖制作的原料（这部分成品可以设计再筛分，筛分出0~3mm、3~6mm、6~10mm），筛分出的10~31.5mm的物料用作再生骨料。

（5）筛分出的10~31.5mm的物料经轻物质分离器再次分离残余的轻物质后经皮带机输送至一台砖混分离设备，分离出混凝土骨料和红砖骨料，混凝土骨料再用一个圆振筛（2YKF1860）分离成10~20mm和20~31.5mm两个规格成品，红砖直接进入料库。

2. 生产设备

生产线采用两级破碎，主机使用郑州鼎盛工程技术有限公司生产的给料机、建筑垃圾专用破碎机和振动筛分设备、轻物质分离设备和砖混分离设备以及德国BHS转子离心破碎机，除尘采用芬兰BME公司先进的环保除尘设备。具体为：

（1）振动喂料、振动筛分。

（2）颚式破碎机。

（3）无缠绕单段反击破碎机。

（4）"亚飞"轻物质分离器。

（5）砖混分离设备。

（6）德国BHS破碎机。

（7）BME粉尘抑制系统。

### 3.2.2　建筑垃圾破碎

郑州鼎盛工程技术有限公司生产的PE系列颚式破碎机，其耐磨件颚板均采用获得2012"科技进步一等奖"的新型复合颚板材质，比普通高锰钢颚板寿命提高了1~3倍。其特点如下：

（1）破碎比高达15，粒度均匀。

（2）垫片式排料口调整装置可调节范围大，运行可靠。

（3）生产效率高、能耗低，与普通细颚破相比，比同规格处理能力提高 20%～35%，能耗降低 15%～20%。

（4）破碎腔深而且无盲区，提高进料能力与产量。

（5）采用双曲面颚板磨损小，同等工艺条件下，颚板寿命可延长 3～4 倍，对高磨蚀性物料更为明显。

（6）润滑系统安全可靠，部件更换方便，保养工作量小。

AF250 破碎机是由郑州鼎盛工程技术有限公司研发的，AF 系列建筑垃圾破碎机，是国内唯一一款具有钢筋切除装置的建筑垃圾专用破碎机，主机不会堵塞，再生骨料粒型好，变三级破碎为单段破碎，同档机型中性价比更高，是最佳的建筑垃圾破碎设备，其特点如下：

（1）带有钢筋切除装置，主机不会堵塞。

（2）变三级破碎为一级破碎，简化工艺流程。

（3）出料细，过粉碎少、颗粒成型好。

（4）半敞开的排料系统，适合破碎含有钢筋的建筑垃圾。

（5）破碎机匀整区的衬板上设计有钢筋的凹槽，物料中混有的钢筋在经过这些凹槽后被拽出而分离。

（6）配套功率小，耗电低，节能环保、结构简单，维修方便，运行可靠，运营费用低。

### 3.2.3　破碎后物料筛分

郑州鼎盛工程技术有限公司生产的 YK（F）系列为国内新型机种，该机采用偏心块激振器及轮胎联轴器，经多条砂石及建筑垃圾生产线生产实践证明，该系列圆振动筛具有以下性能特点：

（1）通过调节激振力改变和控制流量，调节方便稳定。

（2）振动平稳、工作可靠、寿命长。

（3）结构简单、重量轻、体积小、便于维护保养。

（4）可采用封闭式结构机身，防止粉尘污染。

（5）噪声低、耗电小、调节性能好，无冲料现象。

### 3.2.4　钢筋处置

经由建筑垃圾破碎机处置后的钢筋多是小段钢筋，经磁选设备选出后放入液压打包机打包处理，工艺特性如下：

（1）破碎机钢筋切断装置，剔除钢筋。

（2）多级电磁除铁，磁选分拣。

（3）输送过程中人为分拣。

（4）最后液压打包，码垛堆放。

### 3.2.5 骨料洁净处理

"亚飞"轻物质分离器是郑州鼎盛工程技术有限公司研发的具有专利技术的产品，垃圾分离率超过 90%，超出同行轻物质分离率 30% 以上，创造了国内目前最好的分离效果，在轻物质分离设备的创新方面取得重大突破，其特点如下：

（1）循环风设计可减少扬尘，提高设备效率。

（2）一次除杂率可达 90% 以上，并可多级串联，最大程度上保证除杂效果。

（3）保证建筑垃圾成品骨料的洁净度。

（4）设计理念先进。

（5）维修方便，电机消耗低。

"亚飞牌"轻物质分离器却由于条件限制，一直被用在固定式建筑垃圾破碎、制砖生产线中，目前，郑州鼎盛工程技术有限公司在"亚飞"轻物质分离器的基础上，成功研发出了风选式轻物质分离器，并应用在移动式建筑垃圾破碎生产线中。

### 3.2.6 环保方面设计

环保方面采用芬兰进口 BME 除尘设备，应用生物纳膜抑尘技术、收尘封、云尘封和易尘封技术，系统投资成本低，生产成本小，占地面积小，无粉尘收集处理困扰。

为了有效地控制粉尘的排放量，减少其对周围环境的影响，本项目设计采取以防为主的方针，设计了工艺设计料堆防尘、破碎源头降尘和收集泄漏的少量粉尘三级除尘处理方案。

1. 破碎车间除尘方案

破碎车间的粉尘具有进料粒度大、排料粒度大、破碎比小、建筑垃圾通过能力大、破碎腔落差大、速度高的特点，因此粉尘以大颗粒物为主。针对大颗粒物的处理，BME 设计具体的除尘方案如下：

（1）使用 1 台百诺抑尘机 Hybrid 对于该段破碎所产生的粉尘进行处理，该机型同时具备喷射纳膜和干水雾两种特性。在振动筛分喂料机及建筑垃圾倒料口处喷射水雾对物料进行初步润湿，扑捉的扬尘可以很好地解决细颗粒物扩散的问题并进行包裹加强，对物料在振动以及下落时碰撞产生的粉尘进行扑捉和团聚；同时在颚式破碎机进料口喷洒生物纳膜，和大块建筑垃圾一起进入破碎机，在破碎过程中进行混拌，由此对产生的粉尘进行吸附和包裹，从而加大灰尘的重量形成凝聚和沉降作用，加快其下落速度。

（2）在破碎机落料口的输送带安装使用 12m 易尘封（不含钢架主板），满足落料口完全密封的要求，加强粉尘凝聚和沉降作用，确保该处粉尘不再飘扬。

（3）在破碎机下料口设计安装 1 台收尘封 TF-37，用于抽取颚式破碎机下料口的粉尘，这部分由于冲击力较大，产尘量较大且扩散速度快。通过该机器的疏导，可确保包裹后的粉尘在易尘封中沉降，且残留的含尘空气被抽取后通过 3 次水幕粹洗，完全过滤灰尘后排放，水中沉积下的粉尘形成泥屑，后经专用皮带排出后做统一处理。

2. 筛分车间除尘方案

筛分车间的粉尘浓度大，且细粒级含量多、飞逸性强、覆盖面积大，导致处理难度极大，历来为粉尘处理的难点。为此，BME 设计除尘方案如下：对于筛分部分，由于经过前期纳膜的包裹和处理，在筛分处几乎没有建筑垃圾新鲜断裂的情况出现，故此只需做一些预防性和补充处理即可，这也是抑尘技术最大的优势。为了进一步加强除尘效果，共用百诺抑尘机，该设备可喷射超细荷电干雾，雾粒直径仅为 5~100μm，对于同等直径的灰尘具有很强的捕捉能力，可以很好地解决超细颗粒物扩散的问题进行包裹加强，并对物料在振动以及下落时碰撞产生的粉尘进行扑捉和团聚，加强后续效果。

## 3.2.7　信息化、智能化设计

该生产线可预留配备相应的数据算法及生产工艺数据，能根据喂料、破碎、筛分、输送等模块的数据化反馈，调整相应的设备运转状况，从而达到各个模块相互匹配的理想化生产状态，相比于传统生产线的现场观察，经调整能够提高整条生产线运转效率 20%。其具备以下特点：

（1）各个设备工艺状况上相互配备，达到最优生产状况。

（2）根据生产状况的不同，自动寻找最优生产工艺状态，显著提高生产效率。

（3）智能化锤头，及时反馈锤头磨损情况和调整出料粒度并及时反馈整条生产线运营状况，进行自动寻优调整。

（4）远程监控，预警，诊断，可以通过手机、平板电脑等电子工具对现场生产状况进行了解，根据现场反馈的情况及时与现场沟通，便于管理。

（5）ERP，SCM，CRM 系统，可根据客户要求对 ERP 管理系统里的内容进行设定，并进行数据存档和远程反馈，如日报表、周报表和销售报表等生产数据，便于管理人员对生产状况的把握和调整检测，有效提高企业生产管理水平。

### 3.2.8 定岗定员及主机设备

1. 生产线定岗定员

生产线定岗定员（见表3-3）。

表3-3　生产线定岗定员

| 序号 | 工种 | 每班人数 | 合计人数 | 备注 |
|---|---|---|---|---|
| 1 | 铲车司机 | 1 | 2 | 每天两班 |
| 2 | 挖掘机工 | 1 | 1 | 每天一班 |
| 3 | 值班长 | 1 | 1 | 每天一班 |
| 4 | 保管员 | 1 | 1 | 每天一班 |
| 5 | 运行工 | 2 | 4 | 每天两班 |
| 6 | 机修保养工 | 1 | 1 | 每天一班 |
| 7 | 发货开票员 | 1 | 2 | 每天两班 |
| 8 | 出纳 | 1 | 2 | 每天两班 |
| 9 | 会计 | 1 | 1 | 每天一班 |
| 10 | 技术、生产、副厂长 | 1 | 1 | 每天一班 |
| 11 | 厂长 | 1 | 1 | 每天一班 |
| | 合计 | 12 | 17 | — |

2. 主机设备清单

主机设备清单（见表3-4）。

表3-4　主机设备清单

| 序号 | 货物名称 | 规格 | 数量 | 功率（kW） | 备注 |
|---|---|---|---|---|---|
| 1 | 振动筛分给料机 | ZSW300 | 1 | 22 | — |
| 2 | 颚式破碎机 | PE900×1060 | 1 | 110 | — |
| 2 | 建筑垃圾破碎机 | AF250 | 1 | 400 | — |
| 3 | 高效圆振筛 | 2YKF1545 | 1 | 18.5 | — |
| | | 2YKF2460 | 1 | 30 | — |
| | | 2YKF1860 | 1 | 22 | — |

| 序号 | 货物名称 | 规格 | 数量 | 功率（kW） | 备注 |
|---|---|---|---|---|---|
| 5 | 皮带机 | B800×21M | 1 | 11 | — |
| | | B800×26M | 1 | 15 | |
| | | B650×25M | 1 | 11 | |
| | | B500×14M | 4 | 22 | |
| | | B500×29M | 1 | 11 | |
| | | B500×28M | 2 | 22 | |
| 7 | BME 抑尘系统 | 抑尘机 JI 型 | 1 | 30 | — |
| | | TF-37b | 1 | 37 | |
| | | 易尘封 | 12m | — | |
| | | 智能感应 | 1 | — | |
| | | 远程通信报警 | 1 | — | |
| 8 | 除铁器 | RCYD-8 | 2 | 4.4 | 含电动机 |
| 9 | 轻物质分离器 | QZF96-01 | 3 | 45 | 含电动机 |
| 10 | 液压打包机 | — | 1 | — | — |
| 11 | 电控系统 | — | — | — | — |

# 3.3　200t/h 单段式固定破碎工艺

## 3.3.1　工艺布置

1. 生产线工艺简述（见图 3-3）

（1）用铲车（或自卸车）将原料运至原料仓。

（2）给料、破碎。安装于原料仓下的除土振动筛分喂料机（ZSW250）将原料中的杂土筛分出，经一条皮带机输送出去，再经一个圆振筛（2YK1545）筛分，筛分后的杂土经皮带输送机输送到废土堆，筛分后的≥20mm 的物料输送至破碎机下方的主料皮带，运送至一个封闭圆振筛（2YKF2460）进行筛分。经给料机除土后的原料输送到破碎机（AF250 单段建筑垃圾破碎机）破碎。

（3）轻物质分离。破碎后的物料先经过人工分选平台进行预分选，剔除出大块的轻物质，再通过磁选除去钢筋，然后再输送至轻物质分离器（QZF96-01）分离出轻物质和物料中未除去的杂土。

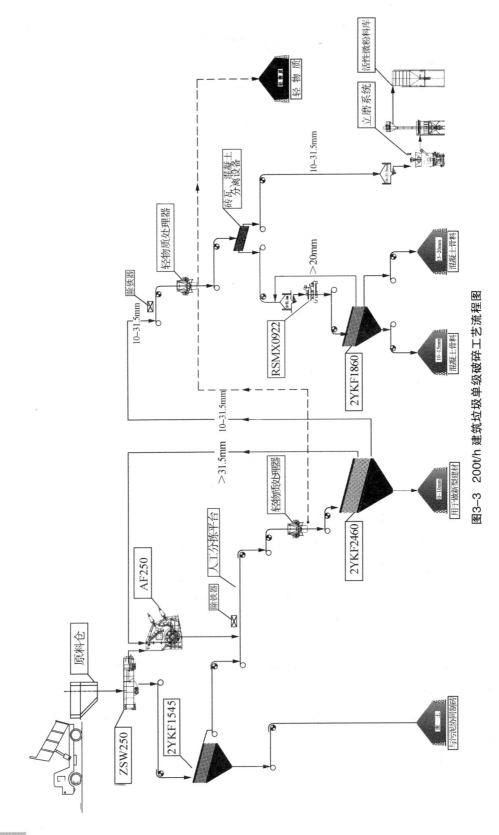

图3-3 200t/h 建筑垃圾单级破碎工艺流程图

（4）筛分。分离过轻物质的物料用皮带输送机输送至一个封闭圆振筛（2YKF2460）进行筛分，筛分出的 0~10mm 的物料用作再生砖制作的原料（这部分成品可以设计再筛分，筛分出 0~3mm、3~6mm、6~10mm），筛分出的 10~31.5mm 的物料用作再生骨料。

（5）筛分出的 10~31.5mm 的物料经轻物质分离器再次分离残余的轻物质后经皮带机输送至一台砖混分离设备，分离出混凝土骨料和红砖骨料，10~31.5mm 混凝土骨料经皮带机输送至第一中转料仓储存，经一台德国 BHS 冲击破碎机（RSMX0922）把 10~31.5mm 混凝土骨料再次破碎，一个圆振筛（2YKF1860）把破碎过混凝土骨料分离成 0~5mm 和 5~20mm 两个规格成品。

（6）分离出的 10~31.5mm 红砖骨料经皮带机输送至第二中转料仓储存，经过立磨系统的深度加工后，砖粉输送至活性微粉料库。

2. 生产设备

生产线采用一级破碎，主机使用郑州鼎盛工程技术有限公司生产的给料机、建筑垃圾专用破碎机和振动筛分设备、轻物质分离设备和砖混分离设备以及德国 BHS 转子离心破碎机，除尘采用芬兰 BME 公司先进的环保除尘设备。具体为：

（1）振动喂料、振动筛分。

（2）无缠绕单段反击破碎机。

（3）"亚飞"轻物质分离器。

（4）砖混分离设备。

（5）德国 BHS 破碎机。

（6）BME 粉尘抑制系统。

## 3.3.2 建筑垃圾破碎

AF250 破碎机是由郑州鼎盛工程技术有限公司研发的 AF 系列建筑垃圾破碎机，是国内唯一一款具有钢筋切除装置的建筑垃圾专用破碎机。其特点如下：

（1）带有钢筋切除装置，主机不会堵塞。

（2）变三级破碎为一级破碎，简化工艺流程。

（3）出料细，过粉碎少、颗粒成型好。

（4）半敞开的排料系统，适合破碎含有钢筋的建筑垃圾。

（5）破碎机匀整区的衬板上设计有钢筋的凹槽，物料中混有的钢筋在经过这些凹槽后被捋出而分离。

（6）配套功率小、耗电低、节能环保。

（7）结构简单，维修方便，运行可靠，运营费用低。

### 3.3.3 破碎后物料筛分

郑州鼎盛工程技术有限公司生产的 YK（F）系列为国内新型机种，该机采用偏心块激振器及轮胎联轴器，经多条砂石及建筑垃圾生产线生产实践证明，该系列圆振动筛具有以下性能特点：

（1）通过调节激振力改变和控制流量，调节方便稳定。

（2）振动平稳、工作可靠、寿命长。

（3）结构简单、重量轻、体积小、便于维护保养。

（4）可采用封闭式结构机身，防止粉尘污染。

（5）噪声低、耗电小、调节性能好，无冲料现象。

### 3.3.4 钢筋处置

经由建筑垃圾破碎机处置后的钢筋多是小段钢筋，经磁选设备选出后放入液压打包机打包处理，工艺特性如下：

（1）破碎机钢筋切断装置，剔除钢筋。

（2）多级电磁除铁，磁选分拣。

（3）输送过程中人为分拣。

（4）最后液压打包，码垛堆放。

### 3.3.5 骨料洁净处理

"亚飞"轻物质分离器是郑州鼎盛工程技术有限公司研发的具有专利技术的产品，垃圾分离率超过 90%，超出同行轻物质分离率 30% 以上，创造了国内目前最好分离效果，在轻物质分离设备的创新方面取得重大突破。其特点如下：

（1）循环风设计可减少扬尘，提高设备效率。

（2）一次除杂率可达 90% 以上，并可多级串联，最大程度上保证除杂效果。

（3）保证建筑垃圾成品骨料的洁净度。

（4）设计理念先进。

（5）维修方便，电机消耗低。

"亚飞牌"轻物质分离器由于条件限制，一直被用在固定式建筑垃圾破碎、制砖生产线中，目前，郑州鼎盛工程技术有限公司已在"亚飞"轻物质分离器的基础上，成功研发出了风选式轻物质分离器，并成功应用在移动式建筑垃圾破碎生产线中。

## 3.3.6　环保方面设计

环保方面采用芬兰进口 BME 除尘设备，应用生物纳膜抑尘技术、收尘封，云尘封和易尘封技术，系统投资成本低，生产成本小，占地面积小，无粉尘收集处理困扰。

为了有效地控制粉尘的排放量，减少其对周围环境的影响，本项目设计采取以防为主的方针，设计了工艺设计料堆防尘、破碎源头降尘和收集泄漏的少量粉尘三级除尘处理方案。

1. 破碎车间除尘方案

破碎车间的粉尘具有进料粒度大、排料粒度大、破碎比小、建筑垃圾通过能力大、破碎腔落差大、速度高的特点，因此粉尘以大颗粒物为主。针对大颗粒物的处理，BME 设计具体的除尘方案如下：

（1）使用一台百诺抑尘机 Hybrid 对于该段破碎所产生的粉尘进行处理。该机型同时具备喷射纳膜和干水雾两种特性。在振动筛分喂料机及建筑垃圾倒料口处喷射水雾对物料进行初步润湿，扑捉扬尘可以很好地解决细颗粒物扩散的问题并进行包裹加强，对物料在振动以及下落时碰撞产生的粉尘进行扑捉和团聚；同时在颚式破碎机进料口喷洒生物纳膜，与大块建筑垃圾一起进入破碎机，在破碎过程中进行混拌，由此对产生的粉尘进行吸附和包裹，从而加大灰尘的重量形成凝聚和沉降作用，加快其下落速度。

（2）在破碎机落料口的输送带安装使用 12m 易尘封（不含钢架主板），满足落料口完全密封的要求，加强粉尘凝聚和沉降作用，确保该处粉尘不再飘扬。

（3）在破碎机下料口设计安装一台收尘封 TF-37，用于抽取颚式破碎机下料口的粉尘，这部分由于冲击力较大，产尘量较大且扩散速度快。通过该机器的疏导，可确保包裹后的粉尘在易尘封中沉降，且残留的含尘空气被抽取后通过 3 次水幕粹洗，完全过滤灰尘后排放，水中沉积下的粉尘形成泥屑，经专用皮带排出后做统一处理。

2. 筛分车间除尘方案

筛分车间的粉尘浓度大，且细粒级含量多、飞逸性强、覆盖面积大，导致处理难度极大，历来为粉尘处理的难点。为此，BME 设计除尘方案如下：对于筛分部分，由于经过前期纳膜的包裹和处理，在筛分处几乎没有建筑垃圾新鲜断裂的情况出现，故此只需做一些预防性和补充处理即可，这也是抑尘技术最大的优势。为了进一步加强除尘效果，共用百诺抑尘机，该设备可喷射超细荷电干雾，雾粒直径仅为 $5 \sim 100 \mu m$，对于同等直径的灰尘具有很强的捕捉能力，可以很好地解决超细颗粒物扩散的问题进行包裹加强，并对物料在振动以及下落时碰撞产生的粉尘进行扑捉和团聚，加强后续效果。

### 3.3.7 信息化、智能化设计

该生产线可预留配备相应的数据算法及生产工艺数据，能根据喂料、破碎、筛分、输送等模块的数据化反馈，调整相应的设备运转状况，从而达到各个模块相互匹配的理想化生产状态，相比与传统生产线的现场观察，调整能够提高整条生产线运转效率20%。其具备以下特点：

（1）各个设备工艺状况上相互配备，达到最优生产状况。

（2）根据生产状况的不同，自动寻找最优生产工艺状态，显著提高生产效率。

（3）智能化锤头，及时反馈锤头磨损情况和调整出料粒度并及时反馈整条生产线运营状况，进行自动寻优调整。

（4）远程监控，预警，诊断，可以通过手机、平板电脑等电子工具对现场生产状况进行了解，根据现场反馈的情况及时与现场沟通，便于管理。

（5）ERP，SCM，CRM系统，可根据客户要求对ERP管理系统里的内容进行设定，并进行数据存档和远程反馈，如日报表、周报表和销售报表等生产数据，便于管理人员对生产状况的把握和调整检测，有效提高企业生产管理水平。

### 3.3.8 定岗定员及主机设备

1. 生产线定岗定员

生产线定岗定员（见表3-5）。

表3-5 生产线定岗定员

| 序号 | 工种 | 每班人数 | 合计人数 | 备注 |
|---|---|---|---|---|
| 1 | 铲车司机 | 1 | 2 | 每天两班 |
| 2 | 挖掘机工 | 1 | 1 | 每天一班 |
| 3 | 值班长 | 1 | 1 | 每天一班 |
| 4 | 保管员 | 1 | 1 | 每天一班 |
| 5 | 运行工 | 2 | 4 | 每天两班 |
| 6 | 机修保养工 | 1 | 1 | 每天一班 |
| 7 | 发货开票员 | 1 | 2 | 每天两班 |

| 序号 | 工种 | 每班人数 | 合计人数 | 备注 |
|---|---|---|---|---|
| 8 | 出纳 | 1 | 2 | 每天两班 |
| 9 | 会计 | 1 | 1 | 每天一班 |
| 10 | 技术、生产、副厂长 | 1 | 1 | 每天一班 |
| 11 | 厂长 | 1 | 1 | 每天一班 |
| 合计 | | 12 | 17 | |

## 2. 主机设备清单

主机设备清单（见表 3-6）。

表 3-6　主机设备清单

| 序号 | 货物名称 | 规格 | 数量 | 功率（kW） | 备注 |
|---|---|---|---|---|---|
| 1 | 振动筛分给料机 | ZSW250 | 1 | 15 | — |
| 2 | 建筑垃圾破碎机 | AF250 | 1 | 400 | — |
| 3 | 高效圆振筛 | 2YKF1545 | 1 | 18.5 | — |
| | | 2YKF2460 | 1 | 30 | |
| | | 2YKF1860 | 1 | 22 | |
| 5 | 皮带机 | B800×21M | 1 | 11 | — |
| | | B800×26M | 1 | 15 | |
| | | B650×25M | 1 | 11 | |
| | | B500×14M | 4 | 22 | |
| | | B500×29M | 1 | 11 | |
| | | B500×28M | 2 | 22 | |
| 7 | BME 抑尘系统 | 抑尘机 JI 型 | 1 | 30 | — |
| | | TF-37b | 1 | 37 | |
| | | 易尘封 | 12m | | |
| | | 智能感应 | 1 | | |
| | | 远程通信报警 | 1 | | |
| 8 | 除铁器 | RCYD-8 | 2 | 4.4 | 含电动机 |
| 9 | 轻物质分离器 | QZF96-01 | 3 | 45 | 含电动机 |
| 10 | 液压打包机 | | 1 | — | — |
| 11 | 电控系统 | — | — | — | — |

# 第4章 建筑垃圾再生混凝土

## 4.1 再生粗骨料混凝土

### 4.1.1 再生粗骨料

1. 概述

再生混凝土技术是将废弃混凝土块经过破碎、清洗、分级后，按一定的比例混合形成再生骨料，部分或全部代替天然骨料配制新混凝土的技术。废弃混凝土块经过破碎、分级并按一定的比例混合后形成的骨料，称为再生骨料。再生骨料按来源可分为道路再生骨料和建筑再生骨料，按粒径大小可分为再生粗骨料（粒径 5~40 mm）和再生细骨料（粒径 0.15~2.5 mm）。利用再生骨料作为部分或全部骨料配制的混凝土，称为再生骨料混凝土，简称再生混凝土。相对于再生混凝土而言，把用来生产再生骨料的原始混凝土称为基体混凝土或原生混凝土。

利用废弃混凝土研究和开发再生混凝土，始于第二次世界大战后的苏联、德国和日本等国。近年来随着城市建设的发展，住房建设步伐的加快，新建工程施工和旧建筑物维修、拆除过程中产生大量的废弃混凝土，同时预计今后混凝土碎块的产生量将增多，如何处理这些废弃混凝土就成为一个迫切的问题。另外，天然的骨料资源亦趋于枯竭，要确保高品质的骨料供给将越来越困难。因此，利用废弃混凝土生产再生混凝土，日益得到重视。Nixon 于1978 年在《材料与结构的试验研究》上发表了题为《可预见的再生骨料混凝土》的署名文章。自 20 世纪 90 年代以来，发达国家在再生混凝土方面的开发利用发展很快，2001 年年中，可持续发展研究机构为再生混凝土骨料提供了环境保护标准。再生混凝土利用已成为发达国家的共同研究课题，有些国家还采用立法形式来保证此项研究和应用的发展。

日本由于国土面积小，资源相对匮乏，因此，十分重视将废弃混凝土作为可再生资源而重新开发利用。早在 1977 年日本政府就制定了《再生骨料和再生混凝土使用规范》，并相继在各地建立了以处理混凝土废弃物为主的再生加工厂，生产再生骨料和再生混凝土。根据日本建设省的统计，1995年混凝土的利用率为 65%，要求到 2000 年混凝土块的资源再利用率达到90%。日本对再生混凝土的吸水性、强度、配合比、收缩率、耐冻性等进行了系统性的研究。

在德国，每年拆除的废混凝土约为 0.3 t/（年·人），这一数字在今后几年还会继续增长。目前在德国再生混凝土主要用于公路路面，德国下萨州的一条双层混凝土公路采用了再生混凝土。该混凝土路面总厚度 26 cm，底层混凝土（厚 19 cm）采用再生混凝土，面层（厚 7 cm）采用天然骨料配置的混凝土。德国有望将 80% 的再生骨料用于 10%~15% 的混凝土工程中。德国钢筋混凝土委员会 1998 年 8 月提出了"在混凝土中采用再生骨料的应用指南"，要求采用再生骨料配置的混凝土必须完全符合天然骨料混凝土的国家标准。

在奥地利，废混凝土的产率约为 1.2 t/（年·人）。为此，该国也展开了大量的研究工作。有关试验表明，采用 50% 的再生骨料配制的混凝土，其强度值可达到本国有关标准的要求，而抗盐冻侵蚀性也有所提高，同时发现再生骨料混凝土弹性模量降低。

比利时和荷兰利用废弃的混凝土作为骨料生产再生混凝土，并对其强度、吸水性、收缩率等特性进行了研究。法国还利用碎混凝土和碎砖生产出了砖石混凝土砌块，所得的混凝土砌块符合与砖石混凝土材料有关的标准要求。

我国对再生混凝土的研究晚于工业发达国家。不过我国已经对再生混凝土的开发利用进行立项研究，并取得了一定的研究成果。

2. 再生骨料的制造过程及其特性

（1）再生骨料的制造过程：用废弃混凝土块制造再生骨料的过程和天然碎石骨料的制造过程相似，都是把不同的破碎设备、筛分设备、传送设备合理组合在一起的生产工艺过程，其生产工艺原理如图 4-1 所示。实际的废弃混凝土块中，不可避免地存在着钢筋、木块、塑料碎片、玻璃、建筑石膏等各种杂质，为确保再生混凝土的品质，必须采取一定的措施将这些杂质除去，如用手工法除去大块钢筋、木块等杂质，用电磁分离法除去铁质杂质，用重力分离法除去小块木块、塑料等轻质杂质。

（2）再生骨料的特性：同天然砂石骨料相比，再生骨料由于含有 30% 左右的硬化水泥砂浆，从而导致其吸水性能、表观密度等物理性质与天然骨料不同。

表 4-1 所示为比较有代表性的再生骨料与天然骨料的物理性质。

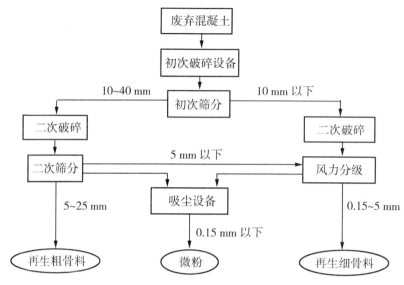

图 4-1　再生骨料的生产工艺原理

表 4-1　再生骨料与天然骨料的物理性质

| 类别 | 骨料种类 | 原混凝土的水灰比 | 吸水率（%） | 表观密度（t/m³） |
|---|---|---|---|---|
| 细骨料 | 河砂 | — | 4.1 | 1.67 |
| | 再生细骨料 | 0.45 | 11.9 | 1.29 |
| | | 0.55 | 10.9 | 1.33 |
| | | 0.68 | 11.6 | 1.30 |
| 粗骨料 | 河卵石 | — | 2.1 | 1.65 |
| | 再生粗骨料 | 0.45 | 6.4 | 1.30 |
| | | 0.55 | 6.7 | 1.29 |
| | | 0.68 | 6.2 | 1.33 |

　　再生骨料表面粗糙、棱角较多，并且骨料表面还包裹着相当数量的水泥砂浆（水泥砂浆孔隙率大、吸水率高），再加上混凝土块在解体、破碎过程中由于损伤积累使再生骨料内部存在大量微裂纹，这些因素都使再生骨料的吸水率和吸水速率增大，这对配制再生混凝土是不利的。

　　王武祥和刘立等研究证实：随着再生骨料颗粒粒径的减小，再生骨料的含水率快速增大，密度则降低，吸水率成倍增加，再生细骨料的含水率和吸水率均明显大于再生粗骨料。同时，再生骨料的吸水率与再生骨料的原生混凝土强度有关，粒径相当时，再生骨料的吸水率随原生混凝土强度的提高而显著降低（表 4-2）。同样，由于骨料表面的水泥砂浆的存在，再生骨料的密度和表观密度比普通骨料低。

表 4-2　再生骨料物理性质与原生混凝土强度等级的关系

| 原生混凝土强度等级 | 粒径（mm） | 含水率（%） | 吸水率（%） | 密度（g/cm³） |
|---|---|---|---|---|
| C30 | 10.0~20.0 | 1.01 | 3.94 | 2.58 |
| | 5.0~10.0 | 4.17 | 7.08 | 2.53 |
| | 2.5~5.0 | 5.93 | 12.29 | 2.25 |
| | 2.5~20.0 | 1.63 | 4.07 | 2.57 |
| C40 | 10.0~20.0 | 2.46 | 3.69 | 2.61 |
| | 5.0~10.0 | 3.52 | 5.59 | 2.42 |
| | 2.5~5.0 | 3.95 | 7.69 | 2.35 |
| | 2.5~20.0 | 2.56 | 4.21 | 2.58 |
| C50 | 10.0~20.0 | 1.21 | 3.24 | 2.61 |
| | 5.0~10.0 | 3.95 | 5.82 | 2.45 |
| | 2.5~5.0 | 4.17 | 8.13 | 2.30 |
| | 2.5~20.0 | 2.04 | 3.47 | 2.59 |

3. 废旧建筑混凝土作为粗骨料拌制再生混凝土

再生粗骨料的粒形与原生碎石相差不大，按相应的公式计算得到的再生粗骨料和原生碎石的性状系数，均在 0.7~0.9 之间。与原生碎石相比，再生粗骨料的表面异常粗糙，因为再生粗骨料表面附有硬化水泥浆体而凹凸不平，非常不规则。再生粗骨料、卵石和碎石三者的相对表面粗糙度相比，碎石的相对表面粗糙度比卵石的相对表面粗糙度高，而再生粗骨料的相对表面粗糙度比碎石的相对表面粗糙度高。用再生粗骨料拌制混凝土，掺砂率应比碎石拌制混凝土时提高 1%~2%。表 4-3 所示为卵石、碎石和再生粗骨料的相对表面粗糙度试验结果。

表 4-3　卵石、碎石和再生粗骨料的相对表面粗糙度试验结果

| 品种 | 裹浆前质量（g） | 裹浆后质量（g） | 相对表面粗糙度（%） | 品种 | 裹浆前质量（g） | 裹浆后质量（g） | 相对表面粗糙度（%） |
|---|---|---|---|---|---|---|---|
| 卵石 | 601 | 615 | 23 | RCA Ⅰ | 600 | 626.5 | 44 |
| 碎石 | 602.5 | 621.5 | 31.5 | | | | |

注：相对表面粗糙度测试方法如下：取某粒级（10~15 mm 或 15~20 mm）粗骨料试样，在饱和面干状态下浸泡于水灰比 0.6 的基准水泥净浆中，裹浆后在标准状况下养护 3 d（或 28 d）。相对表面粗糙度 $\lambda = 1\,000\,(m_1 - m_2)/m_2$，其中 $m_1$ 为裹浆后质量、$m_2$ 为裹浆前质量。

粗骨料的吸水率的影响因素有内部缺陷、表面粗糙程度和粒径。再生粗骨料的吸水率随粒径的增大先减小后增大（表 4-4）。其原因是同一种粗骨料各粒级的表面粗糙程度相差不大。粗骨料的吸水率主要受两个因素影响，

即骨料的内部缺陷和比表面积。粒径愈大，再生粗骨料的内部缺陷（如微裂缝之类）愈多，吸水率愈大；粒径愈小，比表面积愈大，吸水率也愈大。

表4-4 再生粗骨料各粒级10 min、30 min、24 h的吸水率

| 编号 | 粒级/mm | | | | | |
| --- | --- | --- | --- | --- | --- | --- |
| | 5~10 mm | 10~15 mm | 15~20 mm | 20~25 mm | 25~30 mm | ≥30 mm |
| RCA I 10 min | 5.48 | 4.26 | 4.80 | 5.06 | 5.23 | 5.10 |
| RCA I 20 min | 6.60 | 5.00 | 4.83 | 6.00 | 5.90 | 5.17 |
| RCA I 30 min | 6.62 | 5.03 | 5.31 | 6.05 | 6.10 | 6.03 |
| RCA II | 9.11 | 8.06 | 7.60 | 8.47 | 8.31 | 8.03 |

注：RCA I 取自西安建筑科技大学建材研究所存放达40年之久的混凝土试件，平均强度45 MPa；RCA II 取自陕西省体育馆改建项目工程中的废弃混凝土，强度等级相当于C20。

再生粗骨料的表观密度和饱和吸水率与原生混凝土强度有关，原生混凝土强度愈高，水泥浆体孔隙愈少，再生粗骨料的表观密度愈大，饱和吸水率愈低。再生粗骨料能在短时间内吸水饱和，10 min达到饱和程度的85%左右，30 min达到饱和程度的95%以上。再生粗骨料的自然级配可以满足空隙率较小的要求，当不满足时要考虑调整级配。表4-5所示为再生粗骨料的级配和堆积密度、孔隙率。

表4-5 再生粗骨料的级配和堆积密度、孔隙率

| 编号 | | RCA I-I | RCA I-II | RCA I-III | RCA II |
| --- | --- | --- | --- | --- | --- |
| 粒级 | 5~10 mm | 10 | 23.1 | 28 | 22.1 |
| | 10~15 mm | 28 | 25.9 | 23 | 26.8 |
| | 15~20 mm | 27 | 23.7 | 18.5 | 24.3 |
| | 20~25 mm | 20 | 16.1 | 16.5 | 15.7 |
| | 25~30 mm | 15 | 11.2 | 14 | 11.1 |
| 堆积密度（g/cm³） | | 1.385 | 1.440 | 1.435 | 1.400 |
| 孔隙率（%） | | 41.2 | 38.5 | 38.7 | 39.1 |

注：RCAI-I是根据对数正态级配曲线自然级配而成的，$D_{50}=14.3$ mm，即众值粒径为14.3 mm；RCAI-II来自于废弃混凝土破碎后的自然级配；RCAI-III根据刘崇熙提出的级配公式计算，$V$（%）= 22.5 mL，$m=6.5$；RCAI-II为第二种骨料自然级配的测试数据。

再生粗骨料的压碎指标不但与骨料的强度有关，还与骨料的级配有关。表4-6所示为再生粗骨料不同级配的气干和饱水压碎指标。从表4-6中可以得出如下结论：原生混凝土强度不同时，再生粗骨料压碎指标明显不同；原生混凝土强度愈高，再生粗骨料压碎指标愈低；同一种，试样RCAI气干压碎

指标变化较大，最低 13.2%，最高 15.8%；级配对饱水压碎指标影响不大，最低 17.78%，最高 17.99%。

表 4-6　再生粗骨料不同级配的气干和饱水压碎指标

| 编号 | 含量（kg） | | 质量比（前者比后者） | 气干压碎指标（%） | 饱和压碎指标（%） |
|---|---|---|---|---|---|
| | 粒径 10 ~ 15 mm | 粒径 15 ~ 20 mm | | | |
| RCA I -1 | 1.230 8 | 1.769 2 | 0.70 | 13.6 | — |
| RCA I -2 | 1.276 6 | 1.723 4 | 0.74 | 13.8 | — |
| RCA I -3 | 1.414 3 | 1.585 7 | 0.89 | 13.9 | — |
| RCA I -4 | 1.527 3 | 1.472 7 | 1.04 | 13.2 | 17.78 |
| RCA I -5 | 1.566 5 | 1.433 5 | 1.09 | 14.6 | 17.99 |
| RCA I -6 | 1.662 7 | 1.337 3 | 1.24 | 15.8 | 17.95 |
| RCA I - II | 1.814 0 | 1.186 0 | 1.53 | 20.2 | - |

注：RCA I 的平均强度为 45MPa；RCA II 强度等级相当于 C20。

## 4.1.2　再生粗骨料混凝土的工作性能

混凝土的和易性是指混凝土拌和物便于施工操作并能施工出均匀密实混凝土的性能，因此也叫施工性。它包括拌和物的流动性、黏聚性和保水性。流动性用坍落度值来评定，黏聚性和保水性主要凭经验观测来评价。

与一般天然骨料（碎石或卵石）相比，废混凝土骨料（WCA）的表观密度较小、表面粗糙、孔隙多、比表面积大、吸水率大、用浆量多；与普通混凝土相比，WCA 混凝土拌和物密度小、和易性低，其密度和坍落度减小值随着 WCA 混凝土拌和物中 WCA 掺量增加而增大。再生混凝土表观密度降低有利于其在实际工程中的应用，因为混凝土表观密度降低对降低建筑物自重、提高构件跨度有利。同时 WCA 表面粗糙，增大了拌和物在拌和与浇筑时的摩擦阻力，使 WCA 混凝土拌和物的保水性与黏聚性增强。

Topcui、Guncan 俩人采用表 4-7 中的原料和表 4-8 中的混凝土拌和物拌制 WCA 混凝土，结果发现，混凝土的密度和坍落度减小值随着 WCA 混凝土拌和物中 WCA 用量增加而增大，当 WCA 混凝土拌和物中 WCA 掺量由 0 增至 100% 时，其表观密度和坍落度分别下降 5.7% 和 25%。

邢振贤和周日农用原混凝土强度等级为 C20~C25 的废混凝土人工破碎得到 WCA 并将其部分或全部替代石灰岩碎石粗骨料，采用表 4-9 中的混凝土配合比，研究 WCA 掺量对混凝土性能的影响，WCA 和石灰岩碎石粗骨料的基本性能见表 4-10，试验结果与 Topcui、Guncan 俩人的试验结果一致。水灰比固定为 0.6，WCA 混凝土拌和物中 WCA 由 0 增至 100% 时，其表观密度和坍落度分别下降 7.5% 和 58%。WCA 掺量一定时 WCA 混凝土拌和物的坍落度随水灰比的增加而增大，这一点和普通混凝土是一致的。

表 4-7　Topcui、Guncan 的试验所用原料

| 材料 | 粒径范围（mm） | 表观密度（kg/m³） | 松堆干密度（kg/m³） | 30 min 吸水率/% | 细度模数 |
|---|---|---|---|---|---|
| WCA | 8~31.5 | 2 450 | 1 161 | 7 | — |
| 砂 $A_0$ | 0~4 | 2 500 | 800 | 1.5 | 2.16 |
| 碎石 $A_1$ | 4~8 | 2 500 | 1 600 | 1.5 | 5.04 |
| 碎石 $A_2$ | 8~16 | 2 500 | 1 600 | 1.5 | 6.10 |
| 碎石 $A_3$ | 16~31.5 | 2 500 | 1 600 | 1.5 | 7.00 |

注：WCA 原生混凝土强度等级为 C16。

表 4-8　Topcui、Guncan 的试验中的混凝土配合比

| WCA（%） | C（kg） | W（kg） | $A_0$（kg） | $A_1$（kg） | $A_2$（kg） | $A_3$（kg） | WCA 掺量（kg） |
|---|---|---|---|---|---|---|---|
| 0 | 315 | 190 | 522 | 355 | 444 | 444 | — |
| 30 | 310 | 185 | 430 | 270 | 270 | 270 | 532 |
| 50 | 300 | 180 | 345 | 180 | 180 | 180 | 894 |
| 70 | 285 | 170 | 258 | 90 | 90 | 90 | 1262 |
| 100 | 285 | 170 | — | — | — | — | 1780 |

注：C 代表水泥，W 代表水，$A_0$、$A_1$、$A_2$、$A_3$ 的含义与表 4-7 相同。

表 4-9　邢振贤和周日农试验中混凝土配合比

| 编号 | 水灰比 | 配合比 | | | | |
|---|---|---|---|---|---|---|
| | | 水（g） | 水泥（g） | 砂（g） | 碎石（g） | WCA（g） |
| $W_0$ | 0.6 | 160 | 267 | 690 | 1 283 | 0 |
| $W_{50}$ | 0.6 | 160 | 267 | 690 | 642 | 642 |
| $W_{100}$ | 0.6 | 160 | 267 | 690 | 0 | 1 283 |
| $H_{08}$ | 0.8 | 214 | 267 | 672 | 0 | 1 247 |
| $H_{06}$ | 0.6 | 160 | 267 | 690 | 0 | 1 283 |
| $H_{04}$ | 0.4 | 107 | 267 | 709 | 0 | 1 317 |
| $H_{035}$ | 0.35 | 93 | 267 | 714 | 0 | 1 326 |
| YQ | 0.6 | 160 | 267 | 690 | 0 | 1 283 |

注：$W_0$、$W_{50}$、$W_{100}$ 分别代表 WCA 的掺量为 0、50%、100%；$H_{08}$、$H_{06}$、$H_{04}$、$H_{035}$ 分别表示水灰比为 0.8、0.6、0.4 和 0.35；YQ 表示掺入 0.1% 引气剂。

表4-10　邢振贤和周日农试验中 WCA 和石灰岩碎石粗骨料的基本性能

| 品种 | 粒径（mm） | 表观密度（kg/m³） | 堆积密度（kg/m³） | 吸水率（%） | 压碎指标（%） |
|------|-----------|------------------|------------------|------------|--------------|
| WCA | 5~40 | 2.46 | 1340 | 2.45 | 16.4 |
| 石灰岩碎石 | 5~40 | 2.63 | 1520 | 0.35 | 9.6 |

孔德玉、吴先君等人通过三因素、三水平正交试验，研究了搅拌工艺、水灰比和骨料种类对 WCA 混凝土拌和物和易性的影响，正交试验的因素和水平见表4-11，混凝土配合比见表4-12。极差分析及各因素和水平对混凝土拌和物和易性的影响趋势分析表明，影响混凝土拌和物和易性的主次顺序为搅拌工艺>水灰比>粗骨料种类。三因素对混凝土拌和物的和易性均有显著影响，最佳的水平匹配为2∶1∶1，即采用水泥裹石工艺、水灰比为0.30时，用天然粗骨料配制的混凝土具有最好的和易性。水灰比对拌和物坍落度的影响呈现反常姿势，净水胶比越大，坍落度反而越小。这主要是由于水灰比较大时，再生骨料混凝土拌和物黏聚性不良引起的。因此，在配制再生骨料混凝土时，应适当提高掺砂率，或采用低水灰比，以保证拌和物和易性良好。用水泥裹石工艺拌制的混凝土拌和物和易性最佳，这是由于采用水泥裹石工艺时，骨料表面预先包裹上一层稠度较高的水泥浆，起到润滑作用，且水泥的水化活性高、亲水性强，拌和物黏聚性和保水性好。而硅灰裹石工艺时表面包裹的水泥浆层含有水化活性低的硅灰，其黏聚性和保水性较差。因此，在净用水量相同时，水泥裹石工艺混凝土拌和物和易性较好。

表4-11　孔德玉、吴先君正交试验的因素和水平

| 水平 | 搅拌工艺 | 水灰比 | 粗骨料种类 |
|------|---------|--------|-----------|
| 1 | 硅灰（5%硅灰+5%水泥）裹石工艺 | 0.3 | NCA |
| 2 | 水泥（10%水泥）裹石工艺 | 0.4 | RCA Ⅰ |
| 3 | 传统工艺 | 0.5 | RCA Ⅱ |

注：NCA 为天然粗骨料，原生混凝土 RCA Ⅰ和 RCA Ⅱ的强度分别为15~20 MPa 和5~40 MPa。

表4-12　孔德玉、吴先君正交试验的混凝土配合比

| 水灰比 | 1 m³ 混凝土材料用量 | | | | | | | |
|--------|------|--------|--------|--------|--------|--------|--------|--------|
| | 水 | 胶凝材料 | 水泥 | 硅灰 | 粉煤灰 | 细骨料 | 粗骨料 | SN-Ⅱ |
| 0.3 | | 500 | 350 | 25 | 125 | 700 | 1050 | 6 |
| 0.4 | 150 | 375 | 262.5 | 18.75 | 93.75 | 788 | 1087 | 4.5 |
| 0.5 | | 300 | 210 | 15 | 75 | 858 | 1092 | 3.6 |

注：水灰比相同的实验采用同一配合比；SN-Ⅱ为高效减水剂。

青岛理工大学的试验通过调整用水量控制混凝土坍落度在 160~200 mm 范围内，研究再生粗骨料的种类、取代率对再生骨料混凝土用水量的影响，具体配比见表 4-13，试验结果见表 4-14。

表 4-13　再生混凝土配合比

| 编号 | 水泥（kg/m³） | 细骨料（kg/m³） | 粗骨料（kg/m³） | 再生粗骨料 | | 减水率（kg/m³） |
|---|---|---|---|---|---|---|
| | | | | 取代率（%） | 种类 | |
| $A_0$ | 300 | 658 | 1 222 | 0 | — | 3.6 |
| $A_{11}$ | 300 | 658 | 1 222 | 40 | 简单破碎 | 3.6 |
| $A_{12}$ | 300 | 658 | 1 222 | 70 | 简单破碎 | 3.6 |
| $A_{13}$ | 300 | 658 | 1 222 | 100 | 简单破碎 | 3.6 |
| $A_{21}$ | 300 | 658 | 1 222 | 40 | 颗粒整形 | 3.6 |
| $A_{22}$ | 300 | 658 | 1 222 | 70 | 颗粒整形 | 3.6 |
| $A_{23}$ | 300 | 658 | 1 222 | 100 | 颗粒整形 | 3.6 |
| $B_0$ | 400 | 640 | 1 190 | 0 | — | 4.8 |
| $B_{11}$ | 400 | 640 | 1 190 | 40 | 简单破碎 | 4.8 |
| $B_{12}$ | 400 | 640 | 1 190 | 70 | 简单破碎 | 4.8 |
| $B_{13}$ | 400 | 640 | 1 190 | 100 | 简单破碎 | 4.8 |
| $B_{21}$ | 400 | 640 | 1 190 | 40 | 颗粒整形 | 4.8 |
| $B_{22}$ | 400 | 640 | 1 190 | 70 | 颗粒整形 | 4.8 |
| $B_{23}$ | 400 | 640 | 1 190 | 100 | 颗粒整形 | 4.8 |
| $C_0$ | 500 | 623 | 1 157 | 0 | — | 6.0 |
| $C_{11}$ | 500 | 623 | 1 157 | 40 | 简单破碎 | 6.0 |
| $C_{12}$ | 500 | 623 | 1 157 | 70 | 简单破碎 | 6.0 |
| $C_{13}$ | 500 | 623 | 1 157 | 100 | 简单破碎 | 6.0 |
| $C_{21}$ | 500 | 623 | 1 157 | 40 | 颗粒整形 | 6.0 |
| $C_{22}$ | 500 | 623 | 1 157 | 70 | 颗粒整形 | 6.0 |
| $C_{23}$ | 500 | 623 | 1 157 | 100 | 颗粒整形 | 6.0 |

表 4-14　再生混凝土的用水量

| 编号 | 水泥（kg/m³） | 再生粗骨料 | | 用水量（kg/m³） |
|---|---|---|---|---|
| | | 取代率（%） | 种类 | |
| $A_0$ | 300 | 0 | — | 158.5 |

续表

| 编号 | 水泥 | 再生粗骨料 | | 用水量 |
| --- | --- | --- | --- | --- |
| | (kg/m³) | 取代率（%） | 种类 | (kg/m³) |
| $A_{11}$ | 300 | 40 | 简单破碎 | 169.0 |
| $A_{12}$ | 300 | 70 | 简单破碎 | 175.0 |
| $A_{13}$ | 300 | 100 | 简单破碎 | 185.0 |
| $A_{21}$ | 300 | 40 | 颗粒整形 | 157.0 |
| $A_{22}$ | 300 | 70 | 颗粒整形 | 165.5 |
| $A_{23}$ | 300 | 100 | 颗粒整形 | 180.0 |
| $B_0$ | 400 | 0 | — | 162.5 |
| $B_{11}$ | 400 | 40 | 简单破碎 | 167.0 |
| $B_{12}$ | 400 | 70 | 简单破碎 | 175.0 |
| $B_{13}$ | 400 | 100 | 简单破碎 | 185.0 |
| $B_{21}$ | 400 | 40 | 颗粒整形 | 165.0 |
| $B_{22}$ | 400 | 70 | 颗粒整形 | 170.0 |
| $B_{23}$ | 400 | 100 | 颗粒整形 | 175.0 |
| $C_0$ | 500 | 0 | — | 163.0 |
| $C_{11}$ | 500 | 40 | 简单破碎 | 167.0 |
| $C_{12}$ | 500 | 70 | 简单破碎 | 175.0 |
| $C_{13}$ | 500 | 100 | 简单破碎 | 179.5 |
| $C_{21}$ | 500 | 40 | 颗粒整形 | 164.5 |
| $C_{22}$ | 500 | 70 | 颗粒整形 | 168.5 |
| $C_{23}$ | 500 | 100 | 颗粒整形 | 169.5 |

由表 4-14 可知，随着简单破碎再生粗骨料取代率的增加，达到所需坍落度时的用水量相应增加。当水泥用量为 300 kg/m³、简单破碎再生粗骨料的取代率为 100% 时，用水量较天然骨料混凝土最大增加 20%，这个结果与早期国外的研究结果较为接近。随着水泥用量的增多，简单破碎再生粗骨料混凝土与天然碎石混凝土相比增加的用水量有所下降，当水泥用量为 500 kg/m³、简单破碎再生粗骨料的取代率为 100% 时，用水量较天然骨料混凝土增加了 10%。

研究表明，粗骨料越接近球形，其棱角越少，颗粒之间的空隙越小，达到同样坍落度的用水量就越小。颗粒整形能显著地改善再生粗骨料的各项性能，提高了其堆积密度和密实密度，降低了压碎指标值，使之接近天然粗骨料，对改善再生混凝土的用水量做出了很大贡献。

颗粒整形再生粗骨料取代率为40%时，用水量已经接近普通混凝土；颗粒整形再生粗骨料70%取代率时的用水量比普通混凝土增加约5%；颗粒整形粗骨料100%取代率的混凝土用水量比相应的天然骨料混凝土用水量仍增多将近10%，但是其坍落度、保水性、黏聚性等已经与普通混凝土相差无几，明显优于简单破碎再生粗骨料混凝土。

### 4.1.3 再生粗骨料混凝土的力学性能

强度是混凝土的重要指标，为了满足结构设计要求，应研究再生混凝土配合比对混凝土强度的影响。力学性能试验方法均按《普通混凝土力学性能试验方法标准》（GB/T 50081—2002）进行。

影响再生混凝土的强度与弹性模量的因素较多，包括WCA的原生混凝土强度（WCA种类）、搅拌工艺、水灰比（净水胶比）和WCA掺量等。

刘学艳、刘彦龙的研究表明，再生混凝土的抗压强度略低于普通混凝土。王武样和刘立等人亦证实，当原生混凝土强度等级相同时，再生骨料混凝土的抗压强度随再生粗骨料取代原生粗骨料的比例提高而略有降低；同时，当原生混凝土为不同等级强度混凝土的混合物时，在配合比相同的情况下，与原生骨料混凝土相比，不同设计等级强度的再生混凝土的抗压强度均有所下降，且再生混凝土的设计等级强度越高，其抗压强度下降幅度越大。

而张亚梅和秦鸿根等人用南京模范马路旧建筑物拆下来的废混凝土块经人工破碎而成的粗骨料，按照普通混凝土配合比设计方法配制C20再生混凝土，发现在不调整用水量的条件下，配制出的混凝土3 d和28 d龄期的抗压强度均略高于普通混凝土，且随再生骨料用量的增加而提高。其原因是，废混凝土骨料的吸水率高，原材料加水拌和后，再生骨料大量吸水，使水泥浆体中实际水灰比降低，而对于低强度等级的混凝土而言，强度对水灰比的变化是非常敏感的。废混凝土骨料掺量越高，其吸水量越多，水泥浆体中的实际水灰比越低，再生混凝土的抗压强度就越高。

孔德玉、吴先君等人的正交试验表明，原生混凝土强度越高，再生骨料性能越好，相同配合比条件下得到的混凝土性能就越好。同时，采用原混凝土强度较低的再生粗骨料亦可配制C60~C70及以上的高强度混凝土，但要达到相同的强度等级，胶凝材料用量显然要比采用天然骨料时增加很多。因此，从再生利用的角度来看，在进行结构设计时，应尽可能采用高强混凝土，以减少再生利用时胶凝材料的用量，提高其再生利用价值，减小对自然环境的负荷。

影响混凝土劈裂抗拉强度的因素主次顺序为粗骨料种类>水灰比>搅拌工艺，影响混凝土抗压强度的因素主次顺序为水灰比>粗骨料种类>搅拌工艺。粗骨料种类是影响混凝土强度的一个重要因素。对于 14 d、28 d 和 60 d 龄期的抗压强度，粗骨料种类的影响稍低于水灰比的影响；对于 28 d 龄期的劈裂抗拉强度，粗骨料种类的影响则超过了水灰比的影响。因此，在再生骨料混凝土配合比设计时，仍旧沿用现行国家标准是不妥的，在其强度公式中必须考虑粗骨料性能的影响，这有待进一步研究。搅拌工艺对混凝土抗压强度的影响比较复杂。在水化初期，裹石工艺对混凝土没有增强效果，至 60 d 后，其增强效果才逐渐显现，且越到后期，硅灰裹石工艺的增强效果越趋显著，其次是水泥裹石工艺。这是由于裹石工艺不仅影响裹掺体系混凝土中水泥浆匀骨料界面结构与性能，而且影响水泥浆本体的结构与性能。众所周知，普通混凝土抗压强度主要取决于骨料与水泥石的界面结构与性能，同时受到水泥石本体结构和性能的影响。在水化初期，裹掺体系中硅灰的火山灰活性尚未能充分发挥，体系中界面处的增强效果不显著。此时，水泥石本体的拱结构保护作用使得混凝土抗压强度主要取决于水泥石本体的结构与性能，同时对界面结构性能也有着重要影响。由于硅灰的填充效应与初期微弱的火山灰效应，普通工艺混凝土的水泥石本体结构密实度高于硅灰裹石体系和水泥裹石体系，因此，混凝土 14 d 龄期的抗压强度的主次顺序为普通工艺>水泥裹石工艺>硅灰裹石工艺。随着水化龄期的延长，裹掺体系的界面结构随硅灰的火山灰效应的增强而加强，其界面性能对混凝土性能的影响逐渐显著，反映在性能的变化上，28 d 龄期的抗压强度的主次顺序为普通工艺>硅灰裹石工艺>水泥裹石工艺，60 d 龄期的抗压强度的主次顺序为硅灰裹石工艺>水泥裹石工艺>普通工艺。搅拌工艺对混凝土抗压强度的影响并不显著，在原材料相同时，裹砂石工艺对混凝土 60 d 龄期的抗压强度的平均提高幅度仅为 5% 左右，这与王一光等研究得到的裹砂石工艺制备的高性能混凝土 28 d 龄期的抗压强度比由相同原材料采用普通工艺制备的混凝土高出 30%~40% 相差甚远。其原因在于，裹砂石工艺参数的不同对增强效果有重要影响。因此，尚需对裹砂石工艺的各项参数做进一步研究，以期通过改变搅拌工艺补偿由于使用再生粗骨料而导致的混凝土抗压强度下降。

邢振贤和周日农的试验表明，再生混凝土的抗压强度、抗拉强度、抗压弹性模量、抗拉弹性模量全部随着 WCA 掺量增加而降低。全部采用 WCA 作为骨料的再生混凝土 $W_{100}$，比基准混凝土 $W_0$ 抗压强度低 8.9%、抗拉强度低 6.9%、抗压弹性模量降低 37.6%、抗拉弹性模量降低 34.4%。可见，再生混凝土强度降低少，而弹性模量明显降低。水灰比对再生混凝土的强度与弹性模量影响较大，当水灰比由 0.8 降到 0.4 时，再生混凝土的抗压强度增加 53.7%，抗压弹性模量增加 33.7%，强度的增长率大于弹性模量。这有可能是开发高强度、低脆性混凝土的新途径。

Topcui、Guncan 俩人的研究亦表明，随着配合比中 WCA 用量增加，WCA 混凝土的抗压强度降低，弹性模量也较普通混凝土降低大约 80%，而且刚度值、塑性和弹性都会降低。

青岛理工大学试验通过调整用水量控制混凝土坍落度在 160~200 mm 范围内，研究再生粗骨料的种类、取代率对再生骨料混凝土力学性能的影响，分别测试 3 d、28 d、56 d 龄期的抗压强度与 28 d、56 d 龄期的劈裂抗拉强度。混凝土抗压强度的试验结果见表 4-15，混凝土劈裂抗拉强度的试验结果见表 4-16。

表 4-15　再生混凝土的抗压强度

| 编号 | 水泥 | 再生粗骨料 | | 抗压强度（MPa） | | |
| | （kg/m³） | 取代率（%） | 种类 | 3 d | 28 d | 56 d |
|---|---|---|---|---|---|---|
| $A_0$ | 300 | 0 | — | 24.4 | 41.5 | 50.4 |
| $A_{11}$ | 300 | 40 | 简单破碎 | 23.3 | 41.7 | 50.4 |
| $A_{12}$ | 300 | 70 | 简单破碎 | 22.1 | 40.5 | 47.5 |
| $A_{13}$ | 300 | 100 | 简单破碎 | 25.0 | 41.2 | 46.4 |
| $A_{21}$ | 300 | 40 | 颗粒整形 | 26.5 | 45.7 | 52.2 |
| $A_{22}$ | 300 | 70 | 颗粒整形 | 24.9 | 47.0 | 52.0 |
| $A_{23}$ | 300 | 100 | 颗粒整形 | 23.7 | 43.2 | 50.3 |
| $B_0$ | 400 | 0 | — | 35.2 | 59.1 | 64.8 |
| $B_{11}$ | 400 | 40 | 简单破碎 | 35.0 | 58.5 | 60.2 |
| $B_{12}$ | 400 | 70 | 简单破碎 | 35.8 | 54.3 | 56.5 |
| $B_{13}$ | 400 | 100 | 简单破碎 | 34.2 | 51.4 | 57.1 |
| $B_{21}$ | 400 | 40 | 颗粒整形 | 36.1 | 60.9 | 63.6 |
| $B_{22}$ | 400 | 70 | 颗粒整形 | 33.9 | 59.0 | 64.2 |
| $B_{23}$ | 400 | 100 | 颗粒整形 | 37.6 | 61.0 | 61.8 |
| $C_0$ | 500 | 0 | — | 38.4 | 66.6 | 65.4 |
| $C_{11}$ | 500 | 40 | 简单破碎 | 43.6 | 63.8 | 70.5 |
| $C_{12}$ | 500 | 70 | 简单破碎 | 43.5 | 61.0 | 65.8 |

续表

| 编号 | 水泥 | 再生粗骨料 | | 抗压强度（MPa） | | |
|---|---|---|---|---|---|---|
| | （kg/m³） | 取代率（%） | 种类 | 3 d | 28 d | 56 d |
| $C_{13}$ | 500 | 100 | 简单破碎 | 43.2 | 61.0 | 63.6 |
| $C_{21}$ | 500 | 40 | 颗粒整形 | 42.4 | 65.0 | 76.7 |
| $C_{22}$ | 500 | 70 | 颗粒整形 | 43.4 | 67.1 | 76.4 |
| $C_{23}$ | 500 | 100 | 颗粒整形 | 44.7 | 63.8 | 71.2 |

表4-16 再生混凝土的劈裂抗拉强度

| 编号 | 水泥 | 再生粗骨料 | | 劈裂抗拉强度（MPa） | |
|---|---|---|---|---|---|
| | （kg/m³） | 取代率（%） | 种类 | 28 d | 56 d |
| $A_0$ | 300 | 0 | — | 3.20 | 5.11 |
| $A_{11}$ | 300 | 40 | 简单破碎 | 2.94 | 4.70 |
| $A_{12}$ | 300 | 70 | 简单破碎 | 2.78 | 4.34 |
| $A_{13}$ | 300 | 100 | 简单破碎 | 2.65 | 3.89 |
| $A_{21}$ | 300 | 40 | 颗粒整形 | 3.01 | 5.03 |
| $A_{22}$ | 300 | 70 | 颗粒整形 | 2.93 | 4.93 |
| $A_{23}$ | 300 | 100 | 颗粒整形 | 2.82 | 4.85 |
| $B_0$ | 400 | 0 | — | 4.47 | 5.69 |
| $B_{11}$ | 400 | 40 | 简单破碎 | 3.55 | 5.35 |
| $B_{12}$ | 400 | 70 | 简单破碎 | 3.20 | 5.28 |
| $B_{13}$ | 400 | 100 | 简单破碎 | 3.02 | 5.12 |
| $B_{21}$ | 400 | 40 | 颗粒整形 | 3.95 | 5.48 |
| $B_{22}$ | 400 | 70 | 颗粒整形 | 3.65 | 5.35 |
| $B_{23}$ | 400 | 100 | 颗粒整形 | 3.40 | 5.20 |
| $C_0$ | 500 | 0 | — | 4.54 | 6.77 |
| $C_{11}$ | 500 | 40 | 简单破碎 | 4.22 | 6.21 |
| $C_{12}$ | 500 | 70 | 简单破碎 | 4.11 | 5.98 |
| $C_{13}$ | 500 | 100 | 简单破碎 | 4.01 | 5.68 |
| $C_{21}$ | 500 | 40 | 颗粒整形 | 4.37 | 6.53 |
| $C_{22}$ | 500 | 70 | 颗粒整形 | 4.28 | 6.19 |
| $C_{23}$ | 500 | 100 | 颗粒整形 | 4.24 | 5.94 |

由表 4-15 可知，简单破碎再生粗骨料的取代率对再生混凝土的抗压强度影响很大。总体而言，再生混凝土的抗压强度随着再生粗骨料的增加而降低。以水泥用量 400 kg/m³ 为例，当再生粗骨料取代率为 40%、70% 和 100% 时，简单破碎再生混凝土的 3 d 龄期的抗压强度分别较天然骨料混凝土降低 0.5%、增加 1.7% 和减少 2.8% 左右；28 d 龄期的抗压强度分别较天然骨料混凝土降低 0.9%、降低 8.1% 和降低 13% 左右；56 d 龄期的抗压强度分别较天然骨料混凝土降低 7%、降低 12.8% 和降低 11.9% 左右。随着简单破碎再生粗骨料取代率的不断增加，再生混凝土的强度也随之降低，这与 Weche、邢振贤、肖建庄等试验结果相似。

颗粒整形再生粗骨料混凝土的强度与天然骨料混凝土相当。以水泥用量 400 kg/m³ 为例，当颗粒整形再生粗骨料取代率为 40%、70% 和 100% 时，颗粒整形再生混凝土的 3 d 龄期的抗压强度分别较普通混凝土增加 2.5%、降低 3.6% 和增加 6.8% 左右；28 d 龄期的抗压强度分别较普通混凝土增加 3.1%、降低 0.1% 和增加 3.2% 左右；56 d 龄期的抗压强度分别较普通混凝土降低 1.7%、降低 0.9% 和降低 4.6% 左右。

由表 4-16 可知，简单破碎再生粗骨料混凝土的劈裂抗拉强度比天然碎石混凝土有较大幅度的降低，这与肖开涛等人研究的结果相符。随着取代率的增加，劈裂抗拉强度下降幅度越来越大，如 $C_{11}$、$C_{12}$、$C_{13}$ 的 28 d 龄期的劈裂抗拉强度分别比 $C_0$ 低 20.6%、28.4% 和 32.4%，56 d 劈裂抗拉强度分别低 6%、7.2% 和 10%。

随着单位水泥用量的增多，相同取代率的简单破碎再生粗骨料混凝土的劈裂抗拉强度有所提高。当水泥用量 400 kg/m³，再生粗骨料取代率为 40%、70% 和 100% 时，比天然骨料混凝土劈裂抗拉强度分别降低 21%、28% 和 32%；当水泥用量为 500 kg/m³，再生粗骨料取代率为 40%、70% 和 100% 时，比天然骨料混凝土劈裂抗拉强度分别降低 7%、10% 和 12%。

颗粒整形再生粗骨料混凝土的劈裂抗拉强度与天然碎石混凝土相比也有一定幅度的降低。随着取代率的增加，劈裂抗拉强度下降幅度越来越大，这点与简单破碎再生粗骨料混凝土的劈裂抗拉强度规律一致。但是，在相同的水泥用量、相同的再生粗骨料取代率的情况下，颗粒整形再生粗骨料混凝土的劈裂抗拉强度下降要比简单破碎再生粗骨料混凝土下降的幅度小得多，如 C 组的 40%、70% 和完全取代的颗粒整形再生粗骨料混凝土的 56 d 劈裂抗拉强度比天然碎石混凝土仅低 3.7%、6% 和 8.6%。

同简单破碎再生粗骨料混凝土的劈裂抗拉强度一样，随着水泥用量的增多，相同取代率的颗粒整形再生粗骨料混凝土的劈裂抗拉强度有所提高。例如，水泥用量为 400 kg/m³ 的颗粒整形再生粗骨料混凝土，与水泥用量为 300 kg/m³、相同取代率的 28 d 龄期的颗粒整形再生粗骨料混凝土相比，劈裂抗拉强度分别高 11.6%、18.3% 和 23.9%，比简单破碎再生粗骨料的劈裂抗拉强度分别高 11.3%、14.1% 和 12.6%。这说明颗粒整形效果十分明显，能显著地提高再生混凝土的劈裂抗拉强度。

### 4.1.4　再生粗骨料混凝土的收缩性能

干燥收缩是指混凝土停止正常标准养护后，在不饱和的空气中失去内部毛细孔和胶凝孔的吸附水而发生的不可逆收缩，它不同于干湿交替引起的可逆收缩，简称干缩。干缩是混凝土的一个重要的性能指标，它关系到混凝土的强度、体积稳定性、耐久性等性能。

混凝土干燥收缩本质上是水化相收缩，骨料及未水化水泥则起到约束收缩的作用。对于一般工程环境（相对湿度大于 40%），水化相孔隙失水是收缩的主要原因，因此，在一定龄期下水化相的数量及其微观孔隙结构决定了混凝土收缩率的大小。由于再生粗骨料较高的吸水率特征，使再生粗骨料混凝土的干缩变形较为显著，已经引起有关方面的重视。因此，几乎所有研究再生骨料混凝土的国内外专家学者都无一例外地提及再生混凝土干缩变形。

收缩性能试验按照《普通混凝土长期性能和耐久性能试验方法标准》（GB/T 50082—2009）进行，制作两端预埋测头的 100 mm×100 mm×515 mm 长方体试块，在标准养护室养护 3 d 后，从标准养护室取出后立即移入温度保持在（20±2）℃、相对湿度保持在（60±5）% 的恒温恒湿室，测定其初始长度，并依次测定 1 d、3 d、7 d、14 d、28 d、45 d、60 d 龄期的收缩变化量。

使用再生粗骨料制备的再生骨料混凝土，其收缩率明显高于基准混凝土，且随再生粗骨料取代率的提高，收缩率显著增大。其原因是：粗骨料在混凝土结构中作为骨架，水泥砂浆填充于骨架中作为结构联结组分，在配合比和环境条件相同时，混凝土收缩率取决于粗骨料和砂浆的收缩率。由于再生粗骨料中含有大量旧砂浆，其收缩率大大高于原生骨料（天然石子）；此外，为改善再生骨料混凝土混合料的流动性，增加的拌和水也是收缩值提高的重要因素。王武样和刘立等研究证实，当原生混凝土强度等级为 C40 且再生粗骨料取代率为 100% 的原生骨料时，再生骨料混凝土的收缩率增大 50%。

混凝土构件抗裂性与其抗拉强度和拉压比密切相关，抗拉强度越高，拉压比越小，混凝土构件抗裂性越强。混凝土的抗压强度和极限压缩变形值一般较高，但其抗拉强度和极限拉伸值却相当低。混凝土构件的裂缝，绝大多数是由于拉应力超过混凝土的抗拉强度，或拉伸应变超过了混凝土的极限拉伸值而产生的。因此，提高混凝土抗拉强度和极限拉伸值，适当降低混凝土的弹性模量，增加混凝土的拉压比，有利于提高混凝土构件的抗裂性。邢振贤和周日农的研究表明，再生混凝土 $W_{100}$ 较基准混凝土 $W_0$ 极限拉伸值增大27.7%，弹性模量（抗压与抗拉弹性模量）降低35%左右，拉压比稍有提高，抗拉强度仅降低6.9%。因此，再生混凝土的抗裂性要强于普通混凝土。

青岛理工大学试验通过调整用水量控制混凝土坍落度在 160~200 mm 范围内，研究了不同种类再生粗骨料、不同取代率及不同水泥用量对再生骨料混凝土收缩性能的影响。试验结果如表 4-17 所示。

表 4-17　再生混凝土的收缩量　　　　（单位：$10^{-5}$）

| 编号 | 水泥用量（kg/m³） | 再生粗骨料 | | 收缩龄期（d） | | | | | | |
|---|---|---|---|---|---|---|---|---|---|---|
| | | 取代率（%） | 种类 | 1 | 3 | 7 | 14 | 28 | 45 | 60 |
| $A_0$ | 300 | 0 | — | 6.47 | 20.27 | 25.00 | 28.67 | 31.67 | 33.33 | 37.60 |
| $A_{11}$ | 300 | 40 | 简单破碎 | 5.40 | 20.07 | 24.07 | 26.60 | 29.00 | 30.07 | 34.73 |
| $A_{12}$ | 300 | 70 | 简单破碎 | 5.80 | 21.20 | 26.80 | 35.20 | 40.60 | 43.00 | 45.60 |
| $A_{13}$ | 300 | 100 | 简单破碎 | 6.00 | 22.00 | 30.00 | 38.00 | 43.00 | 46.00 | 48.60 |
| $A_{21}$ | 300 | 40 | 颗粒整形 | 6.20 | 21.00 | 24.87 | 30.87 | 33.20 | 35.27 | 38.60 |
| $A_{22}$ | 300 | 70 | 颗粒整形 | 10.40 | 20.00 | 25.00 | 29.80 | 34.87 | 36.80 | 39.30 |
| $A_{23}$ | 300 | 100 | 颗粒整形 | 9.13 | 20.10 | 26.06 | 31.40 | 34.33 | 39.47 | 44.00 |
| $B_0$ | 400 | 0 | — | 11.60 | 14.00 | 19.00 | 25.20 | 29.20 | 34.40 | 37.00 |
| $B_{11}$ | 400 | 40 | 简单破碎 | 14.80 | 17.60 | 22.60 | 30.00 | 37.20 | 39.60 | 40.80 |
| $B_{12}$ | 400 | 70 | 简单破碎 | 16.80 | 19.00 | 26.00 | 36.00 | 42.00 | 47.00 | 48.60 |
| $B_{13}$ | 400 | 100 | 简单破碎 | 19.60 | 23.00 | 30.00 | 39.00 | 46.00 | 50.60 | 53.00 |
| $B_{21}$ | 400 | 40 | 颗粒整形 | 7.80 | 11.50 | 17.40 | 20.00 | 24.00 | 27.00 | 28.20 |
| $B_{22}$ | 400 | 70 | 颗粒整形 | 14.20 | 16.00 | 23.60 | 31.20 | 35.60 | 37.80 | 40.00 |
| $B_{23}$ | 400 | 100 | 颗粒整形 | 15.00 | 18.20 | 24.30 | 33.20 | 36.40 | 38.50 | 41.10 |
| $C_0$ | 500 | 0 | — | 11.40 | 16.00 | 21.00 | 24.67 | 28.50 | 32.80 | 34.60 |
| $C_{11}$ | 500 | 40 | 简单破碎 | 6.40 | 13.00 | 22.20 | 27.00 | 30.80 | 35.60 | 37.80 |
| $C_{12}$ | 500 | 70 | 简单破碎 | 12.40 | 16.00 | 22.47 | 30.00 | 34.00 | 39.00 | 42.20 |
| $C_{13}$ | 500 | 100 | 简单破碎 | 15.00 | 20.00 | 26.00 | 30.60 | 35.60 | 41.00 | 44.00 |
| $C_{21}$ | 500 | 40 | 颗粒整形 | 9.27 | 12.50 | 20.00 | 24.00 | 25.20 | 27.00 | 30.60 |
| $C_{22}$ | 500 | 70 | 颗粒整形 | 7.93 | 17.53 | 25.00 | 29.60 | 31.80 | 35.60 | 44.00 |
| $C_{23}$ | 500 | 100 | 颗粒整形 | 9.00 | 17.67 | 25.80 | 31.00 | 33.60 | 36.60 | 45.80 |

由表 4-17 可知，再生混凝土的收缩量随着简单破碎再生粗骨料取代率的增加而增大，当简单破碎再生粗骨料取代率为 40%、70% 和 100% 时，再生混凝土的收缩平均值分别比天然碎石混凝土大 4%、24% 和 36%。

同简单破碎粗骨料再生混凝土收缩规律一样，随着颗粒整形再生粗骨料取代率的增加，再生粗骨料混凝土的收缩率也随之加大，但是增加的幅度较简单破碎再生混凝土小。

当颗粒整形再生粗骨料取代率为 40% 时，其收缩量反而比天然碎石混凝土减少 9%；当颗粒整形再生粗骨料取代率为 70% 和 100% 时，其配制的混凝土收缩量平均值分别比天然碎石混凝土大 15% 和 19%，但是与简单破碎再生粗骨料混凝土相比分别降低了 9% 和 17%。

综上可知，由于简单破碎再生粗骨料的吸水率较大，在拌制混凝土时需加入较多的拌和水，致使简单破碎再生粗骨料混凝土的早期收缩应变较小，后期增长较快。

另外，由于简单破碎再生粗骨料的弹性模量大大低于天然碎石，这也会使简单破碎再生粗骨料混凝土的收缩量大大高于天然碎石混凝土。再生粗骨料的取代率对再生混凝土的收缩也有较大影响：当再生粗骨料的相对量比较少时，对收缩起主要控制作用的还是天然碎石；当取代率增加，对收缩起主要控制的是再生粗骨料，由于简单破碎再生粗骨料自身的劣化性和级配导致收缩加大。通过颗粒整形去除了再生粗骨料的棱角和附着的多余的水泥砂浆，使其粒形接近球形，而且级配更加合理并且用水量也相对较少，故收缩量也相应减少。以上数据说明，通过控制再生混凝土粗骨料的种类和取代率来降低再生混凝土收缩是可行的。

### 4.1.5　再生粗骨料混凝土的耐久性能

混凝土的耐久性会影响到建筑物的长期使用，应研究再生混凝土配合比对混凝土耐久性的影响。

再生混凝土耐久性高，抗冻性强。王武样和刘立等人证实，使用再生粗骨料制备的再生骨料混凝土，其抗冻性与基准混凝土基本相当。即再生粗骨料用量不会影响再生骨料混凝土的抗冻性。

刘学艳、刘彦龙用抗压强度为 31 MPa 的废混凝土，加工成粒径为 5~40 mm 的再生粗骨料，设计再生混凝土强度等级分别为 C15、C20、C25 和 C30，其中 C15 用 32.5 MPa 强度矿渣水泥，其他强度等级的混凝土用 42.5 MPa 强度硅酸盐水泥。

各强度等级的混凝土配合比见表 4-18。

表 4-18　各强度等级的混凝土配合比

| 强度等级 | 配合比 | 外加剂掺量（%） | 强度等级 | 配合比 | 外加剂掺量（%） |
|---|---|---|---|---|---|
| C15 | 343∶536∶996∶180 | | C25 | 358∶578∶1 073∶190<br>358∶600∶1 275∶175 | 3 |
| C20 | 352∶572∶1 109∶193<br>352∶648∶1 142∶178 | 2 | C30 | 360∶586∶1 088∶185<br>360∶607∶1 128∶170 | 3 |

注：外加剂为吉林市船营区联大综合化工厂生产的复合型早强减水剂，掺量为 2%~3% 时减水 8%~10%。

试验结果表明，再生混凝土的抗压强度能满足设计要求。根据《普通混凝土长期性能和耐久性能试验方法标准》（GB/T 50082—2009）的规定，测得经过 25 次冻融循环后所有强度等级的再生混凝土中强度损失和质量损失的最大值分别为 14.8% 和 0.87%，均远小于标准规定的 25% 和 5%，其抗冻标号满足 D25 要求。

青岛理工大学试验通过调整用水量控制混凝土坍落度在 160~200 mm 范围内，研究在不同水泥用量的情况下再生粗骨料的种类、取代率对再生骨料混凝土耐久性的影响。

碳化试验按《普通混凝土长期性能和耐久性能试验方法标准》（GB/T 50082—2009）进行，在碳化箱中调整 $CO_2$ 的浓度为 17%~23%，相对湿度为 65%~75%，温度控制在 15~25 ℃ 范围内。试验结果见表 4-19。

表 4-19　再生混凝土的碳化深度　　　　（单位：mm）

| 编号 | 水泥用量（kg/m³） | 再生粗骨料 | | 碳化龄期（d） | | |
|---|---|---|---|---|---|---|
| | | 取代率（%） | 种类 | 7 | 14 | 28 |
| $A_0$ | 300 | 0 | — | 3.0 | 5.0 | 6.0 |
| $A_{11}$ | 300 | 40 | 简单破碎 | 3.2 | 5.5 | 7.0 |
| $A_{12}$ | 300 | 70 | 简单破碎 | 3.6 | 6.0 | 7.6 |
| $A_{13}$ | 300 | 100 | 简单破碎 | 4.1 | 6.5 | 8.4 |
| $A_{21}$ | 300 | 40 | 颗粒整形 | 3.5 | 5.0 | 6.0 |
| $A_{22}$ | 300 | 70 | 颗粒整形 | 4.0 | 5.8 | 6.5 |
| $A_{23}$ | 300 | 100 | 颗粒整形 | 4.0 | 6.0 | 6.8 |
| $B_0$ | 400 | 0 | — | 1.0 | 2.0 | 3.0 |
| $B_{11}$ | 400 | 40 | 简单破碎 | 1.5 | 2.4 | 3.5 |
| $B_{12}$ | 400 | 70 | 简单破碎 | 2.0 | 2.6 | 3.7 |

续表

| 编号 | 水泥用量（kg/m³） | 再生粗骨料 | | 碳化龄期（d） | | |
|---|---|---|---|---|---|---|
| | | 取代率（%） | 种类 | 7 | 14 | 28 |
| B₁₃ | 400 | 100 | 简单破碎 | 2.5 | 3.1 | 4.0 |
| B₂₁ | 400 | 40 | 颗粒整形 | 0.6 | 1.0 | 1.5 |
| B₂₂ | 400 | 70 | 颗粒整形 | 1.5 | 2.1 | 2.5 |
| B₂₃ | 400 | 100 | 颗粒整形 | 1.6 | 2.0 | 2.7 |
| C₀ | 500 | 0 | — | 1.1 | 1.5 | 1.9 |
| C₁₁ | 500 | 40 | 简单破碎 | 1.5 | 1.8 | 2.4 |
| C₁₂ | 500 | 70 | 简单破碎 | 1.7 | 2.0 | 2.5 |
| C₁₃ | 500 | 100 | 简单破碎 | 1.9 | 2.2 | 2.8 |
| C₂₁ | 500 | 40 | 颗粒整形 | 1.0 | 1.3 | 1.5 |
| C₂₂ | 500 | 70 | 颗粒整形 | 1.0 | 1.4 | 1.6 |
| C₂₃ | 500 | 100 | 颗粒整形 | 1.2 | 1.6 | 1.9 |

由表4-19可知，简单破碎再生粗骨料混凝土在任何取代率的情况下，碳化深度都高于天然碎石混凝土，而且随着取代率的增加，其碳化深度不断增加；碳化速度也反映出同样结果。由此可见，在同样水泥用量的情况下，混凝土中粗骨料的种类和相对量是影响碳化的主要因素。如在水泥用量为300 kg/m³情况下，简单破碎再生粗骨料取代率为40%、70%和100%时，其28 d龄期的碳化深度分别比天然碎石混凝土大1.0 mm、1.6 mm和2.4 mm。

相同取代率时，随着单位水泥用量的增加，其碳化深度减小。如在水泥用量为500 kg/m³时，简单破碎再生粗骨料取代率为40%、70%和100%时，其28 d龄期的碳化深度分别比天然碎石混凝土大0.5 mm、0.6 mm和0.9 mm，比水泥用量为300 kg/m³时减小了0.5 mm、1 mm和1.5 mm。

当水泥用量为300 kg/m³时，随着颗粒整形再生粗骨料取代率的增加，其抗碳化能力有一定下降。颗粒整形再生粗骨料完全取代时的碳化深度仅比天然碎石混凝土增加0.8 mm，小于简单破碎再生粗骨料混凝土的碳化深度。当水泥用量大于300 kg/m³，颗粒整形再生粗骨料完全取代时，28 d龄期的碳化深度小于天然碎石混凝土的碳化深度，这说明颗粒整形能显著改善再生混凝土的抗碳化能力。

混凝土受冻破坏主要是混凝土中可冻水在结冰时体积膨胀而产生了静水压、渗透压、水分迁移，促使结构破坏，是水的运动对混凝土结构影响造成的破坏。同时它也与一些相关因素相关，如混凝土中水存在的形式、孔隙的饱水程度、干燥程度、外界正负温的变化等。

抗冻试验按《普通混凝土长期性能和耐久性能试验方法标准》（GB/T 50082—2009）的快冻法进行，制作 100 mm×100 mm×400 mm 的长方体试块，养护 28 d，在放入冻融试验箱之前先放入水中养护 4 d，水养过后，擦干试块，测试块质量和横向基频的初始值。以后前 200 个循环，每 25 个循环测一次试块质量和横向基频；后 100 个循环，每 50 个循环测一次试块质量和横向基频。

冻融试验过程中遵循标准规定的三点要求：①试验已进行到 300 个冻融循环就停止试验；②试块的相对动弹性模量下降到 60% 以下就停止试验；③试块质量损失率达 5% 以上就停止试验。试验结果见表 4-20 和表 4-21。

表 4-20　再生粗骨料混凝土的质量损失率　　　　　（单位:%）

| 编号 | 冻融循环次数 | | | | | | | | | |
|---|---|---|---|---|---|---|---|---|---|---|
| | 25 | 50 | 75 | 100 | 125 | 150 | 175 | 200 | 250 | 300 |
| $A_0$ | 0.20 | 0.25 | 0.28 | 0.30 | 0.42 | 4.80 | — | — | — | — |
| $A_{11}$ | 0.23 | 0.90 | 1.30 | 2.20 | 5.40 | — | — | — | — | — |
| $A_{12}$ | 0.30 | 1.50 | 3.20 | 8.30 | — | — | — | — | — | — |
| $A_{13}$ | 0.42 | 2.10 | 5.20 | — | — | — | — | — | — | — |
| $A_{21}$ | 0.60 | 0.90 | 1.10 | 2.30 | 6.20 | — | — | — | — | — |
| $A_{22}$ | 0.80 | 1.50 | 2.30 | 8.90 | — | — | — | — | — | — |
| $A_{23}$ | 0.90 | 1.80 | 2.90 | 6.80 | — | — | — | — | — | — |
| $B_0$ | 0.12 | 0.40 | 0.60 | 0.80 | 1.20 | 1.50 | 1.70 | 2.00 | 5.90 | — |
| $B_{11}$ | 0.15 | 0.20 | 0.30 | 0.50 | 0.80 | 1.00 | 1.90 | 2.10 | 6.80 | — |
| $B_{12}$ | 0.19 | 0.25 | 0.54 | 0.70 | 0.92 | 1.50 | 2.30 | 2.80 | 7.20 | — |
| $B_{13}$ | 0.24 | 0.36 | 0.68 | 1.10 | 1.70 | 2.70 | 3.20 | 6.70 | — | — |
| $B_{21}$ | 0.20 | 0.30 | 0.50 | 0.85 | 0.90 | 1.10 | 1.30 | 5.10 | — | — |
| $B_{22}$ | 0.20 | 0.31 | 0.42 | 0.60 | 0.63 | 0.80 | 0.92 | 1.10 | 6.30 | — |
| $B_{23}$ | 0.30 | 0.40 | 0.56 | 0.70 | 0.85 | 1.10 | 3.80 | 7.50 | — | — |
| $C_0$ | 0.10 | 0.30 | 0.36 | 0.40 | 0.51 | 0.80 | 0.93 | 1.10 | 1.70 | 2.10 |
| $C_{11}$ | 0.13 | 0.29 | 0.41 | 0.60 | 0.67 | 1.00 | 1.20 | 1.40 | 1.96 | 2.90 |
| $C_{12}$ | 0.20 | 0.30 | 0.46 | 0.70 | 0.95 | 1.50 | 1.60 | 1.70 | 2.10 | 3.30 |
| $C_{13}$ | 0.25 | 0.33 | 0.50 | 0.80 | 1.60 | 2.10 | 2.30 | 2.60 | 2.90 | 3.90 |

续表

| 编号 | 冻融循环次数 | | | | | | | | | |
|------|------|------|------|------|------|------|------|------|------|------|
| | 25 | 50 | 75 | 100 | 125 | 150 | 175 | 200 | 250 | 300 |
| $C_{21}$ | 0.05 | 0.10 | 0.12 | 0.10 | 0.38 | 0.60 | 0.64 | 0.70 | 1.80 | 2.10 |
| $C_{22}$ | 0.11 | 0.15 | 0.39 | 0.50 | 0.68 | 1.00 | 1.10 | 1.30 | 1.75 | 2.60 |
| $C_{23}$ | 0.16 | 0.28 | 0.52 | 0.70 | 0.86 | 1.10 | 1.15 | 1.30 | 2.10 | 3.60 |

表4-21 再生粗骨料混凝土的相对动弹性模量 （单位:%）

| 编号 | 冻融循环次数 | | | | | | | | | |
|------|------|------|------|------|------|------|------|------|------|------|
| | 25 | 50 | 75 | 100 | 125 | 150 | 175 | 200 | 250 | 300 |
| $A_0$ | 98.05 | 97.89 | 97.79 | 97.72 | 95.33 | 82.93 | — | — | — | — |
| $A_{11}$ | 97.95 | 95.75 | 94.44 | 91.48 | 80.96 | | — | — | — | — |
| $A_{12}$ | 97.72 | 93.78 | 88.19 | 71.43 | | | — | — | — | — |
| $A_{13}$ | 97.33 | 91.81 | 81.62 | — | — | | — | — | — | — |
| $A_{21}$ | 95.44 | 93.55 | 91.82 | 74.52 | — | | — | — | — | — |
| $A_{22}$ | 95.09 | 92.50 | 89.71 | 69.28 | — | — | — | — | — | — |
| $A_{23}$ | 94.85 | 91.80 | 88.31 | 74.17 | — | — | — | — | — | — |
| $B_0$ | 98.32 | 97.40 | 96.74 | 96.08 | 94.77 | 93.78 | 93.12 | 92.14 | 79.32 | — |
| $B_{11}$ | 98.22 | 98.05 | 97.72 | 97.07 | 96.08 | 95.42 | 92.46 | 91.81 | 76.36 | |
| $B_{12}$ | 98.09 | 97.89 | 96.94 | 96.41 | 95.69 | 93.78 | 91.15 | 89.51 | 75.04 | |
| $B_{13}$ | 97.92 | 97.53 | 96.47 | 95.09 | 93.12 | 89.84 | 88.19 | 76.69 | — | — |
| $B_{21}$ | 97.30 | 97.02 | 96.92 | 95.57 | 95.35 | 95.47 | 94.57 | 93.92 | 77.54 | — |
| $B_{22}$ | 97.18 | 96.91 | 96.85 | 95.69 | 95.35 | 95.23 | 91.43 | 86.70 | 75.44 | |
| $B_{23}$ | 96.95 | 96.70 | 96.52 | 95.46 | 94.84 | 94.53 | 84.72 | 71.80 | 68.45 | — |
| $C_0$ | 98.38 | 97.72 | 97.53 | 97.40 | 97.03 | 96.08 | 95.65 | 95.09 | 93.12 | 91.81 |
| $C_{11}$ | 98.28 | 97.76 | 97.36 | 96.74 | 96.51 | 95.42 | 94.77 | 94.11 | 92.27 | 89.18 |
| $C_{12}$ | 98.05 | 97.72 | 97.20 | 96.41 | 95.59 | 93.78 | 93.45 | 93.12 | 91.81 | 87.86 |
| $C_{13}$ | 97.89 | 97.63 | 97.07 | 96.08 | 93.45 | 91.81 | 91.15 | 90.16 | 89.18 | 85.89 |
| $C_{21}$ | 97.68 | 97.63 | 97.43 | 96.62 | 95.78 | 95.35 | 94.69 | 94.16 | 92.01 | 89.59 |
| $C_{22}$ | 97.56 | 97.42 | 96.97 | 95.92 | 95.22 | 94.77 | 94.10 | 93.46 | 91.66 | 87.84 |
| $C_{23}$ | 97.44 | 97.12 | 96.66 | 95.46 | 94.80 | 94.53 | 93.98 | 93.46 | 90.84 | 85.51 |

由表4-20和表4-21可知，随着取代率的增加，简单破碎再生粗骨料混凝土的抗冻性能下降，全取代时的抗冻性能最差；当单位水泥用量增加

时，其抗冻性有所提高，但仍低于普通混凝土。

颗粒整形再生粗骨料全取代时，混凝土质量损失率比普通混凝土大，但取代率为40%、70%时的质量损失率已与天然粗骨料接近。相对动弹性模量的变化规律与质量损失率变化规律基本一致。当水泥用量较高时，相同取代率的颗粒整形再生粗骨料混凝土抗冻性明显优于简单破碎再生粗骨料混凝土。

氯离子侵蚀引起钢筋锈蚀是导致混凝土结构耐久性降低甚至结构破坏的重要原因。为此，从20世纪80年代开始，各国不断地开发各种表征混凝土渗透性能的新方法以评价混凝土的密实性能，其中发展较快的是美国库仑电量法［《混凝土耐氯离子穿透能力电标的标准试验方法》（ASTM C1202—1997）］和氯离子扩散系数快速测定的非稳态快速氯离子电迁移测定法（RCM法）。美国库仑电量法试验周期短，操作简便，是目前国际上最为流行的评价混凝土渗透性能的方法。但施加电压较高易对试块产生影响，而且受孔隙液中的离子种类与数量的影响较大。RCM法是目前被欧洲国家广泛采用的一种方法，通过给混凝土施加一个外加电场加速氯离子在混凝土中的迁移速度，测定一定时间内氯离子在混凝土中的渗透深度，再结合 Nernst-Plank 方程计算出氯离子在混凝土中的扩散系数。具体试验方法为，试验室制作成 $\phi100$ mm $\times50$ mm 的圆柱体试件，再放入标准养护室中水养至试验龄期。试验安装前对试件进行 15 min 超声浴。试验时，试件两端外加 30V 电压，试件的正负极分别浸入在 0.2 mol/L 的 KOH 溶液和含 5% NaCl 的 0.2 mol/L 的 KOH 溶液中，根据初始电流确定通电时间。通电完毕，取出试件，在压力机上将其劈成两半，并在劈开的试件表面喷涂 0.1 mol/L 的 $AgNO_3$ 溶液，测量氯离子渗透深度，计算氯离子扩散系数。混凝土的氯离子扩散系数按下式计算：

$$D_{\mathrm{RCM},0} = 2.872 \times 10^{-6} \times \frac{Th\ (x_{\mathrm{d}} - \alpha\sqrt{x_{\mathrm{d}}})}{t}$$

式中，$D_{\mathrm{RCM},0}$ 为 RCM 法测定的混凝土氯离子扩散系数（$m^2/s$）；$T$ 为阳极电解液初始和最终温度的平均值（K）；$h$ 为试件高度（m）；$x_{\mathrm{d}}$ 为氯离子扩散深度（m）；$t$ 为通电试验时间（s）；$\alpha$ 为辅助变量，$\alpha = 3.338 \times 10^{-3}$。

试验结果见表4-22。由表4-22可知，随着简单破碎再生粗骨料取代率增加，混凝土的氯离子扩散系数也随之增加。水泥用量为 300 kg/m³ 时，简单破碎再生粗骨料完合取代时的氯离子扩散系数比天然碎石混凝土增加了 $1.2 \times 10^{-12}$ $m^2/s$；水泥用量为 400 kg/m³ 时简单破碎再生粗骨料完全取代时的氯离子扩散系数比天然碎石混凝土增加了 $1.1 \times 10^{-12}$ $m^2/s$；水泥用量为 500 kg/m³

时，简单破碎再生粗骨料完全取代时的氯离子扩散系数比天然碎石混凝土增加了 $1.2×10^{-12}$ m²/s。另外，随着混凝土中单位水泥用量增加，氯离子扩散系数逐渐变小。

表 4-22　再生粗骨料混凝土的扩散系数 （单位： $10^{-12}$ m²/s）

| 编号 | 水泥用量（kg/m³） | 再生粗骨料 | | 扩散系数 |
|---|---|---|---|---|
| | | 取代率（%） | 种类 | |
| $A_0$ | 300 | 0 | — | 4.3 |
| $A_{11}$ | 300 | 40 | 简单破碎 | 4.6 |
| $A_{12}$ | 300 | 70 | 简单破碎 | 4.9 |
| $A_{13}$ | 300 | 100 | 简单破碎 | 5.5 |
| $A_{21}$ | 300 | 40 | 颗粒整形 | 4.4 |
| $A_{22}$ | 300 | 70 | 颗粒整形 | 4.5 |
| $A_{23}$ | 300 | 100 | 颗粒整形 | 4.7 |
| $B_0$ | 400 | 0 | — | 3.7 |
| $B_{11}$ | 400 | 40 | 简单破碎 | 3.9 |
| $B_{12}$ | 400 | 70 | 简单破碎 | 4.2 |
| $B_{13}$ | 400 | 100 | 简单破碎 | 4.8 |
| $B_{21}$ | 400 | 40 | 颗粒整形 | 3.7 |
| $B_{22}$ | 400 | 70 | 颗粒整形 | 3.8 |
| $B_{23}$ | 400 | 100 | 颗粒整形 | 4.0 |
| $C_0$ | 500 | 0 | — | 2.4 |
| $C_{11}$ | 500 | 40 | 简单破碎 | 2.7 |
| $C_{12}$ | 500 | 70 | 简单破碎 | 3.1 |
| $C_{13}$ | 500 | 100 | 简单破碎 | 3.6 |
| $C_{21}$ | 500 | 40 | 颗粒整形 | 2.5 |
| $C_{22}$ | 500 | 70 | 颗粒整形 | 2.7 |
| $C_{23}$ | 500 | 100 | 颗粒整形 | 3.0 |

与简单破碎再生粗骨料混凝土相比，颗粒整形再生粗骨料混凝土的氯离子扩散系数降低，特别是当再生粗骨料完全取代时降低更多。例如，水泥用量为 300 kg/m³ 时，颗粒整形再生粗骨料完全取代时的氯离子扩散系数比简单破碎再生粗骨料混凝土降低了 $0.8×10^{-12}$ m²/s；水泥用量为 400 kg/m³ 时，颗粒整形再生粗骨料完全取代时的氯离子扩散系数比简单破碎比天然碎石混凝

土仅增加了 $0.3×10^{-12}$ m$^2$/s；水泥用量为 500 kg/m$^3$ 时，颗粒整形再生粗骨料完全取代时的氯离子扩散系数比天然碎石混凝土增加了 $0.6×10^{-12}$ m$^2$/s。

# 4.2 再生细骨料混凝土

## 4.2.1 再生细骨料

与再生粗骨料相同，由于再生细骨料中水泥砂浆含量较高，其密度低于天然骨料，其含水率明显高于天然骨料，其吸水率要远远大于天然骨料。与再生粗骨料相比，其密度稍低，其含水率稍高，其吸水率则明显增大。如当原生混凝土等级强度为 C50 时，再生细骨料的吸水率达到 12.3%。

## 4.2.2 再生细骨料混凝土的用水量

青岛理工大学试验通过调整用水量控制坍落度在 160~200 mm，考虑了再生细骨料种类、再生细骨料取代率和水泥用量对再生细骨料混凝土用水量的影响。试验配合比见表 4-23，试验结果见表 4-24。

**表 4-23　再生细骨料混凝土的配合比**

| 编号 | 水泥用量（kg/m$^3$） | 碎石用量（kg/m$^3$） | 细骨料用量（kg/m$^3$） | 减水剂用量（kg/m$^3$） | 再生细骨料 | |
|---|---|---|---|---|---|---|
| | | | | | 种类 | 取代率（%） |
| A$_0$ | 300 | 1222 | 658 | 3.6 | — | 0 |
| A$_{11}$ | 300 | 1 222 | 658 | 3.6 | 简单破碎 | 40 |
| A$_{12}$ | 300 | 1 222 | 658 | 3.6 | 简单破碎 | 70 |
| A$_{13}$ | 300 | 1 222 | 658 | 3.6 | 简单破碎 | 100 |
| A$_{21}$ | 300 | 1 222 | 658 | 3.6 | 颗粒整形 | 40 |
| A$_{22}$ | 300 | 1 222 | 658 | 3.6 | 颗粒整形 | 70 |
| A$_{23}$ | 300 | 1 222 | 658 | 3.6 | 颗粒整形 | 100 |
| B$_0$ | 400 | 1 190 | 640 | 4.8 | — | 0 |
| B$_{11}$ | 400 | 1 190 | 640 | 4.8 | 简单破碎 | 40 |
| B$_{12}$ | 400 | 1 190 | 640 | 4.8 | 简单破碎 | 70 |
| B$_{13}$ | 400 | 1 190 | 640 | 4.8 | 简单破碎 | 100 |
| B$_{21}$ | 400 | 1 190 | 640 | 4.8 | 颗粒整形 | 40 |
| B$_{22}$ | 400 | 1 190 | 640 | 4.8 | 颗粒整形 | 70 |
| B$_{23}$ | 400 | 1 190 | 640 | 4.8 | 颗粒整形 | 100 |
| C$_0$ | 500 | 1 157 | 623 | 6.0 | — | 0 |

续表

| 编号 | 水泥用量（kg/m³） | 碎石用量（kg/m³） | 细骨料用量（kg/m³） | 减水剂用量（kg/m³） | 再生细骨料 | |
|---|---|---|---|---|---|---|
| | | | | | 种类 | 取代率（%） |
| $C_{11}$ | 500 | 1 157 | 623 | 6.0 | 简单破碎 | 40 |
| $C_{12}$ | 500 | 1 157 | 623 | 6.0 | 简单破碎 | 70 |
| $C_{13}$ | 500 | 1 157 | 623 | 6.0 | 简单破碎 | 100 |
| $C_{21}$ | 500 | 1 157 | 623 | 6.0 | 颗粒整形 | 40 |
| $C_{22}$ | 500 | 1 157 | 623 | 6.0 | 颗粒整形 | 70 |
| $C_{23}$ | 500 | 1 157 | 623 | 6.0 | 颗粒整形 | 100 |

表 4-24　再生细骨料混凝土的用水量

| 编号 | 水泥用量（kg/m³） | 再生细骨料 | | 用水量（kg/m³） |
|---|---|---|---|---|
| | | 种类 | 取代率（%） | |
| $A_0$ | 300 | | 0 | 168.5 |
| $A_{11}$ | 300 | 简单破碎 | 40 | 170.0 |
| $A_{12}$ | 300 | 简单破碎 | 70 | 176.5 |
| $A_{13}$ | 300 | 简单破碎 | 100 | 190.0 |
| $A_{21}$ | 300 | 颗粒整形 | 40 | 165.0 |
| $A_{22}$ | 300 | 颗粒整形 | 70 | 157.5 |
| $A_{23}$ | 300 | 颗粒整形 | 100 | 154.0 |
| $B_0$ | 400 | — | 0 | 162.5 |
| $B_{11}$ | 400 | 简单破碎 | 40 | 168.3 |
| $B_{12}$ | 400 | 简单破碎 | 70 | 175.5 |
| $B_{13}$ | 400 | 简单破碎 | 100 | 187.8 |
| $B_{21}$ | 400 | 颗粒整形 | 40 | 154.3 |
| $B_{22}$ | 400 | 颗粒整形 | 70 | 151.6 |
| $B_{23}$ | 400 | 颗粒整形 | 100 | 151.0 |
| $C_0$ | 500 | — | 0 | 163.0 |
| $C_{11}$ | 500 | 简单破碎 | 40 | 156.0 |
| $C_{12}$ | 500 | 简单破碎 | 70 | 172.5 |
| $C_{13}$ | 500 | 简单破碎 | 100 | 185.0 |
| $C_{21}$ | 500 | 颗粒整形 | 40 | 151.9 |
| $C_{22}$ | 500 | 颗粒整形 | 70 | 151.5 |
| $C_{23}$ | 500 | 颗粒整形 | 100 | 150.6 |

由表 4-23 可知，简单破碎再生细骨料混凝土的用水量随再生细骨料取代率的增大而增大。这是因为简单破碎再生细骨料颗粒棱角多，内部有大量微裂纹，粉体含量高，吸水率大。

由表 4-24 可知，颗粒整形再生细骨料混凝土的用水量随再生细骨料取代率的增大而减小。这是因为颗粒整形再生细骨料在制备过程中打磨掉了部分水泥石，吸水率小，而且其棱角较少，粒形较好，级配较为合理，使得颗粒整形再生细骨料混凝土的用水量小，工作性良好。

### 4.2.3 再生细骨料混凝土的力学性能

青岛理工大学试验通过调整用水量控制坍落度在 $160 \sim 200$ mm，考虑了再生细骨料种类、再生细骨料取代率和水泥用量对再生细骨料混凝土力学性能的影响。再生细骨料混凝土的抗压强度试验结果见表 4-25。

表 4-25　再生细骨料混凝土的抗压强度　（单位：MPa）

| 编号 | 水泥用量（kg/m³） | 再生细骨料 | | 龄期 | | |
|---|---|---|---|---|---|---|
| | | 种类 | 取代率（%） | 3 d | 28 d | 56 d |
| $A_0$ | 300 | — | 0 | 24.3 | 41.5 | 50.4 |
| $A_{11}$ | 300 | 简单破碎 | 40 | 25.9 | 41.1 | 50.4 |
| $A_{12}$ | 300 | 简单破碎 | 70 | 24.8 | 40.9 | 46.6 |
| $A_{13}$ | 300 | 简单破碎 | 100 | 22.1 | 36.2 | 42.3 |
| $A_{21}$ | 300 | 颗粒整形 | 40 | 25.9 | 47.1 | 48.6 |
| $A_{22}$ | 300 | 颗粒整形 | 70 | 26.6 | 45.9 | 48.8 |
| $A_{23}$ | 300 | 颗粒整形 | 100 | 27.8 | 45.5 | 49.6 |
| $B_0$ | 400 | — | 0 | 35.2 | 59.1 | 64.8 |
| $B_{11}$ | 400 | 简单破碎 | 40 | 34.1 | 53.7 | 56.8 |
| $B_{12}$ | 400 | 简单破碎 | 70 | 33.2 | 52.8 | 56.6 |
| $B_{13}$ | 400 | 简单破碎 | 100 | 28.6 | 45.1 | 51.1 |
| $B_{21}$ | 400 | 颗粒整形 | 40 | 37.3 | 56.9 | 64.4 |
| $B_{22}$ | 400 | 颗粒整形 | 70 | 39.2 | 57.2 | 64.8 |
| $B_{23}$ | 400 | 颗粒整形 | 100 | 40.3 | 58.6 | 68.5 |
| $C_0$ | 500 | — | 0 | 40.2 | 66.6 | 69.4 |
| $C_{11}$ | 500 | 简单破碎 | 40 | 44.0 | 62.1 | 67.6 |
| $C_{12}$ | 500 | 简单破碎 | 70 | 40.3 | 62.0 | 62.6 |
| $C_{13}$ | 500 | 简单破碎 | 100 | 38.4 | 57.5 | 61.9 |
| $C_{21}$ | 500 | 颗粒整形 | 40 | 52.5 | 70.9 | 70.6 |
| $C_{22}$ | 500 | 颗粒整形 | 70 | 52.5 | 72.8 | 72.6 |
| $C_{23}$ | 500 | 颗粒整形 | 100 | 54.2 | 73.1 | 73.9 |

由表 4-25 可知，简单破碎再生细骨料混凝土的抗压强度随着细骨料取代率的增大而降低。这是因为简单破碎再生细骨料颗粒棱角多，表面粗糙，组分中含有大量的硬化水泥石，破碎过程中在骨料内部形成了大量微裂纹，用水量较大。

颗粒整形再生细骨料混凝土的抗压强度随着细骨料取代率的增大而增大。究其原因，可以分为以下三个方面：

（1）颗粒整形再生细骨料中粉体的主要成分是水泥石、石粉以及未水化充分的水泥矿物，它们还具有一定的水化活性，有利于混凝土强度的发展，特别是早期强度。

（2）由于颗粒整形再生细骨料含有大量粉体，其吸水率高于天然细骨料，使高品质再生细骨料混凝土的有效水胶比有所降低，也会提高混凝土强度。

（3）由于细骨料粒形的改善，使得再生细骨料混凝土的用水量与天然骨料混凝土的用水量差异明显减小。

再生混凝土的劈裂抗拉强度试验通过制作 100 mm×100 mm×100 mm 的立方体试块，测试 28 d 龄期的劈裂抗拉强度，劈裂抗拉强度测定值乘以系数 0.85 换算成标准的劈裂抗拉强度。试验结果见表 4-26。

表 4-26　再生混凝土的劈裂抗拉强度

| 编号 | 水泥用量（kg/m$^3$） | 再生细骨料 | | 劈裂抗拉强度（MPa） |
| --- | --- | --- | --- | --- |
| | | 种类 | 取代率（%） | |
| $A_0$ | 300 | — | 0 | 3.19 |
| $A_{11}$ | 300 | 简单破碎 | 40 | 2.80 |
| $A_{12}$ | 300 | 简单破碎 | 70 | 2.74 |
| $A_{13}$ | 300 | 简单破碎 | 100 | 2.67 |
| $A_{21}$ | 300 | 颗粒整形 | 40 | 3.09 |
| $A_{22}$ | 300 | 颗粒整形 | 70 | 3.15 |
| $A_{23}$ | 300 | 颗粒整形 | 100 | 3.21 |
| $B_0$ | 400 | — | 0 | 4.20 |
| $B_{11}$ | 400 | 简单破碎 | 40 | 3.30 |
| $B_{12}$ | 400 | 简单破碎 | 70 | 3.25 |
| $B_{13}$ | 400 | 简单破碎 | 100 | 3.12 |
| $B_{21}$ | 400 | 颗粒整形 | 40 | 3.45 |
| $B_{22}$ | 400 | 颗粒整形 | 70 | 3.95 |
| $B_{23}$ | 400 | 颗粒整形 | 100 | 4.35 |

| 编号 | 水泥用量（kg/m³） | 再生细骨料 | | 劈裂抗拉强度（MPa） |
|---|---|---|---|---|
| | | 种类 | 取代率（%） | |
| $C_0$ | 500 | — | 0 | 4.77 |
| $C_{11}$ | 500 | 简单破碎 | 40 | 4.55 |
| $C_{12}$ | 500 | 简单破碎 | 70 | 3.85 |
| $C_{13}$ | 500 | 简单破碎 | 100 | 3.60 |
| $C_{21}$ | 500 | 颗粒整形 | 40 | 4.70 |
| $C_{22}$ | 500 | 颗粒整形 | 70 | 5.01 |
| $C_{23}$ | 500 | 颗粒整形 | 100 | 5.23 |

由表4-26可知，简单破碎再生细骨料混凝土的劈裂抗拉强度随着细骨料取代率的增大而降低。简单破碎再生细骨料取代率为40%、70%、100%时的混凝土的劈裂抗拉强度分别约为天然骨料泥凝土的87%、81%和78%。

颗粒整形再生细骨料混凝土的劈裂抗拉强度随着细骨料取代率的增大而略有增加。颗粒整形再生细骨料取代率为40%、70%、100%时的混凝土的劈裂抗拉强度分别约为天然骨料混凝土的93%、99%和105%。

### 4.2.4 再生细骨料混凝土的收缩性能

青岛理工大学试验通过调整用水量控制坍落度为160~200 mm，考虑了再生细骨料种类、再生细骨料取代率、粉煤灰掺量和水泥用量对再生细骨料混凝土收缩性能的影响。

收缩性能试验按照《普通混凝土长期性能和耐久性能试验方法标准》（GB/T 50082—2009）进行，制作两端预理测头的100 mm×100 mm×515 mm长方体试块。在标准养护室内养护3 d后，从标准养护室内取出并立即移入温度保持在（20±2）℃、相对湿度保持在（60±5）%的恒温恒湿室，测定其初始长度，并依次测定1 d、3 d、7 d、14 d、28 d、45 d、60 d、90 d、120 d龄期的收缩变化量，结果见表4-27。

由表4-27可知，简单破碎再生细骨料混凝土的早期收缩量小于普通混凝土，但后期收缩量明显大于普通混凝土，且随着取代率的增大，收缩量增加。

颗粒整形再生细骨料混凝土的收缩量大于普通混凝土的收缩量，但与简单破碎再生细骨料混凝土的收缩量相比，得到了明显改善。结合简单破碎再生细骨料混凝土的收缩量，可以发现普通混凝土早期收缩量大于再生细骨料混凝土，但其后期收缩量明显小于再生混凝土。这是因为：再生细骨料的吸水率大，能在水泥水化初期起到保水作用；但随着水泥水化和水分蒸发的进一步进行，会产生较大的干燥收缩。

表 4-27 再生细骨料混凝土的收缩量 （单位：$10^{-5}$）

| 编号 | 收缩龄期 | | | | | | | |
|---|---|---|---|---|---|---|---|---|
| | 1 d | 3 d | 7 d | 14 d | 28 d | 45 d | 60 d | 120 d |
| $A_0$ | 6.47 | 16.00 | 21.33 | 28.27 | 31.67 | 34.33 | 37.60 | 46.34 |
| $A_{11}$ | 2.95 | 9.56 | 16.70 | 25.60 | 36.10 | 47.98 | 56.32 | 63.32 |
| $A_{12}$ | 3.01 | 9.70 | 18.60 | 28.00 | 39.31 | 50.63 | 59.21 | 66.01 |
| $A_{13}$ | 3.02 | 10.38 | 20.15 | 30.23 | 42.31 | 54.12 | 63.21 | 69.34 |
| $A_{21}$ | 2.01 | 8.57 | 15.65 | 21.20 | 32.65 | 43.58 | 54.10 | 59.54 |
| $A_{22}$ | 2.03 | 7.96 | 14.39 | 20.68 | 30.28 | 42.91 | 53.72 | 58.32 |
| $A_{23}$ | 1.98 | 7.46 | 12.93 | 18.85 | 29.24 | 41.87 | 52.63 | 58.73 |
| $B_0$ | 11.60 | 12.40 | 19.00 | 25.20 | 29.20 | 34.40 | 37.00 | 49.20 |
| $B_{11}$ | 3.25 | 9.68 | 18.96 | 26.15 | 38.21 | 49.62 | 59.26 | 67.54 |
| $B_{12}$ | 3.58 | 10.01 | 19.09 | 30.24 | 42.35 | 52.14 | 61.34 | 64.39 |
| $B_{13}$ | 4.23 | 13.23 | 21.25 | 33.42 | 46.56 | 55.34 | 62.67 | 69.28 |
| $B_{21}$ | 2.98 | 8.76 | 16.95 | 25.53 | 36.06 | 48.18 | 55.31 | 60.19 |
| $B_{22}$ | 2.83 | 8.30 | 13.68 | 24.06 | 32.32 | 45.31 | 54.98 | 59.36 |
| $B_{23}$ | 2.56 | 8.01 | 11.46 | 22.25 | 29.65 | 42.69 | 54.20 | 59.69 |
| $C_0$ | 11.40 | 17.00 | 19.47 | 24.67 | 26.40 | 32.80 | 34.60 | 53.26 |
| $C_{11}$ | 3.81 | 10.45 | 21.90 | 29.31 | 33.60 | 50.19 | 62.53 | 79.70 |
| $C_{12}$ | 4.06 | 11.71 | 23.90 | 33.65 | 36.80 | 52.97 | 69.06 | 74.40 |
| $C_{13}$ | 4.50 | 17.15 | 28.30 | 34.36 | 44.10 | 55.73 | 72.93 | 79.60 |
| $C_{21}$ | 3.68 | 9.65 | 19.90 | 28.34 | 39.20 | 52.68 | 59.36 | 75.30 |
| $C_{22}$ | 4.00 | 10.56 | 19.35 | 25.12 | 34.28 | 46.36 | 58.25 | 63.78 |
| $C_{23}$ | 4.26 | 15.86 | 19.10 | 23.35 | 32.14 | 42.97 | 55.33 | 59.90 |

### 4.2.5 再生细骨料混凝土的耐久性能

碳化试验按照《普通泥混凝土长期性能和耐久性能试验方法标准》（GB/T 50082—2009）进行，在碳化箱中调整 $CO_2$ 的浓度为 17%~23%，相对湿度为 65%~75%，温度控制为 15~25℃。

试验结果见表 4-28。

表 4-28　再生细骨料混疑土的碳化深度　　（单位：mm）

| 编号 | 碳化龄期 | | |
|---|---|---|---|
| | 7 d | 14 d | 38 d |
| $A_0$ | 3.0 | 5.0 | 6.0 |
| $A_{11}$ | 2.5 | 3.0 | 3.7 |
| $A_{12}$ | 4.1 | 4.5 | 5.0 |
| $A_{13}$ | 4.7 | 5.0 | 5.4 |
| $A_{21}$ | 2.4 | 3.1 | 3.5 |
| $A_{22}$ | 2.7 | 3.5 | 4.1 |
| $A_{23}$ | 3.0 | 3.7 | 4.3 |
| $B_0$ | 1.0 | 2.0 | 3.0 |
| $B_{11}$ | 2.0 | 3.0 | 4.0 |
| $B_{12}$ | 2.0 | 3.2 | 4.3 |
| $B_{13}$ | 2.1 | 3.4 | 4.5 |
| $B_{21}$ | 1.0 | 1.8 | 2.5 |
| $B_{22}$ | 1.1 | 2.1 | 2.7 |
| $B_{23}$ | 1.0 | 1.9 | 2.8 |
| $C_0$ | 1.0 | 1.5 | 1.9 |
| $C_{11}$ | 1.0 | 1.3 | 1.5 |
| $C_{12}$ | 1.0 | 2.0 | 3.5 |
| $C_{13}$ | 1.5 | 2.6 | 3.1 |
| $C_{21}$ | 0.8 | 1.2 | 1.5 |
| $C_{22}$ | 1.5 | 1.9 | 2.4 |
| $C_{23}$ | 1.5 | 2.3 | 3.0 |

由表 4-28 可知，简单破碎再生细骨料混凝土的碳化深度较大，颗粒整形再生细骨料混凝土的碳化深度与天然骨料混凝土相当。简单破碎再生细骨料颗粒棱角多，表面粗糙，吸水率大，不利于混凝土密实性的提高。而颗粒整形再生细骨料在整形过程中改善了粒形，去除了较为突出的棱角和黏附在表面的硬化水泥砂浆，粒形更为优化，级配更为合理，用水量有较大程度的降低，使得混凝土的密实度提高，碳化深度降低，抗碳化性能提高。

抗冻试验按照《普通混凝土长期性能和耐久性能试验方法标准》（GB/T 50082—2009）中快冻法进行。冻融试验过程中必须遵循标准规定的三点要求：①试验进行到 300 个冻融循环就停止试验；②试块的相对动弹性模量下降到 60%以下就停止试验；③试块质量损失率达 5%以上就停止试验。试验结果见表 4-29 和表 4-30。

表 4-29　再生细骨料混凝土的质量损失率　　　（单位：%）

| 编号 | 冻融循环次数（次） | | | | | | | |
|---|---|---|---|---|---|---|---|---|
| | 50 | 100 | 125 | 150 | 175 | 200 | 250 | 300 |
| $A_{11}$ | 0.3 | 0.8 | 1.2 | 1.7 | 2.3 | 2.9 | — | — |
| $A_{12}$ | 0.3 | 1.0 | 1.4 | 1.9 | 2.5 | 3.4 | — | — |
| $A_{13}$ | 0.4 | 1.0 | 1.6 | 2.0 | — | — | — | — |
| $A_{21}$ | 0.3 | 0.9 | 1.6 | 2.3 | 2.9 | — | — | — |
| $A_{22}$ | 0.3 | 1.1 | 1.7 | 2.5 | 3.0 | 3.6 | 4.2 | — |
| $A_{23}$ | 0.3 | 0.9 | 1.3 | 1.9 | 2.7 | 3.3 | 4.6 | 5.1 |
| $B_{11}$ | 0.2 | 1.2 | 1.7 | 2.3 | 2.8 | 3.0 | 3.5 | — |
| $B_{12}$ | 0.3 | 1.2 | 1.6 | 2.1 | 2.7 | 3.1 | 3.9 | — |
| $B_{13}$ | 0.3 | 1.1 | 1.9 | 2.5 | 3.1 | 3.6 | — | — |
| $B_{21}$ | 0.2 | 0.9 | 1.2 | 1.8 | 2.5 | 3.1 | 3.7 | 4.1 |
| $B_{22}$ | 0.2 | 0.8 | 1.3 | 2.0 | 2.7 | 3.2 | 4.0 | 4.0 |
| $B_{23}$ | 0.2 | 0.6 | 0.8 | 1.0 | 1.4 | 1.9 | 2.6 | 3.4 |
| $C_{11}$ | 0.3 | 0.8 | 1.2 | 1.9 | 2.6 | 3.2 | 3.9 | — |
| $C_{12}$ | 0.3 | 0.9 | 1.5 | 2.1 | 2.9 | 3.6 | 4.2 | 4.5 |
| $C_{13}$ | 0.2 | 1.6 | 2.2 | 2.9 | 3.4 | 4.0 | 4.6 | — |
| $C_{21}$ | 0.1 | 1.3 | 2.1 | 2.9 | 3.6 | 4.1 | 4.7 | 5.2 |
| $C_{22}$ | 0.2 | 0.9 | 1.4 | 1.9 | 2.3 | 2.9 | 3.2 | 3.9 |
| $C_{23}$ | 0.1 | 0.5 | 0.9 | 1.2 | 1.5 | 1.9 | 2.3 | 2.7 |

表 4-30　再生细骨料混凝土的相对动弹性模量损失率　　　（单位：%）

| 编号 | 冻融循环次数（次） | | | | | | | | |
|---|---|---|---|---|---|---|---|---|---|
| | 50 | 75 | 100 | 125 | 150 | 175 | 200 | 250 | 300 |
| $A_{11}$ | 99.0 | 98.2 | 96.9 | 95.1 | 94.3 | 92.6 | 89.5 | — | — |
| $A_{12}$ | 98.6 | 97.8 | 96.6 | 95.2 | 94.1 | 91.6 | 88.7 | — | — |
| $A_{13}$ | 97.3 | 95.2 | 93.6 | 91.8 | 89.6 | — | — | — | — |
| $A_{21}$ | 98.9 | 97.6 | 96.3 | 95.1 | 93.2 | 89.4 | — | — | — |
| $A_{22}$ | 98.6 | 97.5 | 96.5 | 95.4 | 93.2 | 91.4 | 88.9 | 87.3 | — |

续表

| 编号 | 冻融循环次数（次） | | | | | | | | |
|---|---|---|---|---|---|---|---|---|---|
| | 50 | 75 | 100 | 125 | 150 | 175 | 200 | 250 | 300 |
| $A_{23}$ | 99.1 | 98.3 | 96.9 | 95.2 | 93.1 | 92.0 | 88.6 | 85.7 | 801 |
| $B_{11}$ | 99.1 | 98.3 | 97.3 | 96.5 | 94.6 | 92.6 | 89.3 | 86.1 | — |
| $B_{12}$ | 98.6 | 96.7 | 94.3 | 93.1 | 91.6 | 89.4 | 88.3 | 84.7 | — |
| $B_{13}$ | 98.1 | 97.2 | 95.3 | 93.1 | 91.9 | 88.7 | 86.5 | — | — |
| $B_{21}$ | 98.7 | 96.9 | 95.3 | 93.6 | 91.7 | 88.3 | 85.1 | 83.5 | 801 |
| $B_{22}$ | 98.1 | 96.3 | 94.3 | 92.6 | 90.7 | 89.2 | 86.6 | 83.9 | 814 |
| $B_{23}$ | 98.4 | 96.2 | 94.5 | 92.8 | 90.6 | 88.3 | 85.6 | 841 | 823 |
| $C_{11}$ | 99.1 | 98.0 | 96.7 | 94.1 | 92.3 | 90.6 | 88.7 | 863 | 841 |
| $C_{12}$ | 98.6 | 97.3 | 95.2 | 93.6 | 91.7 | 89.7 | 87.3 | 951 | 830 |
| $C_{13}$ | 97.9 | 96.1 | 94.6 | 92.8 | 91.3 | 88.7 | 85.6 | 833 | — |
| $C_{21}$ | 99.0 | 98.1 | 96.5 | 94.8 | 92.6 | 90.3 | 87.3 | 852 | 846 |
| $C_{22}$ | 98.3 | 97.1 | 95.6 | 93.1 | 91.5 | 89.0 | 86.7 | 856 | 846 |
| $C_{23}$ | 98.6 | 97.3 | 96.8 | 94.9 | 93.6 | 91.3 | 89.2 | 873 | 852 |

由表 4-29 和表 4-30 可知，颗粒整形再生细骨料混凝土经冻融循环后的质量损失率和相对动弹性模量损失率均低于简单破碎再生细骨料混凝土。其原因为：简单破碎再生细骨料在破碎过程中产生大量微裂纹，致使混凝土孔隙率大，有较多的自由水存积，较易产生冻融破坏。颗粒整形再生细骨料颗粒级配合理、粒形较好，提高了再生混凝土的密实度；颗粒整形再生细骨料中水泥石和粉体的大量吸水，降低了再生混凝土的实际水胶比；粉体的存在起到了填充作用，提高了再生混凝土的密实度。在试验过程中发现，再生骨料混凝土和天然骨料混凝土变化趋势相同，冻融循环次数较少时外观变化不明显，随着冻融循环次数的增加，试件表面混凝土开始剥落，有微小孔洞出现，并逐渐连通至整个表层，导致混凝土表面脱落。

简单破碎再生细骨料混凝土的质量损失率和动弹性模量损失率，均随着细骨料取代率的增大而增大，说明随着细骨料取代率增大，再生混凝土的抗冻性能有所劣化；颗粒整形再生细骨料混凝土的质量损失率和动弹性模量损失率，随着细骨料取代率的增大而变化不明显。细骨料 100% 完全取代时的质量损失率低于取代率为 40% 和 70% 时的损失率，动弹性模量损失率基本相同。

按照美国材料试验协会采用的混凝土抗氯离子渗透性试验方法（美国库仑电量法）测定混凝土的抗氯离子渗透性，试验结果见表 4-31。

表 4-31 再生细骨料混凝土的电通量试验结果

| 编号 | 水泥用量 (kg/m³) | 再生细骨料 | | 电通量（C） |
|------|------|------|------|------|
| | | 种类 | 取代率（%） | |
| $A_0$ | 300 | — | 0 | 1456 |
| $A_{11}$ | 300 | 简单破碎 | 40 | 1321 |
| $A_{12}$ | 300 | 简单破碎 | 70 | 1173 |
| $A_{13}$ | 300 | 简单破碎 | 100 | 1648 |
| $A_{21}$ | 300 | 颗粒整形 | 40 | 1753 |
| $A_{22}$ | 300 | 颗粒整形 | 70 | 1353 |
| $A_{23}$ | 300 | 颗粒整形 | 100 | 1349 |
| $B_0$ | 400 | — | 0 | 1254 |
| $B_{11}$ | 400 | 简单破碎 | 40 | 1234 |
| $B_{12}$ | 400 | 简单破碎 | 70 | 1121 |
| $B_{13}$ | 400 | 简单破碎 | 100 | 875 |
| $B_{21}$ | 400 | 颗粒整形 | 40 | 982 |
| $B_{22}$ | 400 | 颗粒整形 | 70 | 877 |
| $B_{23}$ | 400 | 颗粒整形 | 100 | 965 |
| $C_0$ | 500 | — | 0 | 919 |
| $C_{11}$ | 500 | 简单破碎 | 40 | 1512 |
| $C_{12}$ | 500 | 简单破碎 | 70 | 1491 |
| $C_{13}$ | 500 | 简单破碎 | 100 | 1357 |
| $C_{21}$ | 500 | 颗粒整形 | 40 | 1246 |
| $C_{22}$ | 500 | 颗粒整形 | 70 | 1155 |
| $C_{23}$ | 500 | 颗粒整形 | 100 | 1021 |

试验测得的电通量试验数据较为离散，为了反映不同品质再生细骨料的取代率对混凝土电通量的影响，将同种骨料、不同水泥用量的混凝土电通量进行平均，做图 4-2。

由图 4-2 和表 4-31 可知：①颗粒整形再生细骨料混凝土的电通量略低于相应的简单破碎再生细骨料混凝土；②简单破碎再生细骨料和颗粒整形再生细骨料的取代率对混凝土电通量的影响不大；③增加水泥用量可明显降低

再生细骨料混凝土的渗透性，水泥用量每增加 100 kg/m³，再生细骨料混凝土渗透性约降低 30%。

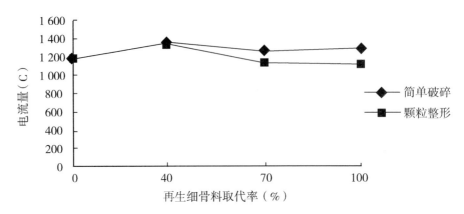

图 4-2　再生细骨料取代率对混凝土电通量的影响

## 4.3　再生粉体混凝土

本节所述的再生粉体是指在生产再生粗、细骨料过程中形成的粒径小于 75 μm 的颗粒，也叫再生掺和料或微粉。

在欧洲，绝大多数废弃混凝土的回收利用仅仅采用简单破碎和骨料分级的方法，产生的粉体量很少，故这方面的研究也很少见到。在日本，骨料强化技术发达，主要有立式偏心研磨法、卧式回转研磨法、加热研磨法、冲击磨碎法和湿式研磨比重选择法等。除最后一种方法外，其他技术都会产生大量粉体，其中加热研磨法产生的粉体量约占原废弃混凝土质量的 50%。关于这部分粉体，日本也未找到有效的利用方法，一般主要用作路基垫层或利用其残余的胶凝性代替砂浆作为陶瓷地板的找平、黏结材料。国内在这方面的研究也多停留在试验阶段。许多人的研究是将简单破碎过程中产生的粉末进行筛分并研究其性质，与节中所介绍的再生粉体还存在一定区别。

目前，随着拆迁改造和大批建筑物达到使用寿命，每年产生大量废弃混凝土，如果利用颗粒整形技术强化骨料，必然会产生大量粉体，这些粉体的存放和处理也会产生一系列问题。本节就再生粉体的基本性质和应用进行了探讨，以期促进混凝土的循环利用。

### 4.3.1　再生粉体的基本性质

下文为青岛理工大学研究成果，试验所使用的再生粉体为青岛市华严路某车库拆除的废弃混凝土经颗粒整形后得到的。原混凝土龄期为 24 年，强度约为 30 MPa。

1. 再生粉体的物理性质

（1）密度：再生粉体是一种质地硫松的建筑垃圾粉末，其堆积密度为 874 kg/m³，密度为 2 593 kg/m³。

（2）粒径分布：使用 HORIBA LA-300 型激光粒度仪对再生粉体进行检测，其平均粒径为 30.4 μm，粒径分布如图 4-3 所示。

（3）比表面积：使用 DBT-127 型勃氏透气比表面积仪对其进行比表面积检测的结果是 350 m²/kg，但是使用 F-Sorb 2400 型比表面积测试仪利用氮气吸附法所得到的结果是 1 1620 m²/kg。勃氏透气比表面积仪的测试原理是根据一定量的空气通过具有一定空隙率和有固定的厚度的物料层时，所受的阻力不同而引起流速的变

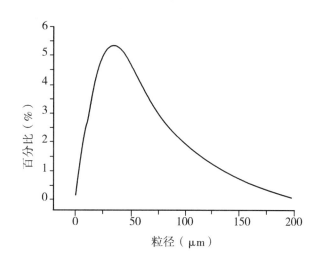

图 4-3　再生粉体粒径分布曲线

化来测定样品的比表面积。在一定空隙率的物料层中，孔隙的大小和数量是颗粒尺寸的函数，同时决定了通过料层的气流速度，根据一定体积的空气通过料层的时间可以计算出样品的比表面积，但是该方法对多孔材料并不适用。F-Sorb 2400 型比表面积测试仪测试比表面积的依据是 BET 多分子层吸附理论。该理论认为，气体在固体表面上的吸附是多分子层的，并且在不同压力下，所吸附的层数也不同。只要在不同压力下测得吸附平衡时样品表面所吸附的气体量，就能够计算出样品的比表面积，该比表面积包括颗粒外部和内部通孔的表面积。由以上讨论可知，再生粉体虽然粒径分布与水泥相似，但比表面积远远大于水泥，其主要原因是其内部含有大量相互连通的孔隙，这主要是因为再生粉体中含有大量硬化水泥石颗粒。已有的研究表明，这些颗粒中的水化硅酸钙（C-S-H）凝胶比面积为 20 000~30 000 m²/kg。因此，若要了解再生粉体的性质，也应对硬化水泥石粉末的性质进行研究。

2. 再生粉体的化学性质

对再生粉体进行 X 射线荧光分析，结果见表 4-32。

表 4-32　再生粉体化学成分　　　　　（单位:%）

| CaO | Si | A | F | NO | O | MgO | S | Cl |
|------|-------|------|------|------|------|------|------|------|
| 41.22 | 38.61 | 7.13 | 3.19 | 2.01 | 1.57 | 1.35 | 1.04 | 0.04 |

再生粉体的化学成分与水泥接近，但 $SiO_2$ 的含量较高，其原因是再生粉体中还含有一定量的砂石碎屑。氯离子含量<0.06%。经滴定试验测定，再生粉体的 $Ca(OH)_2$ 含量为 28.5 mg/g，对混凝土也有一定的不利影响。再生粉体的 X 射线衍射分析结果如图 4-4 所示。

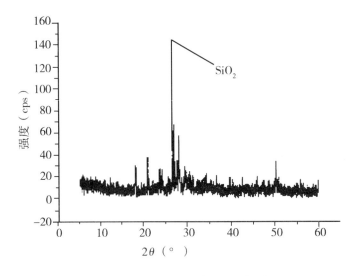

图 4-4　再生粉体 X 射线衍射分析

由图 4-4 可见，再生粉体主要矿物成分是 $SiO_2$，这说明废弃混凝土砂石骨料中的碎屑在再生粉体中占有较大比例。衍射图中难以发现硅酸钙、铝钙等晶体的衍射峰，说明再生粉体中的水泥颗粒已基本水化完全，主要以凝体形式存在。

3. 再生粉体对胶凝材料性能的影响

再生粉体中含有 $Ca(OH)_2$ 硬化水泥石和骨料的细小颗粒，可能会对水泥的需水量和水化过程产生影响。另外，在混凝土使用过程中，其表面会发生不同程度的碳化。根据滴定试验结果，水泥石中 $Ca(OH)_2$ 含量为 117.79 mg/g，在掺量为 5%、20 ℃标准稠度用水量条件下绝大部分不会被溶解。按照延迟成晶假说，在水泥水化的诱导期阶段，硅酸根离子抑制溶液中的 $Ca(OH)_2$ 的析晶，只有当溶液中建立了充分的过饱和度时，才能形成稳定的 $Ca(OH)_2$ 晶核。当晶核尺寸达到一定尺寸和数量时，$Ca(OH)_2$ 晶体迅速析出，$C_3S$ 溶解随之加速，加速期开始。按此假说，再生粉体和水泥石中 Ca（OH）$_2$ 的晶体能够缩短净浆的凝结时间。

为研究再生粉体、碳化再生粉体和水泥石对水泥净浆的用水量和凝结时间的影响，将再生粉体和碳化再生粉体按 10%、20% 和 30% 取代水泥，超细再生粉体和超细水泥石（平均粒径 6.1 μm）的掺量采用 5%、10% 和 15%，按照《水泥标准稠度用水量、凝结时间、安定性检验方法》（GB/T 1346—2001）规定的试验方法测定其凝结时间。其中，碳化再生粉体是将再生粉体放入碳化箱中处理，直至利用酚酞试纸测试其饱和溶液不再变色为止。水泥采用山水牌 PI52.5 级硅酸盐水泥。

表 4-33　再生粉体凝结时间

| 掺和料种类 | 掺量（%） | 标准稠度用水量（%） | 初凝时间（min） | 终凝时间（min） |
|---|---|---|---|---|
| 无 | 0 | 30.0 | 231 | 257 |
| 再生粉体 | 10 | 30.4 | 208 | 236 |
| | 20 | 30.8 | 214 | 246 |
| | 30 | 31.4 | 220 | 250 |
| 碳化再生粉体 | 10 | 30.0 | 214 | 244 |
| | 20 | 30.0 | 209 | 255 |
| | 30 | 30.0 | 221 | 251 |
| 超细再生粉体 | 5 | 30.4 | 255 | 290 |
| | 10 | 30.6 | 251 | 286 |
| | 15 | 31.2 | 253 | 281 |
| 超细水泥石 | 5 | 30.4 | 283 | 314 |
| | 10 | 30.8 | 278 | 306 |
| | 15 | 31.2 | 273 | 302 |

由表 4-33 可知，再生粉体净浆标准稠度用水量随掺量的提高逐渐增加，掺量为 30% 时比纯水泥净浆的用水量多 1.4%；碳化再生粉体净浆的标准稠度用水量与掺量无关；超细再生粉体与超细水泥石的标准稠度用水量变化规律基本相同，都随掺量的提高逐渐增加，在掺量为 15% 时，其标准稠度用水量均提高 1.2%。在各种掺量条件下再生粉体和碳化再生粉体的凝结时间相差不大，初凝时在 20 min 左右，终凝时间在 240 min 左右，初凝与终凝间隔 30 min 左右，与纯水泥净浆基本相同。这说明再生粉体和碳化再生

粉体对净浆的凝结时间无明显影响。

与再生粉体和碳化再生粉体不同，超细再生粉体和超细水泥石使净浆的凝结时间延长且与掺量关系不大。与纯水泥净浆相比，超细再生粉体使净浆凝结时间延长大约 20 min，超细水泥石使净浆凝结时间延长大约 45 min。另外，在不同掺量条件下，两种超细掺和料的净浆初凝和终凝间隔均为30 min。

### 4.3.2 再生粉体混凝土

所谓再生粉体混凝土，就是将再生粉体作为矿物掺和料的混凝土。目前，国内将再生粉体作为矿物掺和料代替水泥的研究比较少。为研究再生粉体作为矿物掺和料代替水泥对混凝土用水量、强度、渗透性和碳化性能的影响，设计试验方案如下：

本试验采用 PI52.5 级硅酸盐水泥作为基本胶凝材料；在不同胶凝材料用量下按不同比例掺入再生粉体或 Ⅱ 级粉煤灰；减水剂掺量为胶凝材料用量的 1.2%；通过调整用水量控制坍落度在 160～200 mm。试验主要研究再生粉体对混凝土用水量、强度、抗氯离子渗透性能以及碳化性能的影响。试验配合比见表 4-34。

表 4-34　混凝土试验配合比

| 胶凝材料用量（kg/m³） | 水泥用量（kg/m³） | 粉煤灰用量（kg/m³） | 再生粉体用量（kg/m³） | 取代率（%） | 减水剂（%） |
|---|---|---|---|---|---|
|  | 300 | 0 | 0 | 0 | 1.2 |
|  | 270 | 0 | 30 | 10 | 1.2 |
|  | 240 | 0 | 60 | 20 | 1.2 |
| 300 | 210 | 0 | 90 | 30 | 1.2 |
|  | 270 | 30 | 0 | 10 | 1.2 |
|  | 240 | 60 | 0 | 20 | 1.2 |
|  | 210 | 90 | 0 | 30 | 1.2 |
|  | 400 | 0 | 0 | 0 | 1.2 |
|  | 360 | 0 | 40 | 10 | 1.2 |
|  | 320 | 0 | 80 | 20 | 1.2 |
| 400 | 280 | 0 | 120 | 30 | 1.2 |
|  | 360 | 40 | 0 | 10 | 1.2 |
|  | 320 | 80 | 0 | 20 | 1.2 |
|  | 280 | 120 | 0 | 30 | 1.2 |

续表

| 胶凝材料用量<br>（kg/m³） | 水泥用量<br>（kg/m³） | 粉煤灰用量<br>（kg/m³） | 再生粉体用量<br>（kg/m³） | 取代率（%） | 减水剂（%） |
|---|---|---|---|---|---|
| 500 | 500 | 0 | 0 | 0 | 1.2 |
| | 450 | 0 | 50 | 10 | 1.2 |
| | 400 | 0 | 100 | 20 | 1.2 |
| | 350 | 0 | 150 | 30 | 1.2 |
| | 450 | 50 | 0 | 10 | 1.2 |
| | 400 | 100 | 0 | 20 | 1.2 |
| | 350 | 150 | 0 | 30 | 1.2 |

1. 再生粉体混凝土的用水量

本试验通过调整用水量控制混凝土的坍落度，混凝土的用水量如图4-5所示。由图4-5可知：

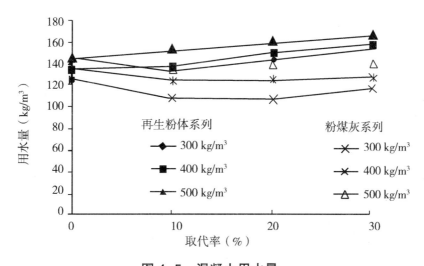

图4-5　混凝土用水量

（1）当再生粉体取代率为0~30%时，混凝土的用水量随再生粉体掺量的增加而增加。

（2）当粉煤灰取代率为0~30%时，混凝土的用水量略有降低。再生粉体几何形状不规则、表面粗糙、棱角较多。在水泥浆流动过程中，再生粉体增加了混凝土颗粒之间的摩擦阻力对混凝土的工作性能不利，这个特点与胶砂试验中的结果是一致的。在制作混凝土过程中发现，再生粉体的颗粒结构疏松，在搅拌完成后仍能吸收部分水分，使混凝土浆体中的自由水减少，导致坍落度损失。

2. 再生粉体混凝土的强度

抗压强度试验结果如图 4-6 所示。由图 4-6 分析可知：

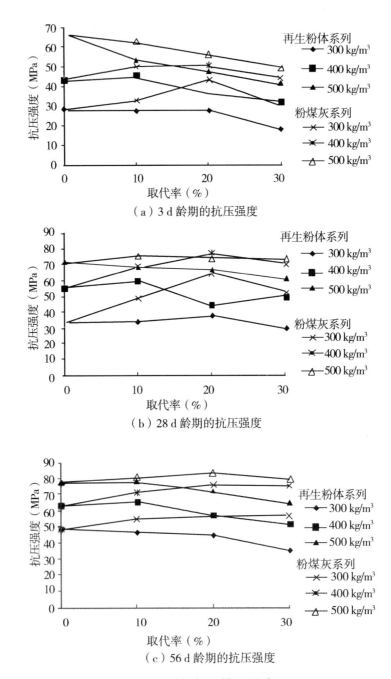

（a）3 d 龄期的抗压强度

（b）28 d 龄期的抗压强度

（c）56 d 龄期的抗压强度

图 4-6　混凝凝土抗压强度

（1）当再生粉体取代率为 0~30% 时，混凝土的抗压强度随再生粉体取代率的增加而降低。

（2）在混凝土工作性能相同的前提下，再生粉体混凝土强度低于粉煤灰混凝土强度。

以上试验结果与再生粉体混凝土用水量随再生粉体取代率的增加而增大有关。

3. 再生粉体混凝土的抗渗性

本试验采用美国材料试验协会提出的混凝土抗氯离子渗透性试验方法（美国库仑电量法）。试验结果如图 4-7 所示。由图 4-7 分析可知：

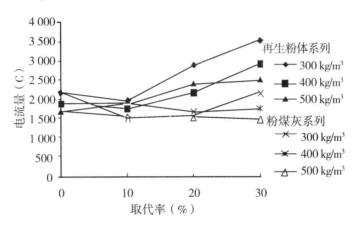

图 4-7  混凝土的抗渗性

（1）当再生粉体取代率为 10% 时，再生粉体混凝土抗渗透性能无明显损失；当再生粉体取代率为 10%~30% 时，再生粉体混凝土抗渗透性能随再生粉体取代率的增加而降低。

（2）在工作性能相同、取代率相同的条件下，再生粉体混凝土的抗渗透性低于粉煤灰混凝土。

以上试验结果与再生粉体混凝土用水量随再生粉体取代率的增加而增大有关。

4. 再生粉体混凝土的抗碳化性能

本试验按照《普通混凝土长期性能和耐久性能试验方法标准》（GB/T 50082—2009）进行，测试再生粉体和粉煤灰的掺量和胶凝材料用量对混凝土抗碳化性能的影响。调整碳化箱中的 $CO_2$ 的浓度在 17%~23% 之间；相对湿度在 65%~75% 之间；温度在 15~25℃ 之间。碳化时间为 120 d。

试验结果表明：再生粉体掺量在 30% 以内时，能够满足混凝土抗碳化性能的要求。在高效减水剂的作用下，混凝土的水胶比很低，水泥石结构密实；同时矿物掺和料参与胶凝材料的水化，改善混凝土的界面结构，提高混凝土的密实性，从而很好地提高了混凝土的抗碳化能力。

### 4.3.3 超细再生粉体混凝土

所谓超细再生粉体混凝土，就是将再生粉体超细化后，作为矿物掺和料的混凝土。

根据前期试验的数据和研究结果，本试验采用 PI52.5 硅酸盐水泥作为基本胶凝材料；在不同胶凝材料用量下按不同比例掺入超细再生粉体；减水剂掺量为胶凝材料用量的 1.2%；调整用水量控制坍落度在 160～200 mm。试验主要研究再生粉体对混凝土用水量、强度和抗碳化性能的影响。超细再生粉体试验用配合比见表 4-35。

表 4-35　超细再生粉体混凝土配合比

| 水泥用量（kg/m³） | 掺和料 | | |
| --- | --- | --- | --- |
| | 种类 | 用量（kg/m³） | 取代率（%） |
| 300 | 无 | 0 | 0 |
| 285 | 超细再生粉体 | 15 | 5 |
| 270 | 超细再生粉体 | 30 | 10 |
| 255 | 超细再生粉体 | 45 | 15 |
| 285 | 超细矿粉 | 15 | 5 |
| 270 | 超细矿粉 | 30 | 10 |
| 255 | 超细矿粉 | 45 | 15 |
| 285 | 硅灰 | 15 | 5 |
| 270 | 硅灰 | 30 | 10 |
| 255 | 硅灰 | 45 | 15 |
| 400 | 无 | 0 | 0 |
| 380 | 超细再生粉体 | 20 | 5 |
| 360 | 超细再生粉体 | 40 | 10 |
| 340 | 超细再生粉体 | 60 | 15 |
| 380 | 超细矿粉 | 20 | 5 |
| 360 | 超细矿粉 | 40 | 10 |
| 340 | 超细矿粉 | 60 | 15 |
| 380 | 硅灰 | 20 | 5 |

续表

| 水泥用量（kg/m³） | 掺和料 | | |
|---|---|---|---|
| | 种类 | 用量（kg/m³） | 取代率（%） |
| 360 | 硅灰 | 40 | 10 |
| 340 | 硅灰 | 60 | 15 |
| 500 | 无 | 0 | 0 |
| 475 | 超细再生粉体 | 25 | 5 |
| 450 | 超细再生粉体 | 50 | 10 |
| 425 | 超细再生粉体 | 75 | 15 |
| 475 | 超细矿粉 | 25 | 5 |
| 450 | 超细矿粉 | 50 | 10 |
| 425 | 超细矿粉 | 75 | 15 |
| 475 | 硅灰 | 25 | 5 |
| 450 | 硅灰 | 50 | 10 |
| 425 | 硅灰 | 75 | 15 |

**1. 超细再生粉体混凝土的用水量**

如图 4-8 所示，超细再生粉体与再生粉体一样，都会对混凝土的用水量产生不利影响。超细矿粉和硅灰对混凝土用水量的影响稍小。在实际搅拌过程中会发现，掺有超细再生粉体的混凝土具有较明显的触变性，一旦停止搅拌，流动性损失较快，如果再次搅拌，流动性又迅速恢复。这可能与超细再生粉体较大的比表面积和颗粒形状有关。

**2. 超细再生粉体混凝土的抗压强度**

不同龄期的超细再生粉体混凝土抗压强度如图 4-9~图 4-12 所示。

由图 4-9~图 4-12 可知，超细再生粉体具有一定的活性，随着超细再生粉体取代率的增加（0~15%），混凝土的强度略有提高。超细再生粉体对混凝土强度的提高作用与超细矿粉大致相当。

**3. 超细再生粉体混凝土的碳化性能**

本试验按照《普通混凝土长期性能和耐久性能试验方法标准》（GB/T 50082—2009）进行，测试超细再生粉体、超细矿粉、硅灰和超细水泥石的取代率和胶凝材料用量对混凝土抗碳化性能的影响。调整碳化箱中的 $CO_2$ 的浓度在 17%~23% 之间；相对湿度在 65%~75% 之间；温度在 15~25℃ 之间。碳化时间为 120 d。

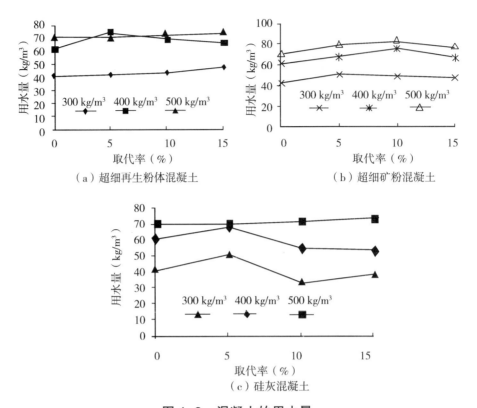

图 4-8　混凝土的用水量

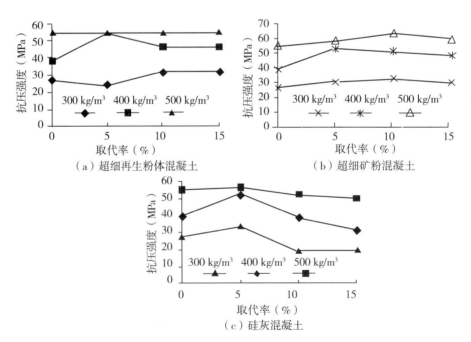

图 4-9　混凝土 3 d 龄期的抗压强度

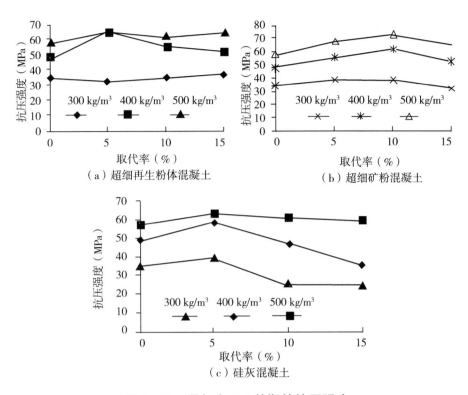

（a）超细再生粉体混凝土　　（b）超细矿粉混凝土

（c）硅灰混凝土

图 4-10　混凝土 7 d 龄期的抗压强度

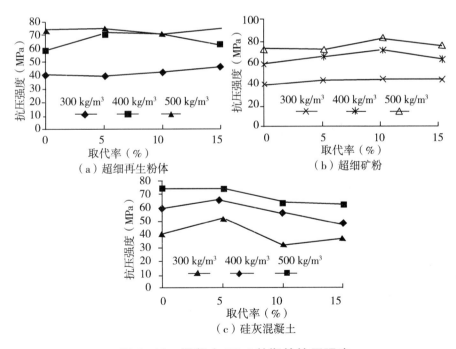

（a）超细再生粉体　　（b）超细矿粉

（c）硅灰混凝土

图 4-11　混凝土 28 d 龄期的抗压强度

试验结果表明：混凝土试块 28 d 碳化深度均小于 1 mm，120 d 碳化深度均小于 2 mm。这说明再生粉体取代率在 15% 以内时，不会对混凝土抗碳化性能产生不利影响。

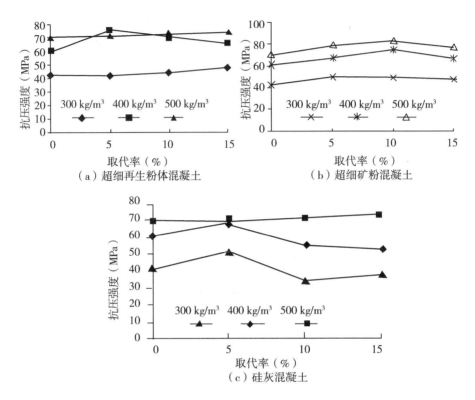

（a）超细再生粉体混凝土　　（b）超细矿粉混凝土

（c）硅灰混凝土

**图 4-12　混凝土 56 d 龄期的抗压强度**

# 4.4 《再生骨料应用技术规程》对再生混凝土的基本规定

## 4.4.1 一般规定

（1）再生骨料混凝土用原材料应符合下列规定：

1）天然粗骨料和天然细骨料应符合现行行业标准《普通混凝土用砂、石质量及检验方法标准》（JGJ 52）的规定。

2）水泥宜采用通用硅酸盐水泥，并应符合现行国家标准《通用硅酸盐水泥》（GB 175）的规定；当采用其他品种水泥时，其性能应符合国家现行有关标准的规定；不同水泥不得混合使用。

3）拌和用水和养护用水应符合现行行业标准《混凝土用水标准》（JGJ 63）的规定。

4）矿物掺和料应分别符合国家现行标准《用于水泥和混凝土中的粉煤

灰》（GB/T 1596）、《用于水泥和混凝土中的粒化高炉矿渣粉》（GB/T 18046）、《高强高性能混凝土用矿物外加剂》（GB/T 18736）和《混凝土和砂浆用天然沸石粉》（JG/T 3048）的规定。

5）外加剂应符合现行国家标准《混凝土外加剂》（GB 8076）和《混凝土外加剂应用技术规范》（GB 50119）的规定。

（2）Ⅰ类再生粗骨料可用于配制各种强度等级的混凝土；Ⅱ类再生粗骨料宜用于配制 C40 及以下强度等级的混凝土；Ⅲ类再生粗骨料可用于配制 C25 及以下强度等级的混凝土，不宜用于配制有抗冻性要求的混凝土。

（3）Ⅰ类再生细骨料可用于配制 C40 及以下强度等级的混凝土；Ⅱ类再生细骨料宜用于配制 C25 及以下强度等级的混凝土；Ⅲ类再生细骨料不宜用于配制结构混凝土。

（4）再生骨料不得用于配制预应力混凝土。

（5）再生骨料混凝土的耐久性设计应符合现行国家标准《混凝土结构设计规范》（GB 50010）和《混凝土结构耐久性设计规范》（GB/T 50476）的相关规定。当再生骨料混凝土用于设计使用年限为 50 年的混凝土结构时，其耐久性宜符合表 4-36 的规定。

表 4-36　再生骨料混凝土耐久性基本要求

| 环境类别 | 最大水胶比 | 最低强度等级 | 最大氯离子含量（%） | 最大碱含量（kg/m³） |
|---|---|---|---|---|
| 一 | 0.55 | C25 | 0.20 | 3.0 |
| 二 a | 0.50（0.55） | C30（C25） | 0.15 | 3.0 |
| 二 b | 0.45（0.50） | C35（C30） | 0.15 | 3.0 |
| 三 a | 0.40 | C40 | 0.10 | 3.0 |

注：1. 氯离子含量是指氯离子占胶凝材料总量的百分比。

2. 素混凝土构件的水胶比及最低强度等级可不受限制。

3. 有可靠工程经验时，二类环境中的最低混凝土强度等级可降低一个等级。

4. 处于严寒和寒冷地区二 b、三 a 类环境中的混凝土，应使用引气剂或引气型外加剂，并可采用括号中的有关参数。

5. 当使用非碱活性骨料时，对混凝土中的碱含量可不做限制。

（6）再生骨料混凝土中三氧化硫的允许含量应符合现行国家标准《混凝土结构耐久性设计规范》（GB/T 50476）的规定。

（7）当再生粗骨料或再生细骨料不符合现行国家标准《混凝土用再生粗骨料》（GB/T 25177）或《混凝土和砂浆用再生细骨料》（GB/T 25176）的规定，但经过试验试配验证能满足相关使用要求时，可用于非结构混凝土。

### 4.4.2 技术要求和设计取值

（1）再生骨料混凝土的拌和物性能、力学性能、长期性能和耐久性能、强度检验评定及耐久性检验评定等，应符合现行国家标准《混凝土质量控制标准》（GB 50164）的规定。

（2）再生骨料混凝土的轴心抗压强度标准值（$f_{ck}$）、轴心抗压强度设计值（$f_c$）、轴心抗拉强度标准值（$f_{tk}$）、轴心抗拉强度设计值（$f_t$）、轴心抗压疲劳强度设计值（$f_c^f$）、轴心抗拉疲劳强度设计值（$f_t^f$）、剪切变形模量（$G_c$）和泊松比（$v_c$）均可按现行国家标准《混凝土结构设计规范》（GB 50010）的相关规定取值。

（3）仅掺用Ⅰ类再生粗骨料配制的混凝土，其受压和受拉弹性模量（$E_c$）可按现行国家标准《混凝土结构设计规范》（GB 50010）的规定取值。其他情况下配制的再生骨料混凝土，其弹性模量宜通过试验确定；在缺乏试验条件或技术资料时，可按表4-37的规定取值。

表 4-37　再生骨料混凝土弹性模量

| 强度等级 | C15 | C20 | C25 | C30 | C35 | C40 |
|---|---|---|---|---|---|---|
| 弹性模量（×$10^4$ N/mm²） | 1.83 | 2.08 | 2.27 | 2.42 | 2.53 | 2.63 |

（4）再生骨料混凝土的温度线膨胀系数（$a_c$）、比热容（$c$）和导热系数（$\lambda$）宜通过试验确定。当缺乏试验条件或技术资料时，可按现行国家标准《混凝土结构设计规范》（GB 50010）和《民用建筑热工设计规范》（GB 50176）的规定取值。

### 4.4.3 配合比设计

（1）再生骨料混凝土配合比设计应满足混凝土和易性、强度和耐久性的要求。

（2）再生骨料混凝土配合比设计可按下列步骤进行：

1）根据已有技术资料和混凝土性能要求，确定再生粗骨料取代率（$\delta_g$）和再生细骨料取代率（$\delta_s$）；当缺乏技术资料时，$\delta_g$ 和 $\delta_s$ 不宜大于50%，Ⅰ类再生粗骨料取代率（$\delta_g$）可不受限制；当混凝土中已掺用Ⅲ类再生粗骨料时，不宜再掺入再生细骨料。

2）混凝土强度标准差（$\sigma$）可按照下列规定确定；

A. 对于不掺用再生细骨料的混凝土，当仅掺Ⅰ类再生粗骨料或Ⅱ类、Ⅲ类再生粗骨料取代率（$\delta_g$）小于30%时，$\sigma$ 可按现行行业标准《普通混凝土配合比设计规程》（JCJ 55）的规定取值。

B. 对于不掺用再生细骨料的混凝土，当 Ⅱ 类、Ⅲ 类再生粗骨料取代率（$\delta_g$）大于 30% 时，$\sigma$ 值应根据相同再生粗骨料掺量和同强度等级的同品种再生骨料混凝土统计资料计算确定。计算时，强度试件组数不应小于 30 组。对于强度等级不大于 C20 的混凝土，当 $\sigma$ 计算值不小于 3.0 MPa 时，应按照计算结果取值；当 $\sigma$ 计算值小于 3.0 MPa 时，$\sigma$ 应取 3.0 MPa。对于强度等级大于 C20 且不大于 C40 的混凝土，当 $\sigma$ 计算值不小于 4.0 MPa 时，应按照计算结果取值；当 $\sigma$ 计算值小于 4.0 MPa 时，$\sigma$ 应取 4.0 MPa。

当无统计资料时，对于仅掺再生粗骨料的混凝土，其 $\sigma$ 值可按表 4-38 的规定确定。

表 4-38　再生骨料混凝土抗压强度标准差推荐值

| 强度等级 | ≤C20 | C25、C30 | C35、C40 |
|---|---|---|---|
| $\sigma$（MPa） | 4.0 | 5.0 | 6.0 |

C. 掺用再生细骨料的混凝土，也应根据相同再生骨料掺量和同强度等级的同品种再生骨料混凝土统计资料计算确定 $\sigma$ 值。计算时，强度试件组数不应小于 30 组。对于各强度等级的混凝土，当 $\sigma$ 计算值小于表 4-38 中对应值时，应取表 4-38 中对应值。当无统计资料时，$\sigma$ 值也可按表 4-38 选取。

3）计算基准混凝土配合比，应按照现行行业标准《普通混凝土配合比设计规程》（JGJ 55）中的方法进行。外加剂和掺和料的品种和掺量应通过试验确定；在满足和易性要求前提下，再生骨料混凝土宜采用较低的掺砂率。

4）以基准混凝上配合比中的粗、细骨料用量为基础，并根据已确定的再生粗骨料取代率（$\delta_g$）和再生细骨料取代率（$\delta_s$），计算再生骨料用量。

5）通过试配及调整，确定再生骨料混凝上最终配合比，配制时，应根据工程具体要求采取控制拌和物坍落度损失的相应措施。

### 4.4.4　制备和运输

（1）再生骨料混凝土原材料的储存和计量应符合现行国家标准《混凝土质量控制标准》（GB 50164）、《混凝土结构工程施工规范》（GB 50666）和《预拌混凝土》（GB/T 14902）的相关规定。

（2）再生骨料混凝土的搅拌和运输应符合现行国家标准《混凝土质量控制标准》（GB 50164）、《混凝土结构工程施工规范》（GB 50666）和《预拌混凝土》（GB/T 14902）的相关规定。

### 4.4.5　浇注和养护

再生骨料混凝土的浇筑和养护应符合现行国家标准《混凝土质量控制标

准》（GB 50164）和《混凝土结构工程施工规范》（GB 50666）的相关规定。

## 4.4.6 施工质量验收

再生骨料混凝土的施工质量验收应符合现行国家标准《混凝土结构工程施工质量验收规范》（GB 50204）的相关规定。

# 第5章 建筑垃圾再生砂浆

## 5.1 再生骨料砂浆

### 5.1.1 砂浆的定义、分类和技术性质

#### 1. 砂浆的定义和分类

砂浆是一种较为常见的建筑材料，由胶结料、细集料、掺和料和水配制成的一种黏稠浆体，在工程结构中起到黏结、衬砌和传递应力的作用，有的砂浆种类（如保温砂浆）还起到节能保温的作用。

砂浆按照使用功能的不同可分为砌筑砂浆、抹面砂浆、保温砂浆、黏结砂浆等；按照胶凝材料的不同分为水泥砂浆（由水泥、砂和水按一定的配比制成，一般用于潮湿环境或水中的砌体、墙面和地面等）、石灰砂浆（由石灰膏、砂和水按一定配比制成，一般用于强度要求不高，干燥环境中）、混合砂浆［在水泥砂浆或在石膏砂浆中掺入适当的掺和料（如粉煤灰、黏土膏、电石膏等）以求节约水泥和石灰用量，并改善砂浆的和易性。常见的混合砂浆由水泥石灰砂浆、水泥黏土砂浆、石灰黏土砂浆等］。

#### 2. 砂浆的技术性质

砂浆的性质包括砂浆拌和物的性质和砂浆硬化物的性质。与混凝土拌和物相似，对于能够很好地满足施工操作的砂浆拌和物，就称其具有良好的和易性。对于砂浆拌和物，其和易性包括流动度（稠度）和保水性两个方面；对于砂浆硬化物，则要求其具备所需的强度和黏结力，以及较小的变形。砂浆的主要技术性质包括：

（1）流动性（稠度）：为保证砂浆拌和物能够均匀地铺设在所需的工程部位，要求砂浆拌和物具备一定的流动性，也称为稠度。稠度是用砂浆稠度测定仪测定的，通常用圆锥体沉入砂浆内的深度表示。圆锥沉入浆体的深度越大，砂浆拌和物的流动性越好，稠度越大。若浆体的流动性太大，则易出现析水、离析，并影响其强度；若浆体流动性过小，则不便于施工操作。

砂浆稠度由材料的性质、施工和气候条件决定。对于吸水率强的砌块材料和高温施工环境，需要砂浆稠度较大一些；反之，对于不吸水的砌块材料和湿润环境，宜用稠度较小的砂浆。建筑砂浆流动性稠度的选择详见表5-1。

表5-1　建筑砂浆流动性稠度的选择

| 砌体种类 | 砂浆稠度（mm） | 砌体种类 | 砂浆稠度（mm） |
|---|---|---|---|
| 烧结普通砖砌块 | 70~90 | 烧结普通砖平拱式过梁、空斗墙、筒拱；普通混凝土小型空心砌体砌块 | 50~70 |
| 轻集料混凝土小型空心砌块 | 60~90 | | |
| 烧结多孔砖、空心砖砌块 | 60~80 | 石砌体 | 30~50 |

（2）保水性：保水性是指砂浆拌和物保持水分的能力。保水性良好的砂浆在存放、运输和使用过程中，能够很好地保持水分不流失，各组分也不易分散，在摊铺过程中易铺成均匀密实的砂浆层，能够使胶结材料正常水化，最终保持良好的工程质量。

砂浆的保水性用分层度表示。分层度的试验方法是：将测试过分层度的砂浆拌和物装入分层度测定仪中，静置30 min后取底部1/3砂浆再测定其稠度，两次的稠度差作为分层度（以mm为单位）。

砂浆的分层度不宜过大，分层度过大（>30 mm），砂浆容易分层或水分流失，不便于施工；若分层度过小（<10 mm），砂浆过于干稠，不便于施工，从而出现干缩开裂。

（3）抗压强度与强度等级：砌筑砂浆的强度用强度等级表示。砂浆强度等级是以边长70.7 mm的立方体试件，在标准养护条件［温度（20±3）℃。相对湿度：水泥砂浆大于90%，混合砂浆为60%~80%］下，用标准实验方法测定的28 d龄期的抗压强度值（单位是MPa）确定。

黏结强度是指砂浆与砌体的黏结力，它保证最后砌体的整体性，对砌体的耐久性、抗震性有很大影响。影响砂浆黏结力的因素有：

1）砂浆的抗压强度。一般情况下，砂浆的黏结力和砂浆的强度成正相关关系。

2）砌块的表面状态、清洁程度、湿润状况。如砌筑混凝土砌块前，表面先清扫干净并洒水湿润，这样可以提高砂浆与砌块之间的黏结力。

3）施工操作水平及养护条件。

## 5.1.2　再生骨料砂浆概述

1. 再生骨料及再生骨料砂浆的定义

将建筑垃圾（如混凝土、砂浆、石、砖瓦等），经过人工或者机械处理、破碎、分级并按一定的比例混合后，形成的能够满足不同使用要求的骨料称为再生骨料。其中，粒径尺寸范围大于 4.75 mm 的再生骨料称为再生粗骨料。再生粗骨料主要包括表面附着部分砂浆的石子，表面无砂浆附着的石子和少部分水泥石颗粒。粒径尺寸范围为 0.08~4.75 mm 的再生骨料称为再生细骨料（又称再生砂）。再生细骨料主要包括建筑材料破碎后形成的表面附着水泥浆的砂粒、表面无水泥浆的砂粒、水泥石颗粒及少量破碎石块。

以再生骨料全部或部分替代混凝土中的砂石配制成的混凝土称为再生混凝土。以再生细骨料（再生砂）配制的砂浆称为再生骨料砂浆。

2. 混凝土基再生骨料

用废弃建筑材料制备再生骨料的过程和机碎天然碎砾石的制备过程相似，都是使用不同的破碎设备、筛分设备等相关机械将大块的原材料分解为满足建筑使用要求的小颗粒状，以满足不同的使用需求。再生骨料最为广泛的来源是废弃混凝土。由混凝土破碎处理后得到的骨料称为混凝土基再生骨料（图 5-1）。

**图 5-1　混凝土基再生骨料**

通常废弃混凝土中不可避免地存在着钢筋、木块、玻璃、建筑石膏等各种杂质。要保证再生骨料的品质，必须采取一定的措施将这部分杂质去除，如手工去除大块钢筋和木块，用电磁技术除去铁质杂质，用重力分离法除去木料等质量较轻的杂质。

3. 再生骨料砂浆

再生骨料表面粗糙、棱角较多，并且骨料表面大多附带一定量的水泥砂浆（水泥砂浆孔隙率大、吸水率高），同时由于破碎混凝土过程中积累的微观裂缝较多，使得再生骨料的吸水率和吸水速率增大，这是对混凝土较为不利的方面。另外，随着再生骨料颗粒粒径的不断减小，再生骨料的含水率快速增大，表观密度则不断降低，同时吸水速率也随着粒径的减小而不断变大。研究表明：再生粗骨料的表观密度和饱和吸水率与原生混凝土强度负相关，原生混凝土的强度越高，水泥浆体的孔隙越少，再生骨料的表观密度就越大，饱和吸水率就越低。再生骨料的吸水速率较快，10 min 能够达到饱和程度的 85% 左右，30 min 则达到饱和程度的 95% 以上。

总而言之，与天然砂石骨料（碎石或卵石）相比，再生骨料表面较为粗糙，且表面大多带有水泥砂浆，加之破碎过程中形成的微裂缝，使得再生骨料的强度相对较低、孔隙率大、吸水率大、表观密度小、用浆量大。这些特点使再生细骨料配制的再生水泥砂浆存在用水量大、硬化后的强度低、抗渗性差、收缩率较大、耐久性差等一系列缺点。

为保证再生砂浆的质量，对再生细骨料的制备和处理工艺提出了更高的要求。一般情况下，对于简单破碎而成的再生骨料进行强化处理，通过改善骨料的形状和除去再生骨料表面附着的硬化水泥石，提高骨料的性能。

### 5.1.3　再生骨料砂浆的发展历史

1977 年，日本就制定了《再生骨料和再生混凝土使用规范》，并相继在各地建立了以处理废弃混凝土为主的再生工厂，从而生产再生掺和料和再生骨料。可以说，日本是最先使用再生骨料配制再生混凝土和再生砂浆的国家。由于国土面积较小、资源相对匮乏，日本较为重视建筑垃圾的处理，尤其是建筑垃圾的再利用，并且研究和应用进展较快。

1990 年，丹麦从 1 220 万吨建筑拆除废料中回收了 820 万吨，回收利用率达 67.2%。

1995 年，日本国内的建筑垃圾综合利用率达到 56%，在此基础上日本提出建筑垃圾资源利用率总目标达到 80%。

1998 年，德国钢筋混凝土委员会提出"在混凝土中采用再生骨料的应用指南"，要求采用再生骨料混凝土须完全符合天然骨料混凝土的国家标准。

目前，利用废弃沥青混凝土铺设再生路面技术已经成熟，可分为现场冷再生、现场热再生、厂拌热再生三大类。再生混凝土的研究还处于炙热化状态，而再生骨料砂浆处于起步状态。

### 5.1.4　国内外研究现状

目前国内对再生骨料砂浆研究得还很少，其应用范围还有限且可查询的已发表文献较少，可以借鉴的还不多，相对来说再生骨料混凝土的研究较多。

1. 再生骨料的生产技术

不同国家都提出了各自的再生骨料生产工艺。我国李惠强等针对混凝土基再生骨料的回收提出的生产流程如图 5-2 所示。其工艺特点是经加温、二次破碎、二次筛分后获得再生细骨料。

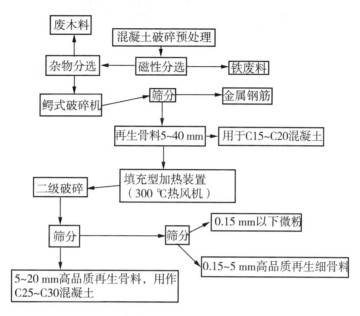

图 5-2　李惠强等提出的生产流程

　　不同的生产工艺各有优劣，目前来说针对混凝土基再生骨料的生产较为普遍，同时应用得也较为广泛。

　　通过改善再生细骨料的形状、外观，并利用一定的机械器具将性能差的再生细骨料筛除。只有提高了再生细骨料的质量，才能使再生砂浆获得更高的强度。目前再生细骨料的技术成本很高，针对如何使用较成熟的技术获得高质量再生骨料的研究势在必行。

　　2. 不同体积再生砂对再生砂浆的影响

　　首先再生砂由于先天性的缺陷，导致其无法配制较高强度的再生砂浆。一般情况下，配制较高强度的砂浆时，必须加入一定比例的天然砂浆。同时，再生砂需水量大，配制相同稠度的砂浆，用水量随着再生砂体积的增加而增加，并基本上呈现线性增长。

　　目前，对于再生砂浆强度与再生砂掺量之间的关系，表现得较为复杂；对黏结强度的研究也缺乏深入的探讨。

　　3. 最佳掺量的确定

　　加入的再生砂与天然砂的性质差异，使得《砌筑砂浆配合比设计规程》（JGJ/T 98—2010）中的设计方案需要有所调整。国内学者余乃宗等采用正交试验的方法研究了再生细骨料掺量、水泥和粉煤灰总量、粉煤灰占胶凝材料比例三个因素对再生砂浆的强度的影响，见表5-2。

表5-2    再生骨料砂浆影响因素分析

| 水平 | A（再生细骨料掺量）（%） | B（水泥和粉煤灰总量）（kg） | C（粉煤灰占胶凝材料比例）（%） |
|---|---|---|---|
| 1 | 10 | 240 | 15 |
| 2 | 20 | 255 | 20 |
| 3 | 30 | 270 | 25 |

试验设计砂浆强度为 10 MPa，28 d 后的抗压强度分析如表5-3所示。

表5-3    正交试验方案与试验结果

| 因素 | A（再生细骨料掺量）（%） | B（水泥和粉煤灰总量）（kg） | C（粉煤灰占胶凝材料比例）（%） | 抗压强度（MPa） |
|---|---|---|---|---|
| 试验1 | 10 | 240 | 15 | 4.30 |
| 试验2 | 10 | 255 | 20 | 5.07 |
| 试验3 | 10 | 270 | 25 | 6.25 |
| 试验4 | 20 | 240 | 20 | 5.60 |
| 试验5 | 20 | 255 | 25 | 5.87 |
| 试验6 | 20 | 270 | 15 | 7.58 |
| 试验7 | 30 | 240 | 25 | 5.16 |
| 试验8 | 30 | 255 | 15 | 6.96 |
| 试验9 | 30 | 270 | 20 | 7.91 |

由表5-3可知，随着再生砂的加入，各个试验结果强度均小于设计强度。随着再生砂的不断增加，砂浆强度呈现下降趋势。

根据试验结果绘制28 d龄期的抗压强度随各因素变化的趋势，见图5-3。

从图5-3中可以看出，影响再生细骨料砂浆强度的三个因素中，水泥和粉煤灰总量是主要因素，而再生细骨料掺量的影响次之，粉煤灰占胶凝材料比例的影响最小。

余乃宗等定性地研究了在较低设计强度水平下再生细骨料掺量、水泥和粉煤灰总量、粉煤灰占胶凝材料比例三个因素对再生砂浆的实际强度的影响。

目前，不同再生砂浆的设计强度与再生料占总细骨料的比例、胶结料和掺和料的总量、水泥用量、用水量的关系缺乏成熟的规范。通过不断试验，最终提出相应的设计规程将对再生砂浆的工程应用起到很大的作用。

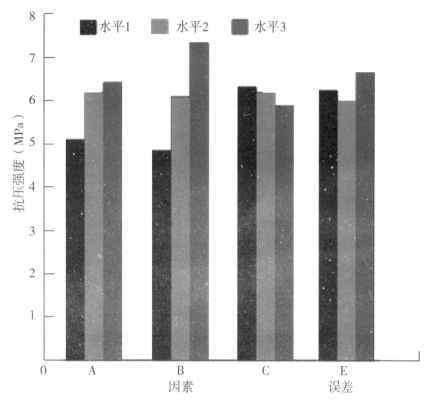

图 5-3　各因素对再生细骨料砂浆抗压强度的影响

**4. 连续式干粉砂浆生产线**

江苏晨日环保科技有限公司研发制造的国内外领先的节能环保型连续式干粉砂浆生产线（图 5-4），颠覆了传统的间歇式大功率搅拌，利用物料的自重，通过特殊设计的三级混合搅拌系统和精准的动态计量系统，保证了砂浆生产配比准确、搅拌非常均匀。

该套设备每小时生产 80 t 以上，耗电特别少，常规配置总功率只有 105 kW 左右，搅拌功率仅有 13.2 kW，每吨砂浆耗电仅 1 kW · h 左右，不足传统耗电量的 1/5，如果年产 30 万吨的话，每年可以节省电费 100 多万元，经济效益和社会效益十分可观！

该设备是典型的节能环保产品，是砂浆产业领域生产方式革命性发展的设备，为国际国内首创，处于国内外领先水平。该套设备成果认证为：①发明专利 5 项，实用新型专利 6 项；②获中国预拌砂浆分会 2014~2016 年度"中国预拌砂浆行业科技之星"；③2016 年重点领域江苏省首套重大装备认定；④预拌砂浆产业"2013 年最具推广价值技术创新项目"。

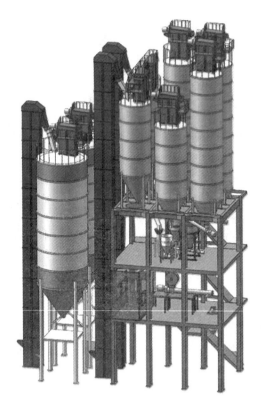

图 5-4　节能环保型连续式干粉砂浆生产线

# 5.2　再生粉体砂浆

## 5.2.1　再生粉体砂浆的定义

### 1. 再生粉体

废弃混凝土经过破碎后，除了产生再生粗骨料和再生细骨料外，还会产生一些粉体，我们把这些粉体中粒径小于 75 μm 的颗粒称为再生粉体（也称再生微粉）（图 5-5）。与机械破碎天然石料产生的石粉不同，再生骨料制备过程中产生的粉体含有大量的硬化水泥石和未完全水化的水泥，具有较高的活性，同时具有较高的再生利用价值，主要表现在下面两个方面：

（1）废弃混凝土水泥石相中含有相当数量的未水化水泥颗粒。研究结果表明，当水灰比为 0.35 时，理论上未水化水泥占水泥石的 16.2%，但在实际施工中，未水化的颗粒远远大于此值。混凝土强度越高，水灰比越小，未水化的水泥颗粒就越多。如 C60 混凝土中的水泥颗粒未水化部分高达 30% 以上。这些没有水化的水泥颗粒还保留原有的水化活性。

（2）经历高温后的水泥混凝土，其水泥石脱水相可以与水发生二次水化胶凝反应。可见，废弃混凝土中的水泥石相有制备再生胶凝材料的潜在利用价值。

图 5-5　再生微粉

2. 水化硅酸钙脱水相

组成硅酸盐水泥的熟料矿物主要是硅酸三钙（简写为 C₃S）、硅酸二钙（简写为 C₂S）、铝酸三钙（简写为 C₃A）、铁铝酸四钙（简写为 C₄AF）组成。水化硅酸钙（C-S-H）是水泥中的硅酸三钙（C₃S）、硅酸二钙（C₂S）水化后生成的一种无定型的物质。C-S-H 基本化学组成为 $CaO-SiO_2-H_2O$，但其组成和结构非常复杂。对 C-S-H 的研究有着非常重要的意义。近几年，许多学者应用多种测试手段，对 C-S-H 的结构、形貌以及温度、湿度对其的影响进行了研究。C-S-H 凝胶在硅酸盐水泥水化产物中占到总体积的 50%，是水泥基复合材料主要的强度来源之一。

研究表明：加热过程中 C-S-H 凝胶随着温度的升高逐渐脱水，C-S-H 凝胶的结构也发生了显著变化。其中，C-S-H 凝胶含水量、聚合度以及比表面积三项指标的改变最为显著。从废弃混凝土中分离得到的水泥石粉，在马沸炉中分别加热至 400℃、650℃和 900℃并保温一段时间，水泥石粉的微观结构将发生很大的变化。研究表明试样在 400℃煅烧，C-S-H 凝胶分解产生的大分子无定型基团物质；在 650℃煅烧后，有未完全结晶的 $\beta$-C₂S 生成；而在高温 900℃煅烧后，水泥石脱水相中出现了明显的 $\beta$-硅酸钙及 C₂AS，并且结晶度较高。适当温度下脱水煅烧的 C-S-H 相称为水化硅酸钙脱水相。研究表明，适当条件下形成的水化硅酸钙脱水相均具有一定的再水化能力，其水化活性取决于体系的化学组成和脱水温度。因此，对 C-S-H 凝胶的结构和性能随温度变化的研究具有很重要的意义，并且可以为废弃水泥石的再生利用提供理论依据。

### 3. 再生粉体砂浆简介

将再生粉体取代（或部分取代）水泥作为胶结材料或作为掺和料配制的砂浆称为再生粉体砂浆。要研究再生粉体砂浆的性能，应该首先对再生粉体有一个了解。

检测再生微粉密度和堆积密度，结果显示，再生微粉密度为 2 325 kg/m³，堆积密度为 821 kg/m³。对比 PO42.5 级普通硅酸盐水泥（密度 3 000～3 200 kg/m³，堆积密度 1 100～1 400 kg/m³）可知，再生微粉的堆积密度和密度相对较小，由于再生微粉是硅酸盐水泥进行水化反应并经过长时间搁置后获得的，微粉颗粒较大，表面光滑性较普通硅酸盐水泥差，表现出质地疏松的特性。

再生粉体结构疏松且含有大量连通的孔隙，增加了表层水和吸附水的数量，从而使砌筑砂浆得到相应稠度所用的水量增多。在不同胶砂比条件下，砌筑砂浆用水量随着再生粉体掺量的增加均呈增大趋势，相比同掺量的粉煤灰，采用再生粉体取代部分水泥制备砌筑砂浆的用水量明显要多。其中胶砂比为 1：5 且再生粉体掺量为 30% 时，其用水量达到最大值（299 kg/m³）。

在不同胶砂比条件下，砌筑砂浆的表观密度随着再生粉体掺量的增加而逐渐升高，并且要大于掺入粉煤灰的砌筑砂浆。这是因为再生粉体具有填充作用，随着其掺量的增加，砂浆浆体更为密实，因此同体积下的浆体质量增大，导致表观密度升高。当胶砂比为 1：3 且再生粉体掺量为 30% 时，其表观密度达到 2 138 kg/m³，相比再生粉体掺量为零时增大了 5.8%，且比粉煤灰掺量为 30% 时高 38 kg/m³。

同时，随着再生粉体掺量的增加和胶砂比的减小，砌筑砂浆的含气量呈降低趋势，相比同掺量的粉煤灰其含气量要高一些。这是由于掺加再生粉体的砂浆用水量高于掺加粉煤灰的砂浆，导致形成气泡的自由水含量较多，其含气量较高。有关数据显示，掺和料掺量为 30% 且胶砂比 1：5 时，掺加再生粉体的砌筑砂浆含气量为 6.2%，比掺加粉煤灰的含气量高 1.3%，增高幅度达 26.5%。

再生粉体的填充作用使砂浆更加密实，这是对砂浆强度有利的方面，而较大的含气量对强度则起到了削减作用。总地来说，再生粉体的加入对砂浆强度是一种不利影响。

再生粉体作为一种掺和料，与粉煤灰相比，$SiO_2$ 的含量较高，比表面积较大，且活性明显要低于粉煤灰。因此，再生粉体通常作为惰性混合料使用。也由于这个原因，随着再生粉体掺量的增加和胶砂比的减小，砌筑砂浆各龄期的抗压强度均逐渐减小，且其下降幅度要显著大于掺入粉煤灰的砌筑砂浆。

## 5.2.2　再生粉体砂浆的发展历史

再生粉体的发现和利用是伴随着再生资源再利用的发展而发展起来的。早在 20 世纪 70 年代，日本就已经开始了对废弃混凝土的再生利用。随着天然砂石料的不断减少，世界上其他各个国家陆续开展了对再生混凝土的研究和利用，这个阶段对混凝土基再生骨料的利用较多，而再生粉体仅仅用作掺和料，来填充浆体中的孔隙。

21 世纪初期，Alonso 和 Muelle 等人在研究火灾后的混凝土水泥石时意外发现，经历过大火高温炙烤之后的部分水泥石粉碎后可再次发生水化反应。这个偶然的发现促使人们产生使用再生粉体替代水泥的想法。伴随着现代测试技术的完善，各国研究学者通过使用多种先进测试仪器，包括 X 射线衍射仪、扫描电镜、核磁共振、透射扫描电子显微镜等对不同合成方法合成的 C-S-H 凝胶、纯 $C_3S$ 水化浆体和掺入不同矿物掺和料的 $C_3S$ 水化浆体进行了系统的研究，并得出了一系列的结论。随着对 $C_3S$ 水化浆体与 C-S-H 的脱水相及其再水化产物结构和形貌变化研究的不断深入，再生粉体代替水泥的可能性逐渐清晰可见。

## 5.2.3　国内外研究现状

1. 骨料与粉体的高效分离技术

使废弃混凝土中的集料与水泥石的分离是有效利用再生粉体的前提，目前这方面的技术还有所欠缺。水泥石黏附于集料表面会引起再生集料的吸水率高、坚固性和强度低、体积稳定性差等问题，这是导致再生骨料无法配制高质量再生混凝土和再生砂浆的先天缺陷，也是降低再生粉体利用率的障碍。因此，研究并开发具有较高效率的组分分离技术，把水泥石组分与集料进行较为完全的分离，就显得尤为重要。目前，仅有日本等少数国家掌握了相关的技术并能将相关设备进行产业化生产，使配制的再生集料混凝土性能显著改善。

2. 再生细粉的活化技术

再生细粉的活化技术主要有：细粉的机械力化学改性技术（机械力作用磨细细粉的同时辅以氢氧化钠碱性激发）和再生细粉热活化技术（再生粉体经过煅烧，内部矿物发生变化，产生可以再次水化的脱水相）。再生细粉热活化技术是导致再生细粉产生活性的根本原因。经过活化后的再生细粉作为胶凝材料或掺和料用于混凝土或各种砂浆。

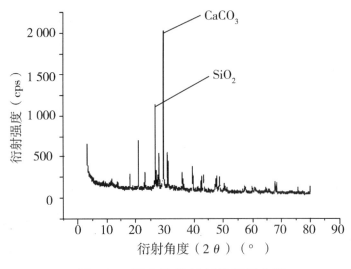

图 5-6 再生微粉 X 射线衍射分析

### 3. 脱水相的研究

尽管研究已经表明水化硅酸钙脱水后具备再次水化的能力，但是水化效能非常小，如何使再生粉体脱水相具备更加高效的再水化能力是高效利用再生粉体的关键技术。目前，对脱水相的研究比较多，主要是以 X 射线衍射（图 5-6）、红外吸收光谱、拉曼散射光谱、扫描电子显微镜等现代测试技术研究脱水相的结构状态，并探求它们再水化水化活性及胶凝性的相关关系。目前这方面还处于理论研究阶段。

### 4. 再生粉体用于保温砂浆

针对再生细粉孔隙率大、导热系数小、吸水性强、比表面积大、活性微弱的特点，考虑将再生细粉应用到保温砂浆中。在工程中，一般把表观密度小于 600 kg/m³，导热系数小于 0.23 W/（m·K）的轻质材料称为保温材料。保温材料是通过减小由传导、阻止热对流、减小热福射产生的热流速率，防止高温向低温传热。于显强等人通过水泥、再生粉体、硅灰、弹性纤维材料、改性添加剂、发泡剂、稳泡剂研制的再生保温砂浆，有效地结合了再生粉体的物理特性，因材施用，具有很好的工程应用价值。

### 5. 掺入再生微粉对砂浆的影响

再生微粉的研究路线如图 5-7 所示。一方面，把再生微粉替代部分或全部水泥，作为胶凝材料，从宏观层面研究水泥胶砂的抗压强度、抗折强度、渗透性、碳化等相关内容。另一方面，把再生微粉作为掺和料，研究不同体积掺和料情况下对砂浆分层度、强度、抗渗性等的影响。目前，这方面的研究较多，研究方法也比较成熟。

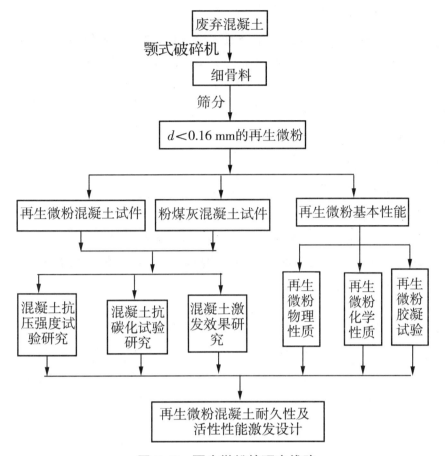

**图 5-7　再生微粉的研究线路**

# 5.3 《再生骨料应用技术规程》对再生骨料砂 浆的基本规定

## 5.3.1 一般规定

（1）再生细骨料可用于配制砌筑砂浆、抹灰砂浆和地面砂浆。再生骨料地面砂浆不宜用于地面面层。

（2）再生骨料砌筑砂浆和再生骨料抹灰砂浆宜采用通用硅酸盐水泥或砌筑水泥；再生骨料地面砂浆应采用通用硅酸盐水泥，且宜采用硅酸盐水泥或普通硅酸盐水泥。除水泥和再生细骨料外，再生骨料砂浆的其他原材料应符合国家现行标准《预拌砂浆》（GB/T 25181）和《抹灰砂浆技术规程》（JGJ/T 220）的规定。

（3）Ⅰ类再生细骨料可用于配制各种强度等级的砂浆，Ⅱ类再生细骨料可用于配制强度等级不高于 M15 的砂浆，Ⅲ类再生细骨料宜用于配制强度等级不高于 M10 的砂浆。

（4）再生骨料抹灰砂浆应符合现行行业标准《抹灰砂浆技术规程》（JGJ/T 220）的规定；当采用机械喷涂抹灰施工时，再生骨料抹灰砂浆还应符合现行行业标准《机械喷涂抹灰施工规程》（JGJ/T 105）的规定。

（5）再生骨料砂浆用于建筑砌体结构时，尚应符合现行国家标准《砌体结构设计规范》（GB 50003）的相关规定。

### 5.3.2　技术要求

（1）采用再生骨料的预拌砂浆性能应符合现行国家标准《预拌砂浆》（GB/T 25181）的规定。

（2）现场配制的再生骨料砂浆的性能应符合表 5-4 的规定。

（3）再生骨料砂浆性能试验方法应按现行行业标准《建筑砂浆基本性能试验方法标准》（JGJ/T 70）的规定执行。

表 5-4　现场配制的再生骨料砂浆性能指标要求

| 砂浆品种 | 强度等级 | 稠度（mm） | 保水率（%） | 14 d 拉伸黏结强度（MPa） | 抗冻性 | |
| --- | --- | --- | --- | --- | --- | --- |
| | | | | | 强度损失率（%） | 质量损失率（%） |
| 再生骨料砌筑砂浆 | M2.5、M5、M7.5、M10、M15 | 50~90 | ≥82 | — | ≤25 | ≤5 |
| 再生骨料抹灰砂浆 | M5、M10、M15 | 70~100 | ≥82 | ≥0.15 | ≤25 | ≤5 |
| 再生骨料地面砂浆 | M15 | 30~50 | ≥82 | — | ≤25 | ≤5 |

注：有抗冻性要求时，应进行抗冻性试验。冻融循环次数按夏热冬暖地区 15 次、夏热冬冷地区 25 次、寒冷地区 35 次、严寒地区 50 次确定。

### 5.3.3　配合比设计

（1）再生骨料砂浆配合比设计应满足砂浆和易性、强度和耐久性的要求。

（2）再生骨料砂浆配合比设计可按下列步骤进行：

1）按现行行业标准《砌筑砂浆配合比设计规程》（JGJ/T 98）的规定计算基准砂浆配合比。

2）根据已有技术资料和砂浆性能要求确定再生细骨料取代率（$\delta_s$），当无技术资料作为依据时，再生细骨料取代率（$\delta_s$）不宜大于 50%。

3）以再生细骨料取代率（$\delta_s$）和基准砂浆配合比中的砂用量，计算再生细骨料用量。

4）通过实验确定外加剂、添加剂和掺和料等的品种和掺量。

5）通过适配和调整，确定符合性能要求且经济性好的配合比作为最终配合比。

（3）配置同一品种、同一强度等级再生骨料砂浆时，宜采用同一水泥厂生产的同一品种、同一强度等级水泥。

### 5.3.4　制备和施工

（1）在专业生产厂以预拌方式生产的再生骨料砂浆，其制备应符合现行国家标准《预拌砂浆》（GB/T 25181）的相关规定，其施工应符合现行行业标准《预拌砂浆应用技术规程》（JGJ/T 223）的相关规定。

（2）现场配制的再生骨料砂浆，其原材料储存和计量应符合现行国家标准《预拌砂浆》（GB/T 25181）中有关湿拌砂浆的规定。

（3）现场配制再生骨料砂浆时，宜采用强制式搅拌机搅拌，并应拌和均匀。搅拌时间应符合下列规定：

1）仅有水泥、细骨料和水配制的砂浆，从全部材料投料完毕开始计算，搅拌时间不宜少于 120 s。

2）掺有矿物掺和料、添加剂或外加剂的砂浆，从全部材料投料完毕开始计算，搅拌时间不宜少于 180 s。

3）具体搅拌时间可根据搅拌机的具体参数经试验确定。

（4）现场配制的再生骨料砂浆的使用应符合下列规定：

1）以通用硅酸盐水泥为胶凝材料，现场配制的水泥砂浆宜在拌制后的 2.5 h 内用完；当施工环境气温超过 30 ℃时，宜在拌制后的 1.5 h 内用完。

2）以通用硅酸盐水泥为胶凝材料，现场配制的水泥混合砂浆宜在拌制后的 3.5 h 内用完；当施工环境气温超过 30 ℃时，宜在拌制后的 2.5 h 内用完。

3）砌筑水泥砂浆和掺用缓凝成分的砂浆，其使用时间可根据具体情况适当延长。

4）现场拌制好的砂浆应采取防止水分蒸发的措施；夏季应采取遮阳措施，冬季应采取保温措施；砂浆堆放地点的气温宜为 5~35 ℃。

5）当砂浆拌和物出现少量泌水现象，使用前应再拌和均匀。

6）现场配制的再生骨料砂浆施工应符合现行行业标准《预拌砂浆应用技术规范》（JCJ/T 223）的相关规定。

### 5.3.5　施工质量验收

现场配制的再生骨料抹灰砂浆的施工质量验收应按现行行业标准《抹

灰砂浆技术规程》（JCJ/T 220）的规定执行；再生骨料砌筑砂浆、再生骨料地面砂浆和预拌再生骨料抹灰砂浆的施工质量验收，应按现行行业标准《预拌砂浆应用技术规范》（JCJ/T 223）的规定执行。

# 第6章　建筑垃圾再生墙体材料

墙体材料在建筑材料中所占的比重较大，约占房屋建筑总量的50%。21世纪之前，我国传统的墙体材料以黏土砖和石材为主，这消耗了大量的土地资源和矿山资源，严重影响了农业生产和生态环境，不利于资源节约和保护。同时，黏土砖和石材存在自重大、体积小、生产效率低、单位能耗高的缺陷。因此，国家对于黏土砖等类型的传统砌体材料进行了限制，鼓励研究和开发那些具有轻质化、节能化、复合化、装饰化的新型墙体材料。

目前用于砌体的材料主要有砖、砌块、石材。开发新型的利用废物、节约土地、节约能源、环保型墙体材料是当前墙体材料改革的主题。本章重点介绍建筑垃圾再生砌块、再生骨料砖和再生墙板的生产工艺和性能。

## 6.1　建筑垃圾再生砌块

### 6.1.1　概述

砌块是工程中用于砌筑墙体的尺寸较大、用以代替砖的人造块状材料，是一种新型墙体材料，外形多为直角六面体，也有各种异型体砌块。砌块使用灵活，适应性强，无论在严寒地区或温带地区、地震区或非地震区、各种类型的多层或低层建筑中都能适用并满足高质量的要求。因此，砌块在世界上发展得很快。

砌块的造型、尺寸、颜色、纹理和断面可以多样化，能满足砌体建筑的需要，既可以用作结构承重材料、特种结构材料，也可以用作墙面的装饰和功能材料。特别是高强度砌块和配筋混凝土砌体已发展并用于建造高层建筑的承重结构。

### 6.1.2　砌块的分类

1. 按砌块空心率分类

砌块可分为空心砌块和实心砌块两类。空心率小于25%或无孔洞的砌块为实心砌块；空心率等于或大于25%的砌块为空心砌块。

2. 按规格大小分类

砌块外形尺寸一般比烧结普通砖大，砌块中主规格的长度、宽度或高度有一项或一项以上应分别大于365 mm、240 mm或115 mm，但高度不大于长度或宽度的6倍，长度不超过高度的3倍。在砌块系列中主规格的高度大于115 mm而又小于380 mm的砌块，简称为小砌块；主规格的高度为380~980 mm的砌块，称为中砌块；主规格的高度大于980 mm的砌块，称为大砌块。目前，中小型砌块在建筑工程中使用较多，是我国品种和产量增长都较快的新型墙体材料。

3. 按骨料的品种分类

砌块可分为普通砌块（骨料采用的是普通砂、石）和轻骨料砌块（骨料采用的是天然轻骨料、人造的轻骨料或工业废渣）。

4. 按用途分类

砌块可分为承重砌块和非承重砌块。

5. 按胶凝材料的种类分类

砌块可以分为硅酸盐砌块、水泥混凝土砌块。前者用煤渣、粉煤灰、煤矸石等硅质材料加石灰、石膏配制成胶凝材料，如煤矸石空心砌块；后者是用水泥作为胶结材料制作而成，如混凝土小型空心砌块和轻骨料混凝土小型空心砌块。

### 6.1.3 建筑垃圾再生砌块的原料

1. 水泥

再生混凝土砌块的生产过程中，一般选用PO32.5级普通硅酸盐水泥。

2. 再生骨料

建筑垃圾的主要组成部分为废混凝土和废砖，因此，建筑垃圾再生砌块所用骨料主要针对这两部分进行。再生骨料要符合以下要求：

（1）粗骨料的最大公称粒径均不宜大于10 mm。

（2）当采用石屑作为骨料时，小于0.15 mm的颗粒含量不应大于20%。

（3）再生骨料的性能指标应符合表6-1和表6-2的规定。

表6-1　用于生产砌块的再生粗骨料性能指标

| 项目 | 指标要求 |
| --- | --- |
| 微粉含量（按质量计,%） | <5.0 |
| 吸水率（按质量计,%） | <10.0 |

| 项目 | 指标要求 |
|------|----------|
| 杂物（按质量计,%） | <2.0 |
| 泥块含量、有害物质含量、坚固性、压碎指标、碱-集料反应性能 | 应符合现行国家标准《混凝土用再生粗骨料》（GB/T 25177）的规定 |

表6-2 用于生产砌块的再生细骨料性能指标

| 项目 | | 指标要求 |
|------|------|----------|
| 微粉含量（按质量计,%） | MB（亚甲蓝）值<1.40 或合格 | <12.0 |
| | MB 值≥1.40 或不合格 | <6.0 |
| 泥块含量、有害物质含量、坚固性、单级最大压碎指标、碱-集料反应性能 | | 应符合现行国家标准《混凝土和砂浆用再生细骨料》（GB/T 25176）的规定 |

3. 掺和料

掺和料是在混凝土（砂浆）搅拌前或在搅拌过程中，与混凝土（或砂浆）其他组分一样，直接加入的一种外掺料。用于混凝土的掺和料绝大多数是具有一定活性的固体工业废渣。掺和料不仅可以取代部分水泥、减少混凝土的水泥用量、降低成本，而且可以改善混凝土拌和物和硬化混凝土的各种性能。因此，混凝土中掺入掺和料具有良好的技术、经济和环境效益。

生产砌块的常用掺和料主要有粉煤灰、磨细自燃煤矸石以及其他工业废渣。其中，粉煤灰是目前用量最大、使用范围最广的一种掺和料。配制再生砌块混凝土掺和物时，根据不同需求可适量掺加粉煤灰等掺和料。

4. 外加剂

为了改善混凝土的工作性能，提高混凝土砌块的强度和耐久性，可根据《混凝土外加剂》（GB 8076—2008）的规定，适量添加外加剂。外加剂的使用可以改善或赋予小型混凝土空心砌块某些性能，目前在砌块的生产中，外加剂已经成为必不可少的成分。常用的外加剂主要有减水剂和早强剂两种。

（1）减水剂：能使混凝土拌和物在工作性能保持不变的情况下，较显著地减少用水量，以提高混凝土砌块的强度和改善其抗冻融、抗渗透等耐久性能。特别是建筑垃圾再生骨料中含有大量水泥砂浆，导致其吸水率比天然碎石高出许多，加入减水剂能在很大程度上改善拌和物的性能。另外，减水剂能在水灰比较低的情况下提高水泥砂浆和混凝土拌和物的流动性，具有明显的减水分散效果；水灰比保持不变时，能在很大程度上改善混凝土和易性和保水性；在与基准混凝土保持等强度、等坍落度的前提下，适量加入减水剂，可以达到节省水泥用量，降低工程造价和提高工程质量的效果。常用的减水剂有聚羧酸减水剂、萘系减水剂等。

（2）早强剂：主要能促进水泥水化和硬化，提高混凝土砌块的早期强度，特别在采用移动成型工艺中，可以显著缩短养护期，提高台座的周转率。在北方地区使用负温早强剂可以延长每年的可生产时间，达到一剂多用的目的。常用的早强剂有各种可溶性氯化物、硫酸盐类和其他复合型外加剂等。

### 6.1.4　建筑垃圾再生砌块的生产工艺

再生混凝土砌块的生产工艺是：对建筑垃圾先进行粗破碎，除去废土、金属、塑料、木材、装饰材料等杂质，经分选后送入 2 次破碎机组，经振动筛筛分，粒径≥10 mm 的物料应再次破碎，粒径 5～10 mm 的为成品料，粒径 5 mm 以下的筛分为粒径 2 mm 以下的成品料和粒径 2～5 mm 的成品料，按比例掺入一定的水泥、粉煤灰、外加剂等材料，搅拌均匀后送到液压砌块机成型，根据不同需要可选取不同模具成型，28 d 自然养护即可。每批次需浇水养护一周，每天浇水次数不少于 3 次。这种墙体材料不需要烧制，不排放污水、废气，有利于保护环境、节省能源。

1. 规格和强度等级

再生混凝土空心砌块的主要规格为 390 mm×190 mm×190 mm、390 mm×240 mm×190 mm、390 mm×90 mm×190 mm 等，强度等级为 MU5、MU7.5、MU10、MU15、MU20。

2. 生产工艺流程

再生混凝土砌块的生产工艺流程如图 6-1 所示。

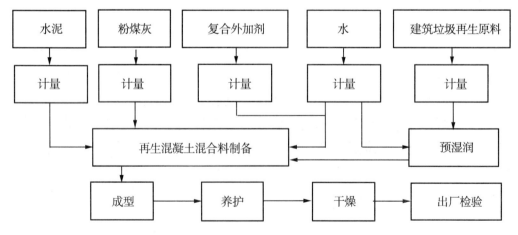

图 6-1　再生混凝土砌块的生产工艺流程

## 3. 配合比

在大量试验研究基础上，确定采用三种代表性建筑垃圾再生原料制备混凝土砌块：废混凝土再生原料、废砖再生原料、废混凝土与废砖混合再生原料。再生原料分别由废混凝土和废砖使用颚式破碎机破碎而成，最大粒径控制在 10 mm 以内。生产用配合比见表 6-3。

**表 6-3　再生原料混凝土砌块生产用配合比**　（单位:%）

| 原材料 | 配合比 | | |
|---|---|---|---|
| PO32.5 级水泥 | 15.0 | 15.0 | 15.0 |
| 粉煤灰 | 12.0 | 12.0 | 12.0 |
| 废混凝土再生原料 | 72.0 | — | 36.0 |
| 废砖再生原料 | — | 72.0 | 36.0 |
| 复合外加剂 | 1 | 1 | 1 |
| 水 | 适宜 | 适宜 | 适宜 |

## 4. 主要生产设备

搅拌机是再生混凝土砌块生产的主要设备之一，不仅能将几种物料混合均匀，而且使物料密实并发生物理化学反应。生产小型混凝土砌块用的混凝土属于干硬性混凝土，骨料颗粒粒径较小，宜选用强制式混凝土搅拌机和卧轴式混凝土搅拌机。这两种搅拌机以强制式混凝土搅拌机为宜，其特点是搅拌效果宜，可提高混凝土拌和物的密实度，但产量比卧轴式混凝土搅拌机低。

混凝土砌块的成型工艺中所需要的设备为砌块成型机。随着我国砌块建筑的不断发展，砌块生产企业的生产规模不断扩大，对砌块生产设备的性能、质量等要求也在不断提高。小型砌块成型机按其工作状态可分为以下几种：

（1）移动式固定成型机：是指在场地上生产，砌块不移动而机器移动的成型机。

（2）模振固定式成型机：是指在固定的位置上生产，采用模箱振动，砌块移动而机器不移动的成型机。

（3）台振固定式成型机：是指在固定的位置上生产，采用台座振动，砌块移动而机器不移动的成型机。

（4）叠振式成型机：是指刚成型的砌块，依次叠放在上一次脱模砌块上的成型机。

（5）分层布料式成型机：是指能生产由面层和底层两种不同混合料组成的砌块成型机。

5. 成型工艺

在混凝土砌块的生产工艺中，最关键的工艺是成型工艺。混凝土砌块成型所采用的是干硬性混凝土或半干硬性混凝土，其水胶比小、坍落度很小、流动性很差，故采用振动加压的方法成型。对于成型后的砌块，混凝土要密实、菱角整齐、块体无裂缝、不倒塌、尺寸偏差小。

混凝土拌和料注入模箱以后，需要成型和密实。成型和密实是同时进行的。成型是指混凝土拌和料在模具内流动，充满整个模箱所有的壁和肋，使砌块的外形尺寸、细部尺寸符合设计要求。密实是指混凝土拌和料从松散的状态达到密实的过程。目前，砌块成型机均采用振动成型工艺。振动器对模箱内混凝土拌和料施加强烈振动，拌和料由于受到冲击力的作用而引起颤动，在机械力和重力共同作用下，使拌和料部分或全部"液化"，获得流动性，充满模箱中的空腔，达到结构内部密实。在振动过程中，对砌块拌和料的上表面施加一定的压力，可以提高砌块的密实度，缩短成型周期。因此，砌块是用振动加压成型的。采用这种成型原理，具有以下优点：小砌块外观整齐、颗粒均匀、尺寸精确、结构密实、成型效率高、水泥用量少、降低成本、成型后可立即脱模。

6. 养护工艺

混凝土砌块成型后需进行养护，这是混凝土砌块生产的基本工序之一。它对砌块的质量有很大的影响。养护的目的是为了保证混凝土的正常凝结硬化，砌块获得所需的物理力学性能和耐久性。养护是混凝土砌块生产过程中占用时间最长的工序，通常可占到整个生产周期的80% ~90%。养护的作用一方面使砌块获得要求的强度，同时使砌块一部分干燥收缩在养护期间完成，减小砌块砌墙以后的干燥收缩。由于混凝土砌块是混凝土制品，因此，砌块养护应符合混凝土养护的基本要求。混凝土砌块可采用蒸汽养护，也可以采用自然养护。蒸汽养护可以缩短砌块的养护时间、提高托板周转率、降低劳动强度、保证砌块质量，尤其是全自动生产线。但是，对于简易生产线和生产能力较低的企业，采用自然养护可以降低生产成本。采用自然养护的砌块在脱板后，应保证砌块在一定湿度下再养护一段时间，以保证砌块强度得以充分发挥。

（1）自然养护：自然养护就是在平均气温高于5 ℃的条件下，在一定时间内使砌块保持潮湿的状态。自然养护分为两个阶段：静养阶段和堆放场地养护。

1）静养阶段：静养阶段是指砌块成型机提升模箱以后，到砌块堆码在养护场地以前的阶段。在静养阶段，一般不浇水养护，利用拌和物本身水分进行养护。平均气温 20 ℃ 左右，静养时间在 24 h 左右，就可移动砌块或将砌块脱离底板，将砌块移到成品堆放场地进行自然养护

2）堆放场地养护：砌块堆放场地一般放在室外，砌块的码放高度不宜超过 1.4~1.6 m。露天养护时，为了保持一定的湿度，砌块的外表面用塑料薄膜进行覆盖。冬季气温很低时，应采取保温覆盖措施，为了保温防冻，不宜再浇水。

（2）蒸汽养护：混凝土砌块通常采用蒸汽常压养护。养护制度以控制窑温和砌块温度差为出发点。养护制度的选择主要取决于骨料、胶凝材料、外界气候条件等因素。

1）静停期（预养期）：砌块进窑后，要在窑内进行静停预热，静停时间随外界气候条件、原材料不同而变化。冬季静停时间比夏季要长，重骨料砌块静停时间比轻骨料砌块长。根据美国砌块行业的生产经验，温度在 16~38 ℃ 时，重骨料砌块需静停 2 h，轻骨料砌块需静停 1 h。当窑温在 28 ℃ 左右，静停预 2 h；在冬季窑温必须预热到 21 ℃，静停时间延长至 4 h。

静停预热使砌块获得一定的强度。因为水、空气、水泥浆和骨料在砌块中的热膨胀系数不同，如果在静停预热期砌块混凝土没有足够的早期强度，当升温时，由于砌块内部膨胀力的影响，可能导致砌块开裂。轻骨料砌块内部孔隙多，空气和水膨胀内应力小，静停时间短。而抗压强度大的密实砌块，如强度大于 20 MPa 的铺地砌块，静停时间在 3 h 左右。

2）升温期：砌块经静停期后就可升温，升温速度一般不超过 16 ℃/h，升温速度与砌块水泥用量有关，当水泥用量小，产生的水化热不能使砌块跟上介质温升时，必须降低升温速度。升温的准则是每小时升温幅度保证砌块温度与窑温达到平衡为限度。

3）恒温期：当窑内达到预定的最高温度时即可停汽闷窑，恒温养护 12 h 左右，使砌块获得所要求的强度。

4）降温期：经过一段时间后，可以每小时 2~4 ℃ 的速度自然冷却，温度降至窑温，为了减少砌块的干燥收缩，特别是轻骨料砌块，在蒸汽养护后，还需要进行干燥和碳化处理。

7. 砌块生产线

福建泉工股份有限公司是专业从事制砖机械及混凝土机械的生产厂家，2013 年收购了德国策尼特机械制造有限公司。德国策尼特公司是一家国际知名的老牌混凝土砌块成型机及成套设备制造供应商，是世界上最早、最专

业生产免托板砌块成型机的厂家。

德国策尼特844型全自动固定式多层生产免托板砌块成型机（图6-2），是德国策尼特公司几十年来使用最先进的研究成果，性能可靠、操作简单、保养维护成本很低，可生产实心砖，小规格、大规格路面砖、植草砖、路缘石砖、装饰砌块、空心砌块等多种新型市政建材、建筑建材。其特点是免托板制砖、多层次叠砖、高产量、高质量，最大成型面积1 240 mm×1 000 mm、制品高度范围50~500 mm、最大叠成高度640 mm。

图6-2　844型全自动固定式多层生产免托板砌块成型机

（1）配料、搅拌控制系统：

1）本系统的粉罐、骨料配料站、面料配料站、骨料和面料搅拌机、配料、搅拌集中控制，电控系统采用德国西门子可编程控制器PLC和触摸屏控制，易操作，故障率低。

2）制砖的原材料采用建筑固体废弃物以及砂子、石粉、石渣、炉渣、尾矿渣、煤矸石、粉煤灰。

3）用户根据当地的原材料种类选择配料站：有2~6个仓可供选择，多种材料可按相应的比例设定用量；骨料混合料通过提升料斗输送至搅拌机进行搅拌，搅拌均匀后由皮带输送到砌块成型机的料斗；经筛过的细砂通过提升料斗输送至搅拌机进行搅拌，加入定量的水泥和水以及化工原材料，搅拌均匀后送到砌块成型机的料斗储存，作为面料。

（2）生产过程：

1）液压系统：多回路液压系统，通过 3 个活塞泵供油；液压比例控制技术可以根据不同产品调整液压运行的速度、行程；液压动作的速度和压力通过比例阀进行精确控制。

2）振动系统：采用可移动式振动台，振动台由两部分组成，有效地传递振动力；振动台有两个高频率的振动电动机，最大激振力 80 kN；压头有两个振动电动机，最大激振力为 35 kN；振动台高度可调。

3）托盘由叉车运送，托盘仓带有液压卸板装置，托盘仓最多可放 15 个木质托盘或 12 个钢质托盘。

4）骨料、面料布料系统：布料装置由料仓、导板台和布料车组成。振动台就位、模具下移、压头回升、骨料布料、面料布料，在上下振动器作用下促使制品高密度成型，振动台退回原位、模具下移进行脱模、完成一次成型过程。

布料装置通过电控齿条千斤顶调整到相应的模框高度，抗扭曲导台板高度可调，滑轨可精确定位。内置摆动格栅实现均匀布料，刮板及清洁刷使模框、压板表面保持清洁。

5）砂分散装置：多层产品生产，每一板通过撒砂器的两个单独布料管实现撒砂优化，防止产品表面黏结。

6）模框提升：液压锁紧装置来实现压头的脱模；在模框驱动装置上内置的夹紧装置，通过压力弹簧作用，并带有独立可调节的夹紧压力和阻尼释放功能；模框固定装置通过快速转换装置来减振。

7）压头提升：主压板在导向桥上吊挂进行减振，有效利用激振力；压头加压实现高密度的全过程都可以无级控制。

8）升降台：剪式升降台，光学控制下降位置，并可自动纠正；对负载无依赖性，下降速度稳定；产品层数在触摸屏上可预先选择。

9）湿产品输出：由两个辊道区接收从升降台传输的产品包，每个区可放 3 个托盘；辊道通过变频器控制，湿产品稳定输出。

10）多层式生产具有巨大优势：湿砖垛可直接运送到堆放场集中养护、塑料薄膜打包，省去了很多中间环节的转运工序，节省大量托板投资、设备配套投资，机械维护及人工费用等。

（3）工艺流程：如图 6-3 所示。

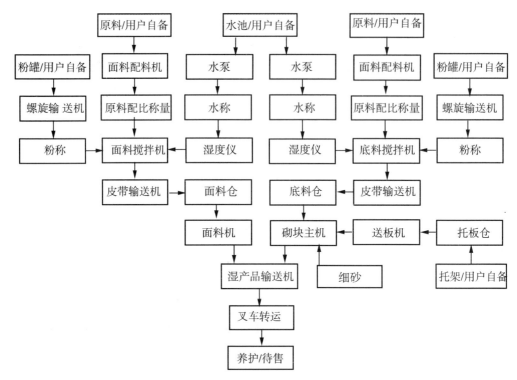

**图 6-3　844 型全自动固定式多层生产砌块成型简易线工艺流程**

（4）劳动定岗：如表 6-4 所示。

表 6-4　劳动定岗

| 序号 | 职位 | 人数 | 岗位范围 | 备注 |
|---|---|---|---|---|
| 1 | 配料搅拌操作员 | 1 | 控制室 | 可配备探头监控，方便在控制室内查看 |
| 2 | 主机操作员 | | 控制室 | 主要操作主机的运行及参数设定 |
| 3 | 装载车司机 | 1 | 堆料场、配料机 | 原材料上料 |
| 4 | 叉车司机 | | 车间 | 刚生产的湿产品从机台叉到车间养护场地 |
| 5 | 抱砖夹司机 | 1 | 厂房、产品堆场 | 将摆放半成品码垛一起，放在木托盘，方便打包及转运 |
| 6 | 成品砖及货盘仓周转 | 1 | 厂房、成品堆场 | 配备叉车 |

其余成品的转运、运输，根据实际情况安排。

（5）物料平衡：以 200 mm×100 mm×60 mm 荷兰砖为例，彩色砖，面料层 5 mm 厚，设计强度 25~30 MPa，如表 6-5 所示，仅供参考。

表6-5　物料平衡

| 序号 | 物料名称 | 单位 | 每平方米用量 | 每模用量 | 班用量（8 h） | 月用量（25 d） | 年用量（300 d） |
|---|---|---|---|---|---|---|---|
| 1 | 产能 | m² | | | 1 000 | 25 000 | 300 000 |
| 2 | 水泥 | kg | 18. 15 | 19. 6 | 18 150 | 453 750 | 5 445 000 |
| 3 | 白水泥 | kg | 3. 465 | 3. 742 2 | 3 465 | 86 625 | 1 039 500 |
| 4 | 彩色水泥 | kg | 0. 385 | 0. 415 8 | 385 | 9 625 | 115 500 |
| 5 | 细砂 | kg | 7. 15 | 7. 722 | 7 150 | 178 750 | 2 145 000 |
| 6 | 再生骨料 0～3 mm | kg | 36. 3 | 39. 204 | 36 300 | 907 500 | 10 890 000 |
| 7 | 再生骨料 3～5 mm | kg | 36. 3 | 39. 204 | 36 300 | 907 500 | 10 890 000 |
| 8 | 再生骨料 5～10 mm | kg | 30. 25 | 32. 67 | 30 250 | 756 250 | 9 075 000 |
| 9 | 配料用水 | kg | 9. 24 | 9. 98 | 9 240 | 231 000 | 2 772 000 |

（6）原材料要求（以 200 mm×100 mm×60 mm 荷兰砖为例）：

1）水泥：符合《普通硅酸盐水泥》（GB 175—2007）的要求。

2）细集料：包括建筑垃圾再生集料或粉煤灰陶砂、浮石、火山渣、煤渣、煤矸石、膨胀矿渣珠、膨胀珍珠岩等，以及应符合规定的砂或其他细集料，普通砂中的泥量不得大于 0.3%，泥块含量不得大于 1.0%（含泥量是指颗粒粒径小于 0.08 mm 的淤泥、岩屑和黏土的总量产。泥块含量是指粒粒径大于 5 mm，经水洗、手捏压后可碎成小于 2.5 mm 的颗粒的含量）。

3）碎石：粒径 5～10 mm，密度 1 400～1 800 kg/m³，含泥量<3%。

4）细砂、石粉含泥量<5%（细砂用于彩色面料）。

5）普通砂、中粗砂：细度模数 2.7～3.1，密度 1 400～1 500 kg/m³，含泥量<3%。

6）粉煤灰：Ⅰ～Ⅲ级。

7）再生骨料、煤渣、钢渣：破碎至粒径 10 mm 以内。

8）外加剂：膨胀剂、减水剂、缓凝剂早强剂，应符合《混凝土外加剂》（GB 8076—2008）规定。

（7）配合比及成本核算：混凝土配合比设计有五个基本要求。这五个基本要求是：①保证所要求的强度；②拌和料有良好的和易性；③耐久性好，具有一定的耐磨、耐腐蚀、耐风化、抗冻等能力；④在保证质量前提下，尽量节约水泥；⑤采用轻质量材料生产非承重砌块时，需要按相关的材料标准和相应的轻集料配方来满足砌块生产要求。其立方容量可根据建筑设计所要求的强度和物理性能来生产。

1）配合比：以 200 mm×100 mm×60 mm 荷兰砖为例，设计强度 25～30 MPa，每立方米砖按 2 200 kg 计算，每块荷兰砖 0.001 2 m³，重量 2.64 kg。

2）成本核算：面料层 5 mm 厚，其余为骨料层。其成本核算如表 6-6 所示。

表 6-7　成本核算

| 项目 | | 成本（元/块） | 比重及百分比 | | |
|---|---|---|---|---|---|
| | | | kg | 元/t | 百分比（%） |
| 面料<br>（0.22 kg） | 细砂 | 0.006 | 0.143 | 40 | 65 |
| | 白水泥 | 0.028 | 0.069 3 | 400 | 31.5 |
| | 彩色颜料 | 0.062 | 0.007 7 | 8 000 | 3.5 |
| 底料<br>（2.42 kg） | 水泥 | 0.091 | 0.363 | 250 | 15 |
| | 再生细骨料 | 0.011 | 0.726 | 15 | 30 |
| | 再生中骨料 | 0.011 | 0.726 | 15 | 30 |
| | 再生中骨料 | 0.01 | 0.605 | 15 | 25 |
| 工资 | | 0.02 | 操作人员 5 人，其他人员 3 人；每人每天 100 元 | | |
| 其他 | 设备维护费 | 0.006 | | | |
| | 水电费 | 0.015 | | | |
| | 模具损耗费 | 0.01 | | | |
| 合计 | | 0.27 | | | |

上述提到的混合配方仅供参考，材料价格根据当地的市场情况确定；如需更高的强度，可增加碎石等其他材料。最佳配合比取决于当地可以有效利用的骨料类型以及当地自然优势，经过机器的试运转，骨料已经经过测试并且最佳配合比由相关人员进行编制。

（8）用电功率：总功率 167 kW，其中配料搅拌系统约为 120 kW、主机为 47 kW。

（9）主要建筑内容：

1）厂房面积约 1 600 m²（主机生产车间）。

2）车间轨道的建设及厂房的混凝土路面硬化。

3）配料搅拌系统的土建工程。

4）办公场地及员工宿舍，2 层约 500 m² 即可。

5）水、电工程。

6）道路、堆场的路面硬化。

（10）效益分析：采用 844 型免托板移动式制砖设备及配料搅拌系统、辅助设备的总投资约 8 000 000 万元。荷兰砖（200 mm×100 mm×60 mm）的成本约 14 元（按 50 块/m² 计算），同样等级产品市场销售价为 30~35 元/m²，每平方米的毛利润近 20 元。

毛利润：每天产量 1 000 m²，则为 20 000 元；每月产量 25 000 m²，则为 500 000 元；每年产量 300 000 m²，则为 6 000 000 元。

设备如果二班制生产，那每年利润 1 200 万元；而且该套设备可以连续三班制生产。扣掉销售费用及税收、其他管理成本，如果二班制生产，设备成本一年内可以回收。

8. 设备优点

（1）省托板：可直接生产在托盘上，码垛方便快捷；每年可节约托板费用几十万元，后续生产成本低，是整个制砖行业的发展趋势。

（2）产品密实度好、抗压强度高：传统有托板的设备在生产过程中，振动力传递到产品中托板会消耗很大一部分的振动力。844 型设备免托板，振动台将振动力直接传递到产品上，这样在同等配方下，大大提高产品的密实度、抗压强度。

（3）省人工：生产线实行全自动化控制及生产，整条生产线大约需要 4 名工人。

（4）产量高，产品生产范围广：单班年产路面砖 30 万平方米，相当于 15 型设备；可三班制连续生产，产量高；生产范围广，可生产 50~1 000 mm 高的砖、砌块；除生产普通砌块外，还可以生产路缘石、水工砌块、景观砌块、挡土墙等大型砌块。其他品牌的设备只能生产 200~300 mm 高的产品，或者只能生产普通用砖，产品局限性较大。

（5）云平台服务：具有最新的远程维护诊断云服务系统，为操作人员提供了全方位的支持。可以为每台机器诊断生成运行健康报告，以便保证高效的生产。

## 6.1.5　建筑垃圾再生砌块的主要性能

1. 再生骨料砌块的主要性能

（1）再生骨料砌块的尺寸偏差与外观质量要求：再生骨料砌块尺寸允许偏差和外观质量应符合表 6-7 的规定。

表6-7 再生骨料砌块尺寸允许偏差和外观质量

| 项目 | | 指标 |
|---|---|---|
| 尺寸允许偏差<br>（mm） | 长度 | ±2 |
| | 宽度 | ±2 |
| | 高度 | ±2 |
| 最小外壁厚（mm） | 用于承重墙体 | ≥30 |
| | 用于非承重墙体 | ≥16 |
| 肋厚（mm） | 用于承重墙体 | ≥25 |
| | 用于非承重墙体 | ≥15 |
| 缺棱掉角 | 个数（个） | ≤2 |
| | 三个方向投影的最小值（mm） | ≤20 |
| 裂缝延伸投影的累计尺寸（mm） | | ≤20 |
| 弯曲（mm） | | ≤2 |

（2）再生混凝土砌块的物理性能：由于再生骨料比天然骨料表观密度小，因此再生混凝土的密度低于普通混凝土，随着再生骨料取代率的增加，再生混凝土的密度有规律地降低，全部采用再生骨料的再生混凝土密度较普通混凝土降低。有关研究结果显示：自然养护至28 d时，按照标准《普通混凝土小型砌块》（GB/T 8239—2014）和《混凝土砌块和砖试验方法》（GB/T 4111—2013）进行测试。经随机抽样，砌块含水率统计平均值为3.5%左右，吸水率则为7.0%～9.0%，体积密度的测试值为1 230 kg/m³，空心率为43%，收缩率为0.30 mm/m。由此可以看出，采用再生骨料制造的小型空心砌块强度等级符合《普通混凝土小型砌块》（GB/T 8239—2014）标准规定的MU7.5要求，且外观尺寸性能稳定，可用于砌筑等场合。

再生混凝土砌块大部分用作墙体材料，故其保温性能非常重要。周贤文对再生混凝土空心砌块墙体的保温性能做了研究，由于再生骨料的孔隙率较大，因此保温性能有所提高，再生混凝土空心砌块墙体的传热系数均优于普通混凝土。如果在再生混凝土砌块中充填保温材料，再生混凝土砌块的保温性能将进一步得到提升，具有广阔应用前景。

（3）再生骨料砌块的力学性能：建筑垃圾再生砌块的各项技术指标中，强度等级是影响砌块质量的一项重要指标。《再生骨料应用技术规程》（JGJ/T 240—2011）规定，再生骨料砌块的强度等级分为MU3.5、MU5.0、MU7.5、MU10.0、MU15.0和MU20.0六个强度等级，强度等级应符合表6-8的规定。

表 6-8　再生骨料砌块抗压强度

| 强度等级 | 抗压强度（MPa） | |
| --- | --- | --- |
| | 平均值 | 单块最小值 |
| MU3.5 | ≥3.5 | ≥2.8 |
| MU5 | ≥5.0 | ≥4.0 |
| MU7.5 | ≥7.5 | ≥6.0 |
| MU10 | ≥10.0 | ≥8.0 |
| MU15 | ≥15.0 | ≥12.0 |
| MU20 | ≥20.0 | ≥16.0 |

有关试验表明：再生混凝土小型空心砌块的强度可以达到 MU5 以上，完全能够满足作为承重墙的要求。在早期的研究中，Collins 等研究将再生混凝土砌块用到结构体系中，当再生骨料取代率为 75%时，砌块的抗压强度为 6.75 MPa，抗折强度为 1.23 MPa。此外，Jones 等建议将破碎的建筑垃圾应用到混凝土砌筑砌块中。大量掺和破碎再生混凝土骨料对砌块的品质影响明显，但是，再生混凝土骨料掺量较低时强度可以满足要求，而且还能够节约水泥用量。影响再生混凝土小型空心砌块强度的因素主要有以下几个：

1）再生骨料的品质：简单破碎的再生骨料颗粒棱角多、表面粗糙、组分中还含有硬化水泥砂浆，再加上混凝土块在破碎过程中骨料会产生大量的微裂纹，导致再生骨料砌块的性能较差。采用再生骨料强化技术生产出来的颗粒整形再生骨料性能大幅提高，制备的再生骨料砌块产品的各项性能有了明显改善。

2）再生骨料的含量：简单破碎再生粗骨料的取代率对再生混凝土的抗压强度影响很大，随着简单破碎再生粗骨料取代率的不断增加，绝大部分再生骨料砌块的强度随之降低。

唐晓翠的试验研究表明，再生粗骨料含量为 30%时，再生混凝土空心砌块的抗压强度与普通混凝土几乎没有差别。但是，当再生粗骨料含量为 100%时，再生混凝土空心砌块的抗压强度略有降低，但降低幅度均在 5%以内；当再生细骨料含量为 30%时，再生混凝土空心砌块的抗压强度略有降低，降低幅度在 2%左右；当再生细骨料含量为 100%时，再生混凝土空心砌块的抗压强度进一步降低，降低幅度为 5%~7%。

3）用水量：混凝土砌块生产中，水的作用非常大。适量的水分、科学的配比加之充分的搅拌，是砌块性能理想的前提。在成型过程中，足够的振动强度与振动持续时间，会使混凝土中浆液（水溶液）充分遍布于骨料颗粒的周围，使混凝土性能趋于最佳。实践证明：适量水分保证了刚脱模的砌块具有必要的初始强度、弹性与黏滞性，并且随后与胶凝材料进行水化反应，使混凝土粗细骨料牢牢地黏在一起，使砌块具有优良的性能。

砌块生产中的若干现象与水分含量的关系如下：

A. 布料时下料难：在砌块生产中水分含量高时，加速了混凝土颗粒的聚集，使混凝土成团，并有"板结"现象，阻碍了砌块生产中的正常布料，因而出现下料难。

B. 砌块酥散无强度：刚脱模的砌块出现这种现象，原因是水分太少或混凝土搅拌不均匀，当混凝土缺水时，固体颗粒之间缺乏足够的黏结力，使得砌块酥散。

C. 砌块静放变形：混凝土含水量过高时，当砌块脱模后，由于自由水在重力作用下渗透到托板上，伴随有砌块本身体积形状变化，出现挠曲变形。

D. 矿物掺和料（以粉煤灰为例）：周贤文的试验主要研究了骨料情况相同但粉煤灰不同的再生混凝土空心砌块的抗压强度，当粉煤灰含量为 0~30% 时，各再生混凝土空心砌块的 28 d 抗压强度差别不大，表明在此范围内粉煤灰对空心砌块抗压强度影响不大。

肖建庄等人的研究表明，粉煤灰含量在 0~30% 时，其抗压强度表现出降低趋势，但降低幅度在 5% 以内。因此，实际中可以考虑将粉煤灰含量控制在 30% 以内，更大粉煤灰含量的情况尚需进一步研究。袁运法等人的研究结果表明，适量掺入粉煤灰可以提高再生混凝土的强度，并能改善混凝土的和易性，提高混凝土砌块的密实度及耐久性。Poon 等人指出，若加入粉煤灰，能生产出具备 30 MPa 抗压强度的用于人行走道的混凝土砌块，其收缩性能及抗滑力也同样能满足要求。

2. 再生骨料砌块的其他性能

《再生骨料应用技术规程》（JGJ/T 240—2011）规定，再生骨料砌块干燥收缩率不应大于 0.060%；相对含水率应符合表 6-9 的规定；抗冻性应符合表 6-10 的规定；碳化系数 $K_c$ 应不小于 0.80；软化系数 $K_f$ 不应小于 0.80。

相对含水率可按下式计算：

$$W = 100 \times \frac{\omega_1}{\omega_2}$$

式中，$W$ 为砌块的相对含水率（%）；$\omega_1$ 为砌块的含水率（%）；$\omega_2$ 为砌块的吸水率（%）。

表 6-9　再生骨料砌块相对含水率

| 使用地区的湿度条件 | 潮湿 | 中等 | 干燥 |
|---|---|---|---|
| 相对含水率（%） | ≤40 | ≤35 | ≤30 |

注：潮湿是指年平均相对湿度大于75%的地区；中等是指年平均相对湿度50%~75%的地区；干燥是指年平均相对湿度小于50%的地区。

表 6-10　再生骨料砌块抗冻性

| 使用条件 | 抗冻指标 | 质量损失率（%） | 强度损失率（%） |
|---|---|---|---|
| 夏热冬暖地区 | D15 | | |
| 夏热冬冷地区 | D25 | ≤5 | ≤25 |
| 寒冷地区 | D35 | | |
| 严寒地区 | D50 | | |

为了保证再生骨料砌块的生产质量，需要重视养护和运输储存等环节。在正常生产工艺条件下，再生骨料砌块收缩值达 0.6 mm/m，经 28 d 养护后收缩值可完成 60%。因此，延长养护时间，能保证砌体强度并减少因砌块收缩过多而引起的墙体裂缝。再生骨料砌块养护时间一般不少于 28 d；当采用人工自然养护时，前 7d 应适量喷水养护，人工自然养护总时间不少于 28 d。

再生骨料砌块在堆放、储存和运输时，应采取防雨措施。再生骨料砌块应按规格和强度等级分批堆放，不应混杂。堆放、储存时保持通风流畅，底部宜用木制托盘或塑料托盘支垫，不宜直接贴地堆放。堆放场地必须平整，堆放高度一般不宜超过 1.6 m。

# 6.2　再生骨料砖

再生骨料可用于制备多孔砖和实心砖，且再生骨料按抗压强度可分为 MU7.5、MU10、MU15 和 MU20 四个等级。再生骨料实心砖主规格尺寸宜为 240 mm×115 mm×53 mm；再生骨料多孔砖主规格尺寸宜为 240 mm ×115 mm× 90 mm。再生骨料砖的其他规格由供需双方协商确定。

## 6.2.1　再生骨料砖的原材料

混凝土实心砖是以水泥为胶结材料，以砂、石子等普通骨料或轻骨料为主要骨料，经加水搅拌、成型、养护制成的，是用于工业与民用建筑基础和墙体的承重部位的无空洞砖。非承重混凝土多孔砖和混凝土空心砖是以水泥为胶结材料，砂、石子、轻骨料等为骨料，可掺入其他的掺和料，加水搅拌、成型、养护制成的一种多排或单排孔的混凝土砖。多孔砖空洞率大于25%，空心砖空洞率大于40%，用于建筑上非承重或自承重部位，称为非承重混凝土多孔砖和混凝土空心砖。非承重混凝土多孔砖和混凝土空心砖主要用于工程中非承重或自承重部位，对强度要求不高，本着合理利用和节约资源的目的，提倡采用符合要求的各种水泥、多用轻骨料和废渣。

再生骨料砖所用原材料应符合下列规定：

（1）骨料的最大公称粒径不应大于 8 mm。

（2）再生骨料应符合表 6-11 和表 6-12 的规定。

表 6-11　用于生产砖的再生粗骨料性能指标

| 项目 | 指标要求 |
| --- | --- |
| 微粉含量（按质量计,%） | <5.0 |
| 吸水率（按质量计,%） | <10.0 |
| 杂物（按质量计,%） | <2.0 |
| 泥块含量、有害物质含量、坚固性、压碎指标、碱-集料反应性能 | 应符合现行国家标准《混凝土用再生粗骨料》（GB/T 25177）的规定 |

表 6-12　用于生产砖的再生细骨料性能指标

| 项目 | | 指标要求 |
| --- | --- | --- |
| 微粉含量（按质量计,%） | MB 值<1.40 或合格 | <12.0 |
| | MB 值≥1.40 或不合格 | <6.0 |
| 泥块含量、有害物质含量、坚固性、单级最大压碎指标、碱-集料反应性能 | | 应符合现行国家标准《混凝土和砂浆用再生细骨料》（GB/T 25176）的规定 |

### 6.2.2　再生骨料砖的性能要求

再生骨料砖的尺寸允许偏差和外观质量应符合表 6-13 的规定。

表 6-13　再生骨料砖尺寸允许偏差和外观质量

| 项目 | | 指标 |
| --- | --- | --- |
| 尺寸允许偏差（mm） | 长度 | ±2 |
| | 宽度 | ±2 |
| | 高度 | ±2 |
| 缺棱掉角 | 个数（个） | ≤1 |
| | 三个方向投影的最小值（mm） | ≤10 |

续表

| 项目 | | 指标 |
|---|---|---|
| 裂缝长度 | 大面上宽度方向及其延伸到条面的长度（mm） | ≤30 |
| | 大面上长度方向及其延伸到顶面的长度或条、顶面水平裂纹的长度（mm） | ≤50 |
| 弯曲（mm） | | ≤2.0 |
| 完整面 | | 不少于一条面和一顶面 |
| 层裂 | | 不允许 |
| 颜色 | | 基本一致 |

再生骨料砖的抗压强度应符合表 6-14 的规定。

表 6-14　再生骨料砖抗压强度

| 强度等级 | 抗压强度（MPa） | |
|---|---|---|
| | 平均值 | 单块最小值 |
| MU7.5 | ≥7.5 | ≥6.0 |
| MU10 | ≥10.0 | ≥8.0 |
| MU15 | ≥15.0 | ≥12.0 |
| MU20 | ≥20.0 | ≥16.0 |

尽管《砌体结构设计规范》（GB 50003—2011）、《多孔砖砌体结构技术规范》（JGJ 137—2011）（已废止）中对砖的强度等级最低规定为 MU10，《混凝土实心砖》（GB/T 21144—2007）和《非烧结垃圾尾矿砖》（JC/T 422—2007）中最低规定为 MU15，但是，为了拓宽再生骨料的推广应用，《再生骨料应用技术规程》（JGJ/T 240—2011）将再生骨料多孔砖的最低强度等级拓宽为 MU7.5，将再生骨料实心砖的最低强度等级拓宽为 MU7.5。

再生骨料砖的吸水率单块值不应大于 18%；干燥收缩率和相对含水率应符合表 6-15 的规定。

表 6-15　再生骨料砖相对含水率

| 干燥收缩率（%） | 相对含水率平均值（%） | | |
|---|---|---|---|
| | 潮湿环境 | 中等环境 | 干燥环境 |
| ≤0.060 | ≤40 | ≤35 | ≤30 |

再生骨料砖抗冻性应符合表 6-16 的规定。

表 6-16　再生骨料砖抗冻性

| 强度等级 | 冻后抗压强度平均值（MPa） | 冻后质量损失平均值（MPa） |
| --- | --- | --- |
| MU20 | ≥16.0 | ≤2.0 |
| MU15 | ≥12.0 | ≤2.0 |
| MU10 | ≥8.0 | ≤2.0 |
| MU7.5 | ≥6.0 | ≤2.0 |

再生骨料砖碳化系数 $K_c$ 不应小于 0.80 ，软化系数 $K_f$ 不应小于 0.80。

### 6.2.3　再生骨料砖的试验研究

本小节内容源于北京建筑工程学院陈家珑教授的研究成果。采用再生细骨料、水泥、粉煤灰和矿粉作为制备建筑垃圾再生骨料砖的原材料，研究了再生细骨料和配合比对再生骨料砖强度的影响。

1. 再生骨料对再生骨料砖强度的影响

材料及相关成型工艺为：再生细骨料；PO42.5 级水泥；人工搅拌；混合养护，即在标准养护室养护 7 d 后移至室外自然养护至 28 d。

（1）骨料的最大粒径对再生骨料砖强度的影响：如图 6-4 所示，整体变化趋势为再生骨料砖的强度随骨料最大粒径的增大而降低。当骨料的最大粒径在 4.75~9.5 mm 之间变化时，随着最大粒径的增加，再生骨料砖的抗折强度逐渐降低；当骨料最大粒径在 6.0~8.0 mm 之间变化时，对再生骨料砖的抗压强度影响不大；但当最大粒径由 8.0 mm 增至 9.5 mm 或由 6.0 mm 减为 4.75 mm 时，影响却相当明显。

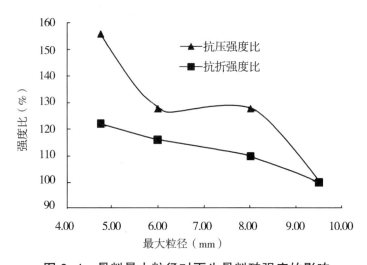

图 6-4　骨料最大粒径对再生骨料砖强度的影响

（2）骨料中细粉含量对再生骨料砖强度的影响：如图6-5所示，细粉含量对再生骨料砖抗压强度的影响明显大于对抗折强度的影响。细粉含量由10%增加到35%的过程中，再生骨料砖的抗折强度、抗压强度都呈曲线形增长，但整体趋势都是再生骨料砖的强度随着细粉含量增加而增大，再生骨料砖的强度增加。

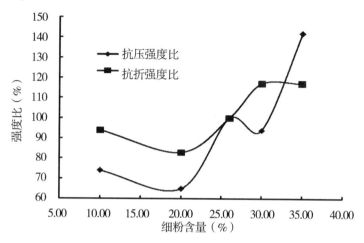

图6-5 再生骨料的细粉含量对再生骨料砖强度的影响

（3）骨料的初始含水率对再生骨料砖强度的影响：再生骨料破碎后表面粗糙，棱角较多，内部存在大量微裂缝，使再生骨料的孔含量增大，吸水率增大。骨料的吸水率直接影响用水量的大小，甚至水泥的水化程度和再生骨料砖的强度。由图6-6可以看出，再生骨料的初始含水率由4.1%提高到10.2%的过程中，再生骨料砖的抗压强度以及抗折强度显著增长，变化趋势近似于线性，且对抗压强度和抗折强度的影响程度也基本相当。

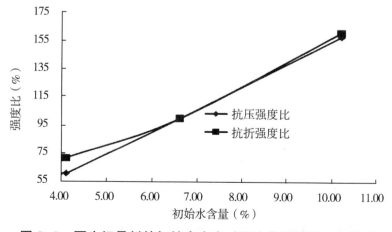

图6-6 再生细骨料的初始含水率对再生骨料砖强度的影响

（4）骨料的种类对再生骨料砖性能的影响：建筑垃圾的来源各不相同，生产出来的再生骨料材料的性能千差万别。使用 1 号再生细骨料、2 号再生细骨料、3 号再生细骨料研究骨料种类变化对再生骨料砖强度的影响。三种再生细骨料的基本性能如表 6-17 所示。由表 6-17 可知，1 号再生细骨料的各种性能与后两种再生细骨料相差较大；2 号、3 号再生细骨料的初始含水率、泥块含量、表观密度、吸水率、含泥量和压碎指标值相差较大，堆积密度、孔隙率相差较小，细度模数则相等。

表 6-17 再生细骨料基本性能对比

| 骨料 | 初始含水率（%） | 泥块含量（%） | 表观密度（g/cm³） | 堆积密度（g/cm³） | 孔隙率（%） | 压碎指标（%） | 细粉含量（%） | 吸水率（%） | 细度模数 |
|---|---|---|---|---|---|---|---|---|---|
| 1 号 | 6.7 | 1.0 | 2 470 | 1 450 | 41.3 | 23.6 | 26 | 10.5 | 2.8 |
| 2 号 | 0.1 | 0.1 | 2 330 | 1 160 | 49.8 | 25.8 | 31 | 16.9 | 2.5 |
| 3 号 | 4.1 | 1.5 | 2 240 | 1 150 | 48.7 | 31.4 | 32 | 19.6 | 2.5 |

三种再生细骨料对再生骨料砖强度的影响如图 6-7 所示。

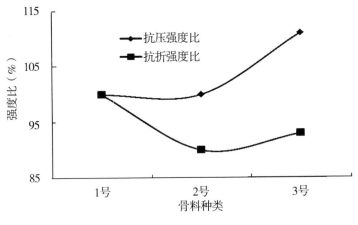

图 6-7 再生骨料种类对再生骨料砖强度的影响

由表 6-17 和图 6-7 可知，骨料的压碎指标表征再生骨料强度的大小，压碎指标值越大，骨料强度越低。当再生骨料的多种性能共同变化时，再生骨料砖的强度变化与单一因素影响有所区别。这不仅体现了再生骨料性能对再生骨料砖影响的复杂性，也反映了实现再生骨料砖质量控制的难度。

2. 配合比对再生骨料砖强度的影响

下面主要研究水灰比、灰骨比、矿物掺和料种类和掺量对再生骨料砖强度的影响。试验过程中，再生细骨料性能、水泥种类和等级、成型工艺、养护制度和检测方法保持不变。材料及相关成型工艺为：再生细骨料；PO42.5级水泥；粉煤灰和磨细矿渣；混合养护，即在标准养护室养护7 d后移至外面自然养护至28 d。

（1）水灰比：水灰比及水泥用量与用水量直接的比值，选取不同水灰比进行对比。水灰比对再生骨料砖强度的影响如图6-8所示。由图6-8可知，当水灰比在0.8~1.1之间变化时，再生骨料砖的抗折强度随水灰比的增加而增大；除水灰比1.0时例外，再生骨料砖的抗压强度随水灰比的增加而增大。

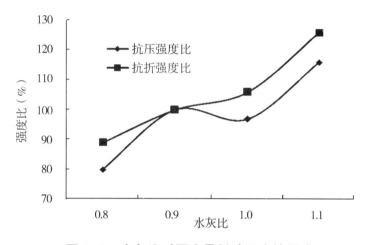

图6-8　水灰比对再生骨料砖强度的影响

（2）灰骨比：灰骨比即为水泥用量与再生细骨料用量之间的比值，表征的是单位体积内水泥用量的大小，灰骨比越大，单位体积内水泥用量越大。选用不同灰骨比进行试验，研究灰骨比对再生骨料砖强度的影响。灰骨比对再生骨料砖强度的影响如图6-9所示。由图6-9可知，随着灰骨比的增加，再生骨料砖的强度比呈下降趋势。

（3）矿物掺和料种类与掺量：选取Ⅲ级粉煤灰和磨细矿渣两种矿物掺和料，分别以10%、20%、30%的比例等质量替代水泥进行试验。粉煤灰掺量变化对再生骨料砖强度的影响如图6-10所示。由图6-10可以看出，再生骨料砖抗压强度和抗折强度随着粉煤灰替代水泥量的增加而明显降低，但变化趋势略有不同，抗折强度与粉煤灰的替代量近似呈线性变化，而抗压强度在粉煤灰替代量为0%~10%之间变化时，抗压强度变化幅度较小，说明在再生骨料砖的生产过程中可以用少量（<10%）的粉煤灰替代水泥使用。

磨细矿渣掺量变化对再生骨料砖强度的影响如图6-11所示。由图6-11可以看出，再生骨料砖的强度随着磨细矿渣替代水泥量的增大而增大。

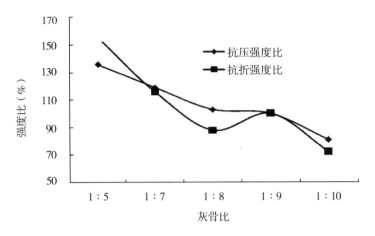

图 6-9　灰骨比对再生骨料砖强度的影响

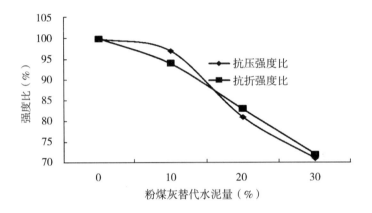

图 6-10　粉煤灰掺量对再生骨料砖强度的影响

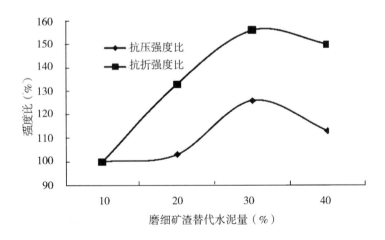

图 6-11　粉煤灰掺量对再生骨料砖强度的影响

# 6.3　建筑垃圾再生墙板

## 6.3.1　概述

再生混凝土条板是新型的墙体材料，墙板的厚度较薄，可以有效降低住宅间墙面积的占有率。再生混凝土条板与KM系列多孔砖的比较见表6-18。再生混凝土条板表面光滑，没有凹凸，不易开裂，墙体厚度只有9 cm（而多孔砖的厚度为24 cm），观感好，很适合中小户型用户。

表6-18　墙体材料对比分析

| 序号 | 项目 | 再生混凝土墙板 | KM系列多孔砖 |
|---|---|---|---|
| 1 | 墙体厚度（cm） | 9 | 20 |
| 2 | 规格（cm） | 9×60×（240~350） | 10×10×20 |
| 3 | 加工性能 | 可以按楼板的实际高度预定墙板的规格，并且可钉、可钻、可锯，含水率低，不易收缩，质轻，易安装 | 只有一个规格，需用砂浆组砌，灰缝易收缩，造成墙面开裂 |
| 4 | 表面 | 平整度高，没有凹凸，不需要抹灰，与各种腻子、油漆、胶黏剂、装饰瓷片黏结性好 | 需要抹灰，与其他材料黏结易造成开裂 |
| 5 | 施工工艺 | 易于开界，无须抹灰，没有湿作业 | 不用开界，施工时湿作业 |

## 6.3.2　再生混凝土墙板的性能

经过试验证明，再生混凝土条板抗冲击性能、吊挂力、抗弯强度等力学性能，以及再生混凝土条板的隔音、隔热等物理性能符合行业标准《建筑隔墙用轻质条板》（JG/T 169—2005）的要求。

再生混凝土条板与其他常用墙体材料在物理力学、保温隔热、隔音性能等方面的对比见表6-19，由此可以看出再生混凝土条板的性能与其他已有墙板材料相比接近，因此可用于实际工程。

表6-19　再生混凝土条板与其他墙体材料的性能比较

| 种类 | 抗冲击性能（次） | 抗弯强度 | 抗压强度（MPa） | 保温性能 [W/（m·K）] | 隔音性能 [dB（A）] |
|---|---|---|---|---|---|
| 石膏空心条板 | ≥8 | 1.5 MPa | 7.0~10 | 0.24 | 双层34 |
| FC轻质复合板 | ≥5 | 8~11 MPa | 2.3 | 0.2 | 35~50 |
| GRC轻质多孔板 | ≥5 | — | 4.0 | 0.15 | 35~41 |
| 加气混凝土 | ≥10 | 1.5~2.0倍自重 | 2.4 | 0.5 | 35~50 |

| 种类 | 抗冲击性能（次） | 抗弯强度 | 抗压强度（MPa） | 保温性能[W/（m·K）] | 隔音性能[dB（A）] |
|---|---|---|---|---|---|
| 多孔黏土砖 | | | 7.5~30 | 0.58 | 45~55 |
| 再生混凝土板 | ≥7 | 1.5~4.0倍自重 | 19.0 | 0.26 | 44 |
| 挤出成型纤维水泥大孔隙率条板 | ≥8 | 7.9倍自重 | 3.0 | 0.78 | 43 |
| 纤维增强水泥多孔板 | ≥18 | — | ≥2.0 | 0.5 | ≥40 |
| 移动式挤压成型混凝上多孔条板 | ≥5 | 1.5~2.0倍自重 | ≥3.0 | 0.48 | 30~40 |
| 轻质陶粒混凝土条板 | ≥5 | 2.0倍自重 | ≥5.0 | 0.22 | ≥30 |

# 6.4 工程应用实例

## 6.4.1 建筑垃圾再生骨料砌块的工程应用

近年来，各国已经明显感到了能源危机，我国已经在"十一五"期间提出落实节约资源和保护环境的基本国策，建设低投入、高产出、低消耗，少排放、可循环、可持续的国民经济体系和资源节约型、环境友好型社会。环境友好型社会的建设是一个系统工程，它需要系统中的每个要素齐力发挥作用，对系统贡献和支持。建筑产业的巨大耗能引发的资源危机和环境污染带来的问题越来越严重，一种全新的资源理念已经提出。由此产生的新思维、新工艺、新应用，即将给这个行业、这个社会带来一场巨大变革。再生混凝土砌块作为一种节能、保护环境的新工艺、新材料，如能全面应用于工程建设之中，将给整个人类带来巨大福音。

上海2004年设计建造了一座两层再生混凝土空心砌体房屋，建筑面积约700 m²，作为某公司员工宿舍，其主体结构用390 mm×190 mm×190 mm、强度等级MU7.5的再生混凝土空心砌块。占地面积408 m²，长宽分别为20 m和20.4 m，底层房间大小为4 000 mm×7 200 mm，第二层为4 000 m×6 000 m，第二层比底层缩进1.2 m用作走廊。

为了能很好地进行砌块施工并最终满足设计及其他方面的要求，根据规范及以往的经验，再生混疑土空心砌块的砌筑施工要求总结如下：

（1）砌块灰缝做到横平竖直，全部灰缝均应铺填砂浆，水平灰缝的砂浆饱满度保持在95%以上。

（2）砌体的水平灰缝厚度和竖直灰缝宽度都控制为 8~12 mm，铺灰长度不超过 800 mm，尽量做到随铺随砌。

（3）构造柱配 $2 \times \phi6$ mm×400 mm 拉结钢筋，长度深入墙体不小于 800 mm。

在较好地满足力学性能的前提下，再生混凝土空心砌块也有很大的价格优势，如表 6-20 所示。再生混凝土空心砌块的成本已经包括了建筑废物的处理费用，而这笔处理费无论是建筑废物还是被回收利用都是必不可少的。可见，再生混凝土空心砌块真正起到了"变废为宝"的作用。

表 6-20　几种墙体材料经济指标对比

| 材料名称 | 墙厚（mm） | 售价（元/m²）（含运费） | 墙体造价（元/m²）（含抹灰） |
| --- | --- | --- | --- |
| 混凝土空心砌块 | 240 | 70 | 110 |
| 陶粒空心砌块 | 190 | 75 | 115 |
| 加气混凝土砌块 | 250 | 100 | 140 |
| PFM 轻质多孔砖 | 240 | 90 | 120 |
| 再生混凝土空心砌块 | 190 | 34 | 64 |

### 6.4.2　建筑垃圾再生骨料砖的工程应用

1. 再生骨料砖在崇文区草场胡同 5 条 20 号院改建工程中的应用

（1）再生骨料砖的基本性能：再生骨料砖的基本性能包括尺寸偏差、外观质量、强度等级、抗冻性、干燥收缩率、吸水率、抗碳化性、抗软化性和放射性等。检测过程中引用的标准有《非烧结垃圾尾矿砖》（JC/T 422—2007）和《混凝土实心砖》（GB/T 21144—2007）。在本工程中所采用的再生骨料普通砖和再生骨料古建砖的基本性能如下：

1）尺寸偏差：再生骨料普通砖和再生骨料古建砖的标准尺寸分别为 240 mm×115 mm×53 mm 和 260 mm×115 mm×53 mm，在本工程中，所使用的砖体的尺寸偏差情况见表 6-21，取样数量为 50 块。

从表 6-21 中可以看出，再生骨料砖的尺寸偏差符合标准要求。

2）外观质量：主要包括形成面的高度差、弯曲、缺棱掉角、裂缝和完整面个数等指标，再生骨料砖的这些指标全部合格。

3）强度等级：再生骨料砖的强度检测值见表 6-22。

表6-21　再生骨料砖的尺寸偏差情况

| 项目 | 再生骨料普通砖 | 再生骨料古建砖 | GB/T 21144—2007 | JC/T 422—2007 | 评价 |
|---|---|---|---|---|---|
| 长度（mm） | 0.5 | 0.2 | −1~+2 | ±2 | 合格 |
| 宽度（mm） | 0.4 | 0.3 | −2~+2 | ±2 | 合格 |
| 高度（mm） | 0.1 | 0.5 | −1~+2 | ±2 | 合格 |

表6-22　再生骨料砖强度检测值

| 项目 | 第一次 | | 第二次 | |
|---|---|---|---|---|
| | 平均值 | 单块最小值 | 平均值 | 单块最小值 |
| 抗压强度（MPa） | 19.3 | 14.8 | 13.7 | 9.5 |
| 抗折强度（MPa） | 3.0 | 2.3 | 2.7 | 2.1 |

从表6-22中可以看出，第一次所取砖体满足MU15的强度要求，第二次所取砖体满足MU10的强度要求。

4）抗冻性能：《混凝土实心砖》（GB/T 21144—2007）中除要求强度损失值不得大于25%以外，还要求质量损失不大于5%。再生骨料砖的抗冻性能完全满足标准要求。

5）干燥收缩率：见表6-23，再生骨料砖的干燥收缩率满足《非烧结垃圾尾矿砖》（JC/T 422—2007）和《混凝土实心砖》（GB/T 21144—2007）的要求。

表6-23　再生骨料砖的干燥收缩率

| 项目 | 再生骨料普通砖 | GB/T 21144—2007 | JC/T 422—2007 |
|---|---|---|---|
| 干燥收缩率（mm/m） | 0.4 | ≤0.5 | ≤0.6 |

6）吸水率：见表6-24，再生骨料砖的吸水率完全满足要求。

表6-24　再生骨料砖的吸水率

| 项目 | 第一次 | 第二次 | JC/T 422—2007 |
|---|---|---|---|
| 吸水率（%） | 12 | 9 | ≤18 |

7）抗碳化性能：见表6-25，再生骨料砖的碳化系数满足标准要求。

表6-25　再生骨料砖的抗碳化性能

| 项目 | 再生骨料砖 | GB/T 21144—2007 |
|---|---|---|
| 碳化系数 | 0.88 | ≥0.8 |

8）软化性能：见表 6-26，再生骨料普通砖的软化性能满足 MU15 级的要求；再生骨料古建砖满足 MU10 的要求。

表 6-26　再生骨料砖的软化性能

| 项目 | 再生骨料普通砖 | 再生骨料古建砖 | JC/T 422—1991 | |
| --- | --- | --- | --- | --- |
| | | | MU15 | MU10 |
| 饱和强度（MPa） | 11.4 | 6.53 | ≥10 | ≥6.5 |

9）放射性：再生骨料砖的放射性检测结果见表 6-27。从表 6-27 可以看出，再生骨料砖的放射性检测结果满足一等品的要求

表 6-27　再生骨料砖放射性检测结果

| 项目 | 再生骨料砖 | 标准要求（一等品） |
| --- | --- | --- |
| 外放射指数 | 0.422 | ≤1.0 |
| 内放射指数 | 0.119 | ≤1.0 |

（2）再生骨料古建砖的装饰面层：相关指标见表 6-28。再生古建砖的装饰面层如图 6-13 所示。从表 6-28 和图 6-13 可以看出，再生骨料古建砖装饰面层的厚度均匀、颜色一致、质量合格。

表 6-28　再生骨料古建砖的装饰面层质量指标

| 项目 | 平均厚度（cm） | 颜色 | 平整状况 | 取样数量 |
| --- | --- | --- | --- | --- |
| 检测值 | 7 | 均匀 | 平整 | 50 块 |

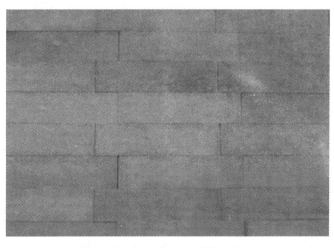

图 6-13　再生古建砖装饰面层

（3）建筑整体效果：2008 年 11 月 21 日，北京市建设委员会组织有关

专家对崇文区草场 5 条 20 号院进行了实地考察和专家评审。经专家认真研究讨论，认为：

1）工程节能保温改造方案科学合理，有效利用原有建材并大量使用了环保型再生骨料古建砖。

2）工程在尽量保留传统建筑风貌和提高节能环保性能的同时，选用分户燃气炉、地板采暖等技术，充分考虑了当代人们居住的舒适性和每户完备的功能空间，大大改善了居住环境和市政设施条件。

3）工程基本符合《北京市旧城房屋修缮与保护技术导则》（京建科教〔2007〕1154 号）要求，所采用的技术方案对二类院落的改造具有指导意义。

专家们还建议政府主管部门加大对环保型再生骨料古建砖行业健康发展和推广应用，并要求对工程进一步做好技术经济分析研究，通过试验检测，改善薄弱环节。

2. 再生骨料砖的其他应用案例

（1）北京建筑工程学院试验 6 号楼：在北京建筑工程学院试验 6 号楼工程中使用了北京元泰达环保建材科技有限责任公司生产的约 3 万块再生骨料普通砖作为一层墙体的填充材料。实践证明，再生骨料砖性能良好，易于施工，与使用传统烧结黏土砖无明显差异，砖砌体整齐（图 6-14）、表面质量良好，深受施工单位的好评。

图 6-14　再生骨料砖墙体

（2）北京四合新村、中国古陶瓷研究中心：位于北京市昌平区南邵镇的北京四合新村，12 000 m² 承重墙完全使用了北京元泰达环保建材科技有限责任公司生产的再生骨料砖。

位于十三陵的中国古陶瓷研究中心，3 300 m² 承重墙完全使用北京元泰达环保建材科技有限责任公司生产的再生骨料砖。

### 6.4.3　再生混凝土墙板的工程应用

江苏省无锡市某花园三期工程为六层的一梯两户的全框架商品住宅楼。每层间墙的长度平均为 116.4 m，间墙面积占用率为 5.47%。该花园的一期、二期工程均采用 KM 系列多孔砖。根据 2002 年对该花园二期工程的 100 个企业进行用户满意程度调查，用户提出的意见集中于住宅的得房率不高。要降低间墙的面积占有率，就必须使用新型的墙体材料和新工艺。因此，在第三期工程中，间墙材料采用了再生混凝土条板。

使用再生混凝土条板后，每层使用面积平均增加了 12.08 m²，间墙面积占用率降低 2.62%。对于整栋楼的业主来说，不但得到了使用面积增加的实惠，按该楼的平均销售价格 4 000 元/m² 计算，每层增加的使用面积还带来实际收益 307 200 元。这也为建设单位带来了楼市销售的高峰和良好的经济效益。使用再生混凝土条板作为墙体材料，不仅能解决城市拆迁改造所产生的大量废混凝土处置的问题，而且比传统建材更加有优势，值得推广。

# 第7章 城市固废协同资源化利用

## 7.1 城市固体废弃物概况

### 7.1.1 城市固体废弃物的分类及组成

城市固体废弃物（简称城市固废）是指在生产、生活和其他活动过程中产生的丧失原有的利用价值或者虽未丧失利用价值但被抛弃或者放弃的固体、半固体和置于容器中的气态物品、物质以及法律、行政法规规定纳入废物管理的物品、物质。不能排入水体的液态废物和不能排入大气的置于容器中的气态物质，由于多具有较大的危害性，一般归入固体废物管理体系。

城市固废种类：

1. 城市生活垃圾

城市生活垃圾指人们生活活动中所产生的固体废物，主要有居民生活垃圾、商业垃圾和街道保洁垃圾，另外还有粪便和污水厂污泥。城市生活垃圾中除了易腐烂的有机物和炉灰、灰土外，各种废品基本上可以回收利用。

2. 城市建筑垃圾

城市建筑垃圾指城市建设工地上拆建和新建过程中产生的固体废弃物，主要有砖瓦块、渣土、碎石、混凝土块、废管道等。

3. 一般工业固体废物

一般工业固体废物指工业生产过程中和工业加工过程中产生的废渣、粉尘、碎屑、污泥等，主要有尾矿、煤干石、粉煤灰、炉渣、冶炼废油、化工废物等工业废物。一般工业固体废物对环境产生的毒害比较小，基本上可以综合利用。

4. 危险固体废物

危险固体废物指具有腐蚀性、急性毒性、浸出毒性及反应性、传染性、放射性等一种或一种以上危害特性的固体废物，主要来源于冶炼、化工、制药等行业，以及医院、科研机构等。

### 7.1.2　淤泥、污泥的危害性

污水变污泥，污染大转移；治水不治泥，等于白治理。在能源、化工、纺织印染、造纸、市政、环保等领域，通常会产生大量含湿量较高的污泥。

污泥是污水处理过程所产生的固体沉淀物质，主要特性是含水率高，有机物含量高，容易腐化发臭，并且颗粒较细，呈胶状液态。污泥的成分非常复杂，除含有大量的水分外，还含有大量的有机质、难降解的有机物、多种微量元素、病原微生物和寄生虫卵、重金属等成分，并伴有恶臭。污泥中含有大量的有机物和丰富的氮、磷等营养物质，造成水质的富营养化，导致水质恶化，同时污泥中的重金属、有毒物质、致病菌等也将给人类健康带来极大危害。污泥不经妥善处理而任意排放和堆置，将对周围环境大气、土壤、地下水源造成严重的污染，使已建成的污水厂不能充分发挥其消除环境污染的作用，相当于花费巨量资金分离出的污染物又回到了环境中，等于白处理了。

我国正面临着八成污泥未处理，数千亿元的污水处理费可能"打水漂"的尴尬局面。资料显示，2010 年以来我国污水处理仅政府投资部分就超过5 000亿元，污水处理厂运营费用每年也要约 500 亿元。同时，80% 的污泥并未得到有效处理，甚至被直接丢弃在农田、河流等公共环境中，变成新的污染源。据统计，截至 2015 年年末，全国城市和县城累计建成污水处理厂3 542 座，污水处理能力每日约 1.7 亿立方米。到 2015 年，全国城镇污水处理厂湿污泥（含水率80%）全年产生量达到 3 000 多万吨。

作为污染物的"精华"，污泥的长期存在，污染了环境，威胁着群众身体健康，也消解了污水处理的环保效果。污泥是污水处理过程中污染物的"精华"。污泥含水率高、易腐败、有恶臭，含有重金属、"致癌致畸致基因突变"的有机污染物等。

### 7.1.3　资源化背景

改革开放至今已过 37 年，科学技术正飞速进步，人们的生产和生活水平也在不断提高。但是，随着人类对周围自然环境影响能力的增强，不可避免地产生了很多副作用。

城市，作为人类生活和生产活动的主要生态区域，由于人口数量的激增和工业生产的快速发展，生活污水和工业废水的排放量日益增多，其速度甚至超过我们的想象。据统计，我国 2012 年仅废水排放量就达 686.4 亿吨。污水处理过程中产生的固体废弃物（污泥）数量巨大，不同污泥的性质各异，化学组分也很复杂，其中还可能含有重金属、耗氧有机化合物（BOD或 COD）、有毒有机化合物、病原微生物、放射性元素等污染物质。只有对这些污泥进行合理并且及时的处理和处置，才能确保污水处理效果，防止二次污染，使容易腐化发臭的有机物得到稳定处理，使有毒有害的化学物质得到妥善处理或利用，使有用物质得到综合利用，变害为利，变废为宝。

近年来，随着国家基础设施建设和城镇化建设的稳步推进，大量建筑淤泥成为人类生活的最大问题，如建筑作业中产生的泥浆、市政雨水管道中产生的淤泥（包括污泥）。此类废弃物直接进入城市排水管系或者河道，可能会影响城市排水功能。但是，如果将这些淤泥外运堆放，则会造成土地资源的浪费，同样会影响周围的自然环境。

污泥陶粒最早由奈库兹（Nakouzi）等人提出，是一种以污泥为主要原料，添加黏土等作为辅料，经过成球、高温焙烧而成的堆积密度小于 1 200千克/米$^2$ 的多孔轻集料，具有强度高、隔音效果好、保温隔热、耐火、耐化学和细菌腐烛、抗震和抗冻等性能，可以作为污水处理中的滤料、新型混凝土轻骨料等，应用领域十分广泛。目前，我国的陶粒主要用以取代混凝土中的碎石和卵石，多以黏土和页岩陶粒为主，而黏土主要来自耕地，与以黏土为主要材料烧制的"红砖"类似，不符合我国可持续发展的战略。因此，以污泥和建筑淤泥作为主要原料的陶粒，消耗了污水厂等产生的大量污泥和建筑工地产生的大量淤泥，同时又节约了耕地资源，降低了成本，具有显而易见的经济效益和广阔的市场发展前景。

### 7.1.4　资源化意义

1. 应用价值

有关污泥或者淤泥的处理问题已经越来越受到大家的重视。如今，将污泥或者淤泥作为原料生产新型建筑材料，如"陶粒、轻质砖、轻集料等"已经非常普遍，但少有应用于工程实践；针对不同企业，根据其具体的情况，将污泥和淤泥按原料总量比例拌合用于生产建筑材料的研究则更少。

2. 经济效益

针对不同企业，将污泥与淤泥拌和，脱水后还能烧制陶粒，运用于工程实际，而且污泥处理和淤泥处理属于政府补助项目，对企业来说，这必将产生相当大的经济效益。

3. 社会意义

污泥和淤泥是人类生活环境严重破坏者之一。如果能将污泥和淤泥环保处理，应用于我们的城市建设，服务于人类，将具有巨大的社会意义。

### 7.1.5　淤泥、污泥的处理、再利用和研究现状

1. 污泥处理方法

国内外对污泥处理与处置的方法很多，污泥的最终出路无非是部分或全部资源化利用，或者以某种形式再回到环境中去。这些方法包括土地利用、卫生填埋和热处置等。

（1）土地利用。主要包括将污泥用于农田、森林、园艺，或用于废弃矿场等场地改良等。有些污泥中富含氮、磷、钾等营养元素的有机物以及植物生长所需的各种微量元素，例如，钙、镁、锌、铜、铁等，将它们用于农田，能够使土壤结构得以改善，使土壤肥力增加，从而促进作物的生长。在美国，用于土地利用的方式得以处理的污泥约占污泥总量的 40%。污泥的土地利用优点很多，包括能耗低、污泥中有用成分被再利用，但也存在将污泥中可能含有的病原菌扩散和重金属流入到自然环境中的危险。为此，很多国家农用处理污泥重金属浓度都有很严格的标准，并在污泥的无害化处理过程中严格执行标准，严格限制单位面积土地上污泥的使用量。

（2）卫生填埋。该方法始于上世纪 60 年代，是在传统填埋的基础上，从环境保护的角度出发，科学选择填埋地点并对其进行必要的场地防护处理，施行严格的管理制度，采用科学的工程操作方法对污泥进行填埋处理。到目前为止，卫生填埋已成为一种比较成熟的污泥处置技术，其优点是投资较少、处理量大且见效快。但由于污泥填埋对污泥的土力学性质要求较高，且需要大面积的填埋场地和大量的运输费用，为避免污染地下水，地基也需做防渗处理等。因此，近年来，污泥填埋处置比例越来越小。

（3）热处置。污泥热处置的优势在于可以迅速且较大程度地使污泥达到减量化。随着技术的进步，近年来，焚烧法采用了合适的预处理工艺和焚烧手段，使得污泥热能达到自持，并能满足严苛的环境要求，甚至充分地处理了不适于资源化利用的部分污泥。当然，污泥焚烧法也存在以下几个问题：首先，污泥焚烧的投资和操作费用较高，适用性得到限制；其次，焚烧过程中产生飞灰、炉渣和烟气，对环境的破坏性较大；此外，污泥中的有用成分也未能得到充分利用。其他污泥热处理方法，如污泥的热解和湿式氧化法，近年虽取得了较大的进展，但仍处在研究阶段，未能应用于工程实际。

2. 脱水处理技术

不管是哪种污泥处理方式，污泥总要先脱水，才能再做进一步的处理。而目前，污泥的脱水方式种类繁多，技术相对较为成熟，包括：

（1）干化脱水技术。该技术是一种有效利用热能，使污泥中水分快速

蒸发的污泥处理工艺，流化床干化是目前主要采用的干化技术之一。近年来，对这种污泥脱水技术的研究相对比较成熟。

（2）Huber SRT 工艺。Huber SRT 工艺系统是一种一方面利用太阳能，另一方面将来自污水处理厂的热能回收的污泥脱水方式。该系统的占地面积小，同时，经处理后的污泥可获得相对较为稳定的固含量，干化污泥呈颗粒状，主要特点是污泥通过太阳光线的热能实现干化，而当太阳光线不足以干化时，可以通过热力泵代替太阳光来提供热能使污泥干化。而热力泵的热能主要来于回收污水处理厂的污水处理过程中的热量。因此该系统保证一年内的污泥干化效果维持稳定水平，其处理后的污泥可以达到 90% 的含固率。该污泥脱水处理系统可真正意义上实现污泥无害化、减量化、稳定化，并可资源化再利用，且已通过国家建设行政管理部门专家论证，是我国利用新能源处理处置污泥的战略方式。该系统工艺达到国内脱水技术的先进水平，可广泛用于市政、化工、冶金、电力和煤炭等多种行业的污泥处理处置。整个过程中污染小且环保，可以做到把污泥含水率从 80% 降低到 30%，使污泥体积缩小为原来的 1/3 甚至 1/5，每天可处理 500 吨到 2 000 吨污泥，蒸发 1 吨水每小时耗电量仅为 60~80 千瓦。干化处理后的污泥还可用于农业肥料、制砖制陶粒或燃煤等。远程监测方便快捷，同时解决了环境问题，符合我国当前的可持续发展战略方针。

（3）水热技术。污泥中微生物等有机物质在加热过程中，随着加热温度的不同，会出现不同程度的细胞膜和细胞壁破裂或絮凝颗粒解散等现象，从而使污泥中的有机物质被水解。有机物质的水解可减少黏性物质的束缚，同时也降低了污泥的黏度，使得污泥固体颗粒更容易与水分子发生分离，从而有效地降低脱水污泥含水率的下限。这种方法可将含水率较高的污泥（80%~99.5%）直接降至含水率 50% 以下。污水处理厂的原污泥（含水率 99.2% 左右）或经初步浓缩的污泥（含水率 95%~98%），通过水热工艺深度脱水，无需污泥二次脱水，大大节省设备投资、运输费用和再处理成本。较其他高脱水率的方式，如干化、机械脱水，化学改性加特种压滤的常温脱水工艺，该处理方式成本更低。

（4）微波脱水技术。自上世纪 90 年代开始，国内外就有许多知名学者和专家发现微波对污泥脱水有显著作用并将该技术应用于污泥处理中。研究表明，微波对污泥脱水方面的性能有较大的改善作用，其技术优势表现为微波发生设备简单，微波热量立体传递、热效高，加热速度快等，在工程中具有较大的可行性。微波（辐射）处理过的污泥，其比阻值可降低 75%，沉降实验表明其分离速度也明显加快。

（5）絮凝脱水技术。在工程实践中，常利用调理剂来提高污泥的脱水性能，其作用原理是通过投加调理剂，使污泥微粒表面起化学变化，中和污泥胶质微粒的电荷，促使污泥微粒凝聚成大的颗粒絮体，同时使水从污泥颗粒中分离出来，污泥的脱水性能得到提高。

（6）流化床焚烧。焚烧作为污泥脱水的方法之一，优势比较突出，包括燃料适应性广、燃烧效率高、环境污染小，灰渣可作为材料二次综合利用等特点；但焚烧法的劣势也比较明显：投资大，运转费用高；同时，污泥中的重金属成分经过燃烧后难于处理，实用性相对比较局限。但是由于土地资源有限，加之其他脱水处理方法或多或少存在污染，污泥的焚烧处理方法仍受到重视。

（7）化学调质深度脱水。这是一种集化学调质和机械加压于一体的深度脱水方式。目前针对该脱水方式的研究较少，但由于污泥中生物结合水含量较高，机械脱水效果不明显，往往还需要其他脱水手段，实用性受到限制。

# 7.2　资源化利用产品技术分析

## 7.2.1　淤泥-渣土烧结砖

### 1. 淤泥建材资源化市场前景

通过投海与填埋来处理淤泥，已经显现出了明显的弊端。在目前污泥中重金属含量难以有效控制的情况下，重金属是限制该肥料农用的主要因素，因施入农田后重金属会通过食物链富集，同时也无法作为处理现有的如此大量的淤泥的主要方式。在能源日益紧张的今天，淤泥的能源化利用无疑是一种振奋人心的设想，可以作为淤泥处理的新途径，但这还不能作为处理淤泥的主流技术，我国目前还未能真正涉足该新技术领域。然而，诸多淤泥处理途径中，淤泥制造烧结砖为代表的建筑材料的资源化利用，又具有显著的优势。

淤泥的建材资源化，不仅能够达到河道淤泥减量化、无害化、稳定化的目的，基本避免二次污染，还可变废为宝，获取经济效益，有着其他方法所不具备的优势。同时，也只有建材行业才能及时消纳数量如此之大的以无机物为主要成分的河道淤泥，从而保证清淤工程的顺利进行。国家为保护耕地，采取的禁止使用实心黏土砖的政策，更为江河湖泊淤泥消纳利用的产业化发展提供了良好的契机，该方案若能得到推广，必将取得明显的环境效益、社会效益和经济效益。

2. 烧结普通砖的工艺研究

一般来说，淤泥烧结过程可以分成三个阶段：①低温阶段（室温至300℃），该过程主要是自由水与结合水的排除，坯体中固体颗粒逐渐靠拢，坯体发生轻微的收缩，气孔率增加；②中温阶段（高于300℃，低于900℃），该过程中，坯体内部发生较复杂的物理化学变化，坯体内含有有机质、碳酸盐、硫酸盐及铁的化合物等，氧化和分解过程大多数在这个阶段发生；③高温阶段（900℃至最高烧成温度）。

由于淤泥是属于多矿物组成的物质，没有固定的熔点，并在相当大的温度范围内逐渐发生软化。当温度达到900℃后，此时开始有低熔物出现，低熔物的液相填充在其他颗粒之间的空隙中，在表面张力作用下，使得未熔的颗粒再次靠近，体积开始出现明显收缩，体积密度提高，气孔率下降。当温度进一步升高时，淤泥的气孔率不断降低，收缩不断变大，其体积密度达到最大值时，称为完全烧结，对应的温度叫烧结温度。从完全烧结开始，温度继续上升，出现一个稳定的阶段，该阶段中，体积密度与收缩率不发生显著变化，持续一段时间后，淤泥中的液相将不断增多，坯体的形状可能因此而发生变形，同时也可能因为发生一些高温化学反应，从而导致坯体的气孔率反而变大，发生膨胀，这种情况出现的最低温度就称为软化温度。软化温度范围越大，膨胀范围也越大，对膨胀有利，也有利于热工操作。

3. 利用淤泥生产烧结砖的项目可行性

（1）河道淤泥制砖的工艺概况。河道淤泥烧结节能砖的生产工艺流程主要包括原料制备、成型、干燥和焙烧。淤泥采挖后进行陈化、均化处理。除杂后送至配料箱。建筑渣土运送到堆放场地后需要进行分拣，分成直接利用和不可直接利用部分。对于不能直接利用部分，如石块、废砖等，要进行研磨粉碎后再作为低质砂土按一定配比掺入配合料中。内燃料粉碎后也送入配料箱，与河道淤泥和建筑渣土按照一定的配比混合后，进入搅拌机进行搅拌混合，使混合料含水率保持在18%~22%。满足生产条件的泥料经过真空挤出机后呈线条状被挤出。挤出坯条经自动切条机、换向编组系统，由板式自动切坯机切割成所需尺寸的砖坯，切割过程中的废泥条经带式输送机重新返回搅拌机中。成型后经过人工或自然干燥后进入窑炉焙烧就可以获得烧结节能砖的成品。

（2）河道淤泥生产烧结节能砖的经济效益。如果在河道水处理厂附近以淤泥和发泡聚苯乙烯颗粒为原料生产，河道淤泥本身的成本可以不计，运费5元/吨，加上对淤泥进行前期处理的费用和人工监管费用，运到生产线的价格合计 14 元/吨。根据每立方米砖需要淤泥原材料 1.1 吨计算，生产每立方米砖需要淤泥原材料的费用为 15.4 元。按照（自然状态淤泥和发泡聚苯乙烯颗粒）质量比 100：1 计算，即每吨淤泥按照 10 千克发泡聚苯乙烯颗粒配比来算，生产每立方米的节能砖需添加发泡聚苯乙烯颗粒 11 千克，辅料添加成本增加 110 元。所以，生产每立方米节能砖所需原材料成本共计 125.4 元。按照 240 毫米×115 毫米×53 毫米标准砖尺寸折算成每一块砖的成本为 0.18 元。以煤作为窑炉燃烧介质为例，其成本如表 7-1 所示。

表 7-1　淤泥、渣土生产烧结砖的成本和生产费用

| 序号 | 1 | 2 | 3 | 4 | 5 | 6 | 7 | 8 |
|---|---|---|---|---|---|---|---|---|
| 名称 | 原材料处理成本（元/米³） | 折合每块标砖（元/块） | 隧道窑砖成本（元/块） | 轮窑砖成本（元/块） | 砖销售费用（元/块） | 砖运费（元/块） | 隧道窑砖合计成本（元/块） | 轮窑砖合计成本（元/块） |
| 金额 | 21.00 | 0.18 | 0.26 | 0.24 | 0.04 | 0.05 | 0.53 | 0.51 |

表 7-1 中第 7 项成本是第 2、3、5、6 项成本之和，第 8 项成本是第 2、4、5、6 项成本之和。表 7-1 中第 3、4 项成本中包括了燃料、人工、折旧、管理和税金等项。如果考虑燃烧介质使用燃料重油，根据 2016 年 6 月的油价，隧道窑砖和轮窑砖的成本分别为 0.72 元/块和 0.68 元/块；若使用工业天然气为原料，根据 2016 年 6 月的工业天然气价格，隧道窑和轮窑的成本分别为 0.60 元/块和 0.64 元/块。显然，用燃料重油和工业天然气的成本要远远超过用煤的成本。

由于国内限制黏土砖的政策力度很大，加之建筑行业对烧结节能砖的需求非常大，烧结节能砖按照每块标砖 0.55 元的价格仍然很受欢迎。

（3）河道淤泥生产烧结节能砖的环境效益。建设项目的环境影响评价通常可进一步分解成对下列不同环境要素或评价项目的评价，即大气、地表水、地下水、噪声、土壤与生态，人群健康状况、热、放射性、电磁波等。废渣（固体废物）没被列入环评项目中，在环评的实践中，对固体废物的评价缺乏评价依据和方法及相应的标准。实际上，固体废物对环境的污染形式是在地表水、地下水、大气和土壤中体现的，一旦固体废物转化为土壤、水、气污染的这个环节受到忽视，就很可能造成严重的后果。

1）利用河道淤泥生产烧结节能砖的环境正效应。全国各大城市在城市建设中面临两大问题：一是城市发展急需建材产品，现在有近亿标砖墙体材料需求，其中使用最广泛的建材还是传统的黏土砖。黏土本身就是资源，开采过程不可避免地破坏环境，侵占耕地。二是生态环境与城市环境脆弱。作

为固体废物的工程废土，尤其是河道疏浚中产生的淤泥，建筑工程的渣土和建筑渣土，数量巨大，任其堆积，散发恶臭，下雨后淤泥中的有害物质随水流进入地下水体，对环境造成不良影响。

利用河道淤泥生产烧结节能砖，将环境问题与经济问题巧妙地统一在一起解决，既能疏浚河道，恢复和提高排引水和航运能力，防止水质富营养化，改善农、副业生产环境和净化城市环境，又能解决砖瓦厂制砖土源不足的问题；不但减少了因堆放而侵占耕地，同时缓解了砖瓦厂取土对农田的破坏，不仅可以保护自然资源和生态环境，利废增效，节约耕地，同时还能推动墙体材料的革新，开辟了新型墙材资源和墙改捷径，一举多赢，达到多重环保效应和良好的社会经济效益。

2）利用河道淤泥生产烧结节能砖的环境负效应及对策。河道淤泥作为一种固体废物，可能含有病原菌、寄生虫（卵）以及铜、锌、铅、汞等重金属和多氯联苯、二噁英、放射性核素等，以及难以降解的有机化合物。通过研究发现，河道淤泥中微生物的种类很多，有藻类、真菌类和细菌类，也有鞭毛虫、病毒等生物。但是在制造河道淤泥烧结节能砖过程中需要经过700~1 100 ℃的高温，淤泥中的病原微生物全部被杀灭，所以可以放心使用。

对于淤泥制砖的另一个担心来自于重金属。重金属不能被生物降解为无害物，其浓度随水温、pH 值等不同而变化。冬季水温低，重金属盐类在水中溶解度小，水体底部的沉积量大；夏季水温升高，重金属盐类在水中溶解度就增大，沉积量小。相关人员对项目所在地的不同地点的淤泥和建筑工地新产建筑渣土分别进行采样，检测表明，河道淤泥和建筑渣土中的几种常见重金属汞、镉、铬、铅、铜、锌、镍、钴、锰、锑、钒含量都不高。另外，在淤泥和建筑渣土烧结节能砖制造过程中，重金属如汞、镉等将随温度升高而挥发，其余重金属如铅、铬等将以离子晶体化合物的形式固化于烧结节能砖中，不会在以后作为建材使用过程中发生淋溶，所以不会对使用者以及环境产生危害。另外，淤泥中的有机物含量主要以糖类物质、蛋白质物质以及脂肪类物质为主，多氯联苯以及其他通过在燃烧中生成的二噁英的物质含量微乎其微。

淤泥制砖生产过程中产生延期污染。在制砖过程中需要烧煤，烧煤过程中要释放悬浮颗粒、二氧化硫和氮氧化合物，这些都是需要控制的大气污染物。这主要可以通过选址和燃烧过程的脱硫来控制烧制过程中污染物的产生。首先，砖厂将建在河道淤泥和建筑渣土的消纳场所附近，此消纳场所远离城市、远离人口居住区、靠近大海。由于周围环境空旷无人，也没有其他建筑物，烟气污染对人群危害很小，而空旷靠海的环境有利于大气污染物的扩散，烟气污染不会对城市环境造成影响。其次，在建厂烧砖的过程中，同步设立脱硫工艺，研究河道淤泥和建筑渣土制砖过程中产生废气的规律、处理剂吸收过程，防止对环境造成破坏或不良影响。虽然要增加生产成本，但是作为一种固体废物利用的双重环保项目以及企业必须承担的社会义务，还是需要设立这一工艺。

利用淤泥与发泡聚苯乙烯颗粒作为主要原材料生产的轻质墙体砖，在生产过程中可能存在多环芳香烃的排放问题。但可以通过添加 $Na_2O-B_2O_3-SiO_2$ 系溶胶，可以有效抑制多环芳香烃的产生，可以有效缓解对环境的压力。

### 7.2.2　污泥–渣土烧结陶粒

污泥是一种产生于污水处理过程的对人体和环境有很大危害的固体废弃物。随着我国城市化进程的加快，污泥产生量越来越大。其含水率高、体积大，力学性质差，给堆放和运输带来困难，且污泥中含有大量的有毒物质，如果不能妥善地处理处置，将会带来严重的环境问题。

目前成熟的污泥处理方法有卫生填埋、土地利用、干化和焚烧等，几种方法各有缺点，研究新的污泥处理技术很有必要。我们通过对污泥物理化学性质的分析，结合黏土陶粒烧制工艺，分析了污泥掺加不同比例黏土、粉煤灰烧制陶粒的可能性，研究了污泥在一定条件下烧制轻质陶粒的可行性，建立了一套生活污泥低温干燥后烧制陶粒并最终建材化应用的处置工艺。

通过污泥、黏土、粉煤灰的无机成分对比，认为生活污泥具备烧制陶粒的物质基础，并根据 $SiO_2-Al_2O_3-MgO$ 的热力学平衡系统分析，认为生活污泥掺加一定比率的黏土和粉煤灰后在 1 100~1 200 ℃ 均有可能出现低共熔点。

在实验室条件下，模拟工业陶粒生产工艺，采用自行设计的柱状冲压造粒机制备污泥陶粒生料球，通过调节辅料配比尝试将坯料放入烧结炉内用不同温度烧制，待冷却后测试体积、烧失率、堆积密度和表观密度等物理性质分析其烧胀情况，通过比表面积、筒压强度、抗压强度和 24 时吸水率等性质分析陶粒的建材性能。确认掺加一定比例的黏土在 1 150~1 120 ℃ 烧制的污泥陶粒均为合格的轻粗集料，具有良好的建材性能，物理性质随着黏土比例的增加而有所变化。其中黏土比例在 10%~20% 烧制温度为 1 175 ℃ 的陶粒，其筒压强度均超过 4 兆帕，比表面积在 3 米$^2$ 左右，为优良的轻粗集料。而掺加粉煤灰的污泥陶粒在筒压强度等性质上无法达到国家标准，需要继续改进实验方法。

根据实验结果，结合二段式污泥干化工艺，设计污泥脱水陶粒烧制砌块生产的污泥资源化工艺。利用陶粒烧制窑的烟气余热使污泥含水率降至30%后与辅料混合，送入回转窑烧制陶粒，最终制成轻集料砌块。该工艺可充分利用污泥的矿物组分和热值，并能利用烟气余热资源，减少大气热污染，保护环境作用显著。

# 7.3 产品生产线及主要设备

## 7.3.1 生产线系统

生产线装机功率如表7-2所示。

表7-2 生产线装机功率表

| 序号 | 名称 | 功率（千瓦） | 备注 |
| --- | --- | --- | --- |
| 1-1 | 破碎三分系统 | 291 | |
| 1-2 | 制砂系统 | 287.5 | |
| 1-3 | 制粉系统 | 361.5 | |
| 1-4 | 混凝土搅拌 | 132 | |
| 1-5 | 干混砂浆 | 190 | |
| 1-6 | 砌块砖 | 186 | |
| 1-7 | RDF | 132 | |
| 1-8 | 管涵 | 300 | |
| 1-9 | 轻质墙板 | 175 | |
| 2-1 | 渣土洗选系统 | 189 | |
| 2-2 | 渣土脱水系统 | 387 | |
| 2-3 | 烧结砖 | 863 | |
| 3-1 | 淤泥洗选系统 | 89 | |
| 3-2 | 淤泥脱水系统 | 322.5 | |
| 3-3 | 水处理 | 75 | |
| 4-1 | 污泥脱水系统 | 420 | |
| 4-2 | 烧结陶粒 | 640 | |
| 合计 | | 5 040.5 | |

## 7.3.2 生产线工艺

1. 建筑垃圾资源化利用板块

（1）破碎-3F系统。破碎-3F系统见图7-1。

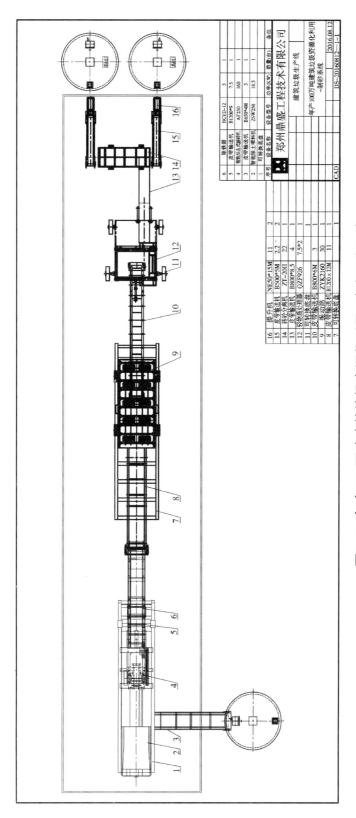

图7-1　年产100万吨建筑垃圾资源化利用-破碎三分系统

（2）制砂系统。制砂系统如图 7-2 所示。

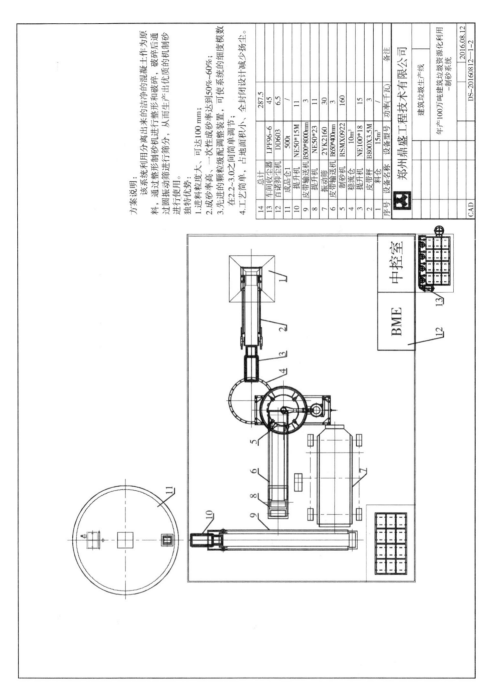

方案说明：

该系统利用分离机分离出来的洁净的混凝土作为原料，通过整形制砂机进行整形和破碎，破碎后通过圆振动筛进行筛分，从而生产出优质的机制砂进行使用。

独特优势：

1. 进料粒度大，可达100 mm；
2. 成砂率高，一次性成砂率达到50%~60%；
3. 先进的颗粒级配调整装置，可使系统的细度模数在2.2~3.0之间简单调节；
4. 工艺简单，占地面积小，全封闭设计减少扬尘。

| 序号 | 设备名称 | 设备型号 | 功率（千瓦） | 备注 |
|---|---|---|---|---|
| 14 | 总计 | | 287.5 | |
| 13 | 车间收尘器 | LPF96-6 | 45 | |
| 12 | 百诺种尘机 | DD603 | 6.5 | / |
| 11 | 成品仓1 | 500t | / | |
| 10 | 提升机 | NE50*15M | 11 | |
| 9 | 皮带输送机 | B500*8000mm | 3 | |
| 8 | 提升机 | NE50*23 | 11 | |
| 7 | 振动筛 | 2YK2160 | 30 | |
| 6 | 皮带输送机 | B650*400mm | 3 | |
| 5 | 制砂机 | RSMX0922 | 160 | |
| 4 | 稳流仓 | 10m³ | / | |
| 3 | 提升机 | NE100*18 | 15 | |
| 2 | 皮带秤 | B800X3.5M | 3 | |
| 1 | 料仓 | 15m³ | / | |

郑州鼎盛工程技术有限公司

建筑垃圾生产线

年产100万吨建筑垃圾资源化利用-制砂系统

CAD    DS-20160812—1-2    2016.08.12

图 7-2　年产100万吨建筑垃圾资源化利用-制砂系统

（3）制粉系统。制粉系统如图 7-3 所示。

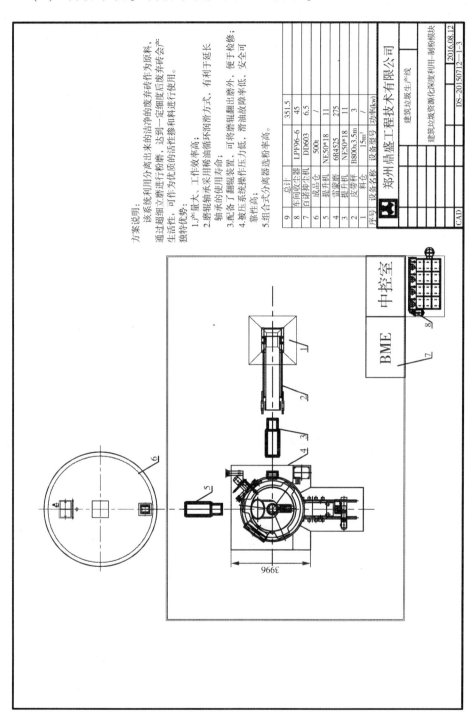

方案说明：

该系统利用分离出来的洁净的废弃砖作为原料，通过超细立磨进行粉磨，达到一定细度后废弃砖会产生活性，可作为优质的活性掺料进行使用。

独特优势：
1. 产量大、工作效率高；
2. 磨辊轴承采用稀油循环润滑方式，有利于延长轴承的使用寿命；
3. 配备了翻辊装置，可将磨辊翻出磨外，便于检修；
4. 液压系统操作压力低，滑油故障率低、安全可靠性高；
5. 组合式分离器选粉率高。

| 9 | 总计 | | 351.5 | |
|---|---|---|---|---|
| 8 | 车间收尘器 | LPF96-6 | 45 | |
| 7 | 百诺卸尘机 | DD603 | 6.5 | |
| 6 | 成品仓 | 500t | / | |
| 5 | 提升机 | NE50*18 | 11 | |
| 4 | 雷蒙磨 | 6R4525 | 275 | |
| 3 | 提升机 | NE50*18 | 11 | |
| 2 | 皮带秤 | B800x3.5m | 3 | |
| 1 | 料仓 | 15m³ | | |
| 序号 | 设备名称 | 设备型号 | 功率(kw) | |

郑州鼎盛工程技术有限公司

建筑垃圾生产线

建筑垃圾资源化深度利用-制粉模块

| | 2016.08.12 |
|---|---|
| DS-20150712—1-3 | |
| CAD | |

图7-3　年产100万吨建筑垃圾资源化利用-制粉系统

（4）预拌砂浆系统。预拌砂浆系统如图 7-4 所示。

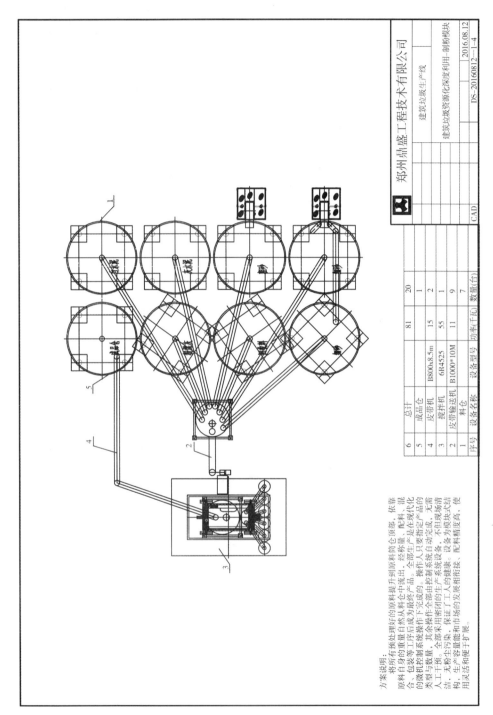

| 序号 | 设备名称 | 设备型号 | 功率(千瓦) | 数量(台) |
|---|---|---|---|---|
| 1 | 料仓 | | | 7 |
| 2 | 皮带输送机 | B1000*10M | 11 | 9 |
| 3 | 搅拌机 | 6R4525 | 55 | 1 |
| 4 | 皮带机 | B800×8.5m | 15 | 2 |
| 5 | 成品仓 | | 81 | 1 |
| 6 | 总计 | | | 20 |

郑州鼎盛工程技术有限公司

建筑垃圾生产线

建筑垃圾资源化深度利用-制粉模块

CAD　　　　DS-2016081Σ—1-4　　2016.08.12

方案说明：
将料所有预处理好的原料提升到料筒仓顶部，依靠原料自身的重量自然落中流出，经称量、配料、混合、包装等工序后成为最终产品。全部生产是在现代化的微机控制系统下完成的。操作人只要指定产品的类型与数量，其余操作全部由控制系统自动完成，无需人工干预。全部采用破碎的生产系统设备，不但现场清洁、无粉尘污染，保证工人的健康，设备为模块式结构，生产容量能的发展和市场的发展相衔接，配料精度高，使用灵活和便于扩展。

**图7-4　年产100万吨建筑垃圾资源化利用-干粉砂浆制成系统**

（5）混凝土搅拌系统。混凝土搅拌系统如图7-5所示。

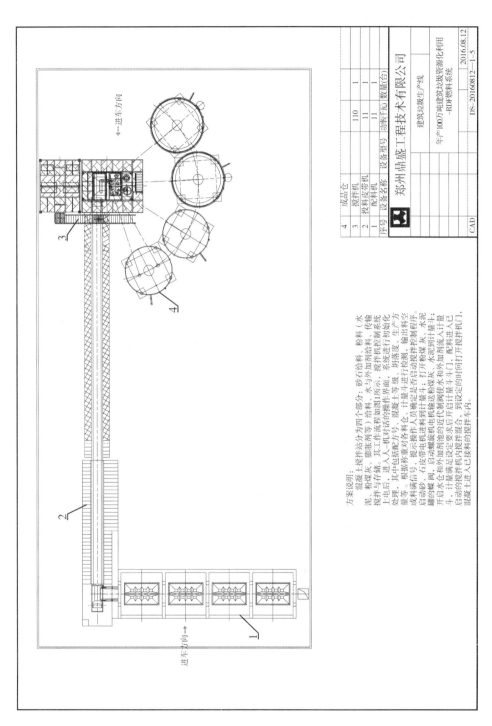

方案说明：

混凝土搅拌站分为四个部分：砂石给料，粉料（水泥、粉煤灰、膨胀剂等）给料、水与外加剂给料、搅拌机控制系统处理。其中包括配方方案、混凝土等级、异落度、生产方处理。其中包括配方方案、混凝土等级、异落度、生产方式等。根据称重对各料仓。提示操作人员确定各料空或料满信号，提示操作人员确定启动搅拌控制程序。启动皮带电机进料的近代制阀使水和外加剂流人计量斗；打开粉煤灰、水泥到计量斗，启动螺旋电机输送粉煤灰、水泥到计量斗。开启水仓和外加剂仓的近代制阀使水和外加剂流人计量斗，计量满足设定要求后开启计量斗卡门，配料进人搅拌机内搅拌混合，到设定时间打开搅拌机门，混凝土进入已接料的搅拌车内。

| 序号 | 设备名称 | 设备型号 | 功率（kW) | 数量（台) |
|---|---|---|---|---|
| 4 | 成品仓 | | | 1 |
| 3 | 搅拌机 | | 110 | 1 |
| 2 | 投料皮带机 | | 11 | 1 |
| 1 | 配料机 | | 11 | 1 |

郑州鼎盛工程技术有限公司

| 年产100万吨建筑垃圾资源化利用 | 建筑垃圾生产线 |
|---|---|
| -RDF燃料系统 | 2016.08.12 |
| CAD | DS-20160812—1-5 |

**图7-5　年产100万吨建筑垃圾资源化利用-混凝土搅拌系统**

（6）制砖系统。制砖系统如图7-6所示。

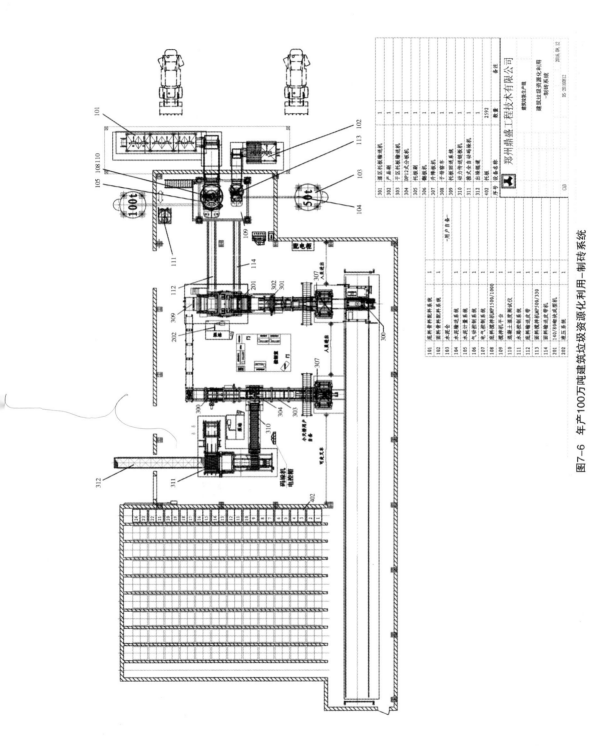

图7-6 年产100万吨建筑垃圾资源化利用-制砖系统

（7）RDF 燃料系统。RDF 燃料系统如图 7-7 所示。

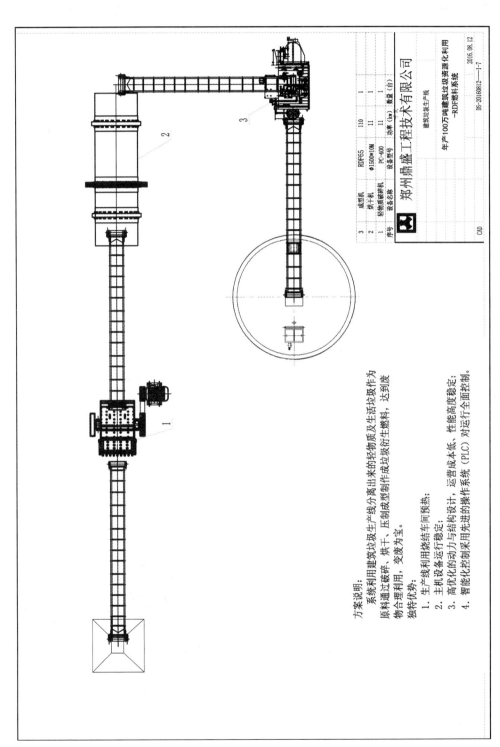

图 7-7　年产100万吨建筑垃圾资源化利用–RDF燃料系统

方案说明：

系统利用建筑垃圾生产线分离出来的轻物质及生活垃圾作为原料通过破碎、烘干、压制成型制作成垃圾衍生燃料，达到废物合理利用，变废为宝。

独特优势：

1. 生产线利用燃结车同预热；
2. 主机设备运行稳定、运营成本低、性能高度稳定；
3. 高优化的动力与结构设计，性能高度稳定；
4. 智能化控制采用先进的操作系统（PLC）对运行全面控制。

| 序号 | 设备名称 | 设备型号 | 功率（kw） | 数量（台） |
| --- | --- | --- | --- | --- |
| 3 | 成型机 | RDF65 | 110 | 1 |
| 2 | 烘干机 | φ1500×10M | 11 | 1 |
| 1 | 轻物质破碎机 | PC-400 | 11 | 1 |

郑州鼎盛工程技术有限公司

建筑垃圾生产线

年产100万吨建筑垃圾资源化利用–RDF燃料系统

DS-20160812—1-7

2016.06.12

CAD

## 2. 渣土资源化利用板块

（1）洗选系统。见图 7-8。

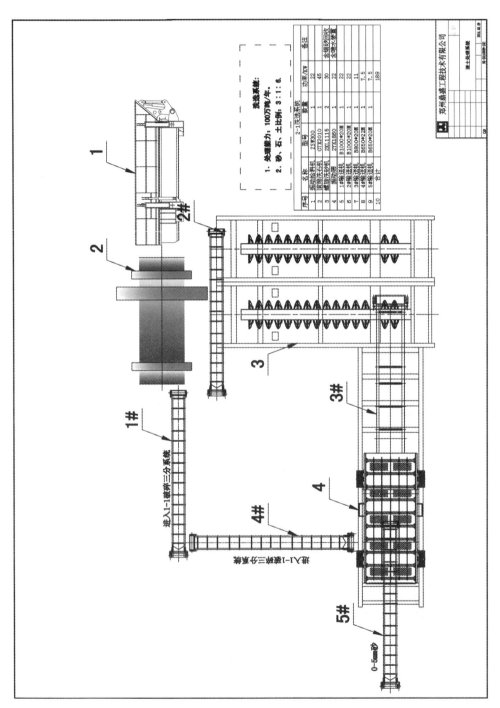

图7-8 渣土处理系统（水泥）

（2）脱水系统。见图 7-9。

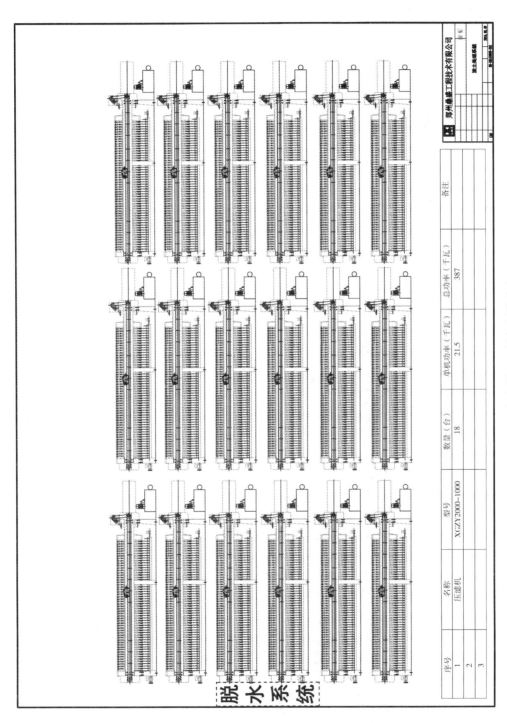

图7-9　渣土处理系统（脱水）

| 序号 | 名称 | 型号 | 数量（台） | 单机功率（千瓦） | 总功率（千瓦） | 备注 |
|---|---|---|---|---|---|---|
| 1 | 压滤机 | XGZY2000-1000 | 18 | 21.5 | 387 | |
| 2 | | | | | | |
| 3 | | | | | | |

（3）烧结砖系统。见图 7-10。

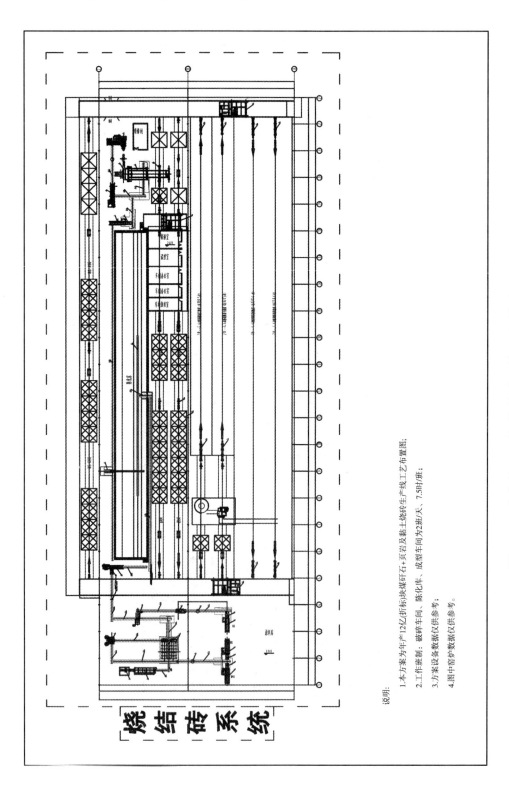

图7-10 渣土处理系统(烧结砖系统1.2亿块/年)

说明:

1.本方案为年产12亿折标块煤矸石+页岩及黏土烧砖生产线工艺布置图;

2.工作班制:破碎车间、陈化库、成型车间为2班/天, 7.5时/班;

3.方案设备数据仅供参考;

4.图中窑炉数据仅供参考。

## 3. 淤泥资源化利用板块

（1）洗选系统。见图 7-11。

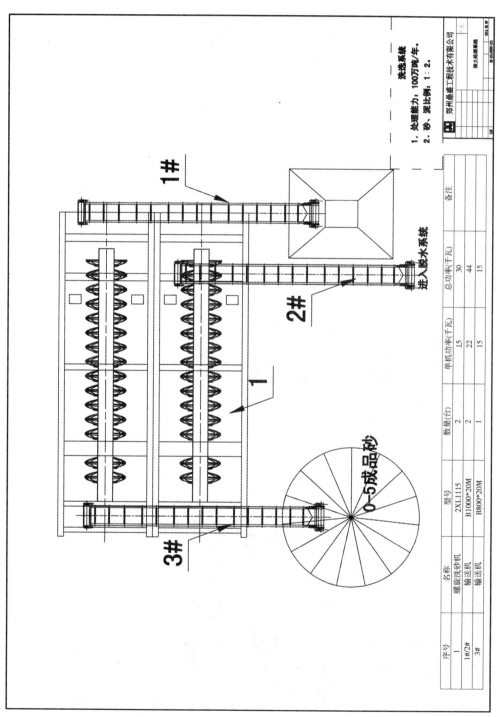

图7-11　淤泥处理系统（洗选系统100万吨/年）

洗选系统

1. 处理能力：100万吨/年。
2. 砂、泥比例：1：2。

郑州鼎盛工程技术有限公司

| 序号 | 名称 | 型号 | 数量(台) | 单机功率(千瓦) | 总功率(千瓦) | 备注 |
|---|---|---|---|---|---|---|
| 1 | 螺旋洗砂机 | 2XL1115 | 2 | 15 | 30 | |
| 1#/2# | 输送机 | B1000*20M | 2 | 22 | 44 | |
| 3# | 输送机 | B800*20M | 1 | 15 | 15 | |

（2）脱水系统。见图7-12。

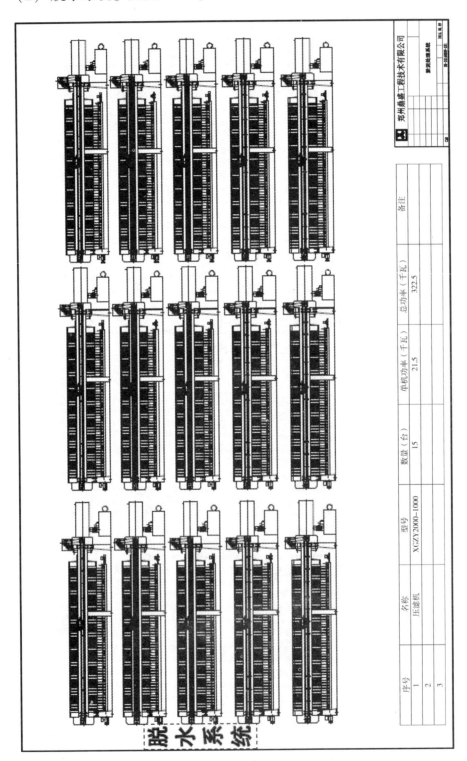

图7-12 淤泥处理系统（脱水系统500m³/h）

| 序号 | 名称 | 型号 | 数量（台） | 单机功率（千瓦） | 总功率（千瓦） | 备注 |
|---|---|---|---|---|---|---|
| 1 | 压滤机 | XGZY2000-1000 | 15 | 21.5 | 322.5 | |
| 2 | | | | | | |
| 3 | | | | | | |

（3）水处理系统。见图 7–13。

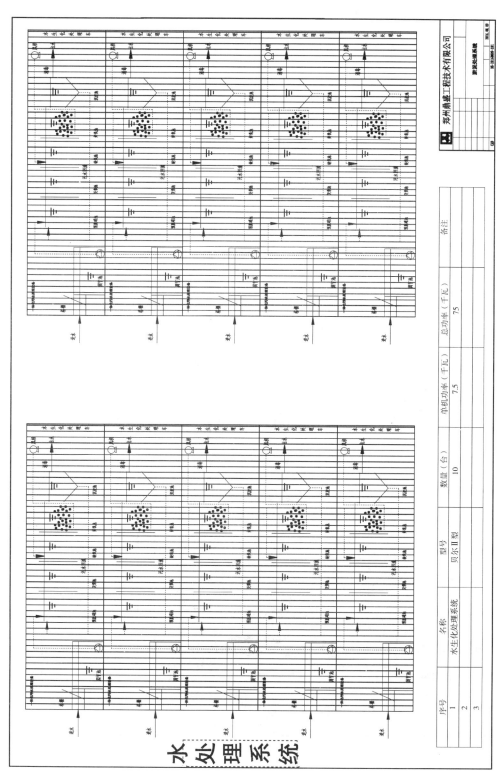

图7-13　淤泥处理系统（水处理系统500m³/h）

## 4. 污泥资源化利用板块

（1）脱水系统。见图 7-14。

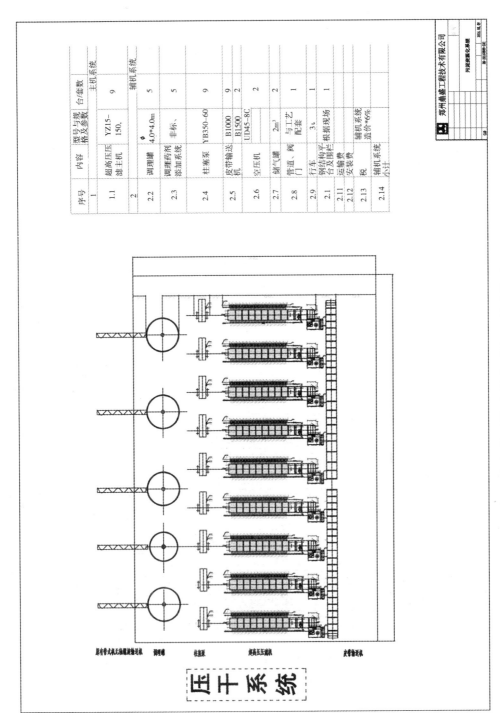

图7-14 污泥资源化系统（脱水系统20万吨/年）

（2）烧结陶粒系统。见图 7-15。

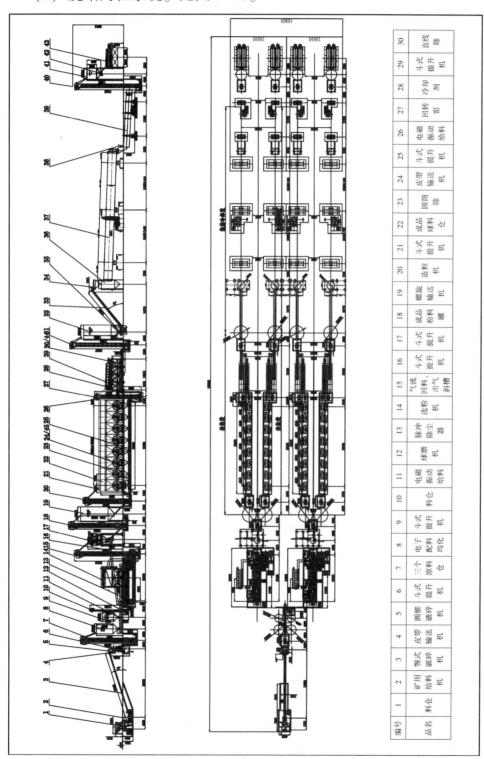

图7-15　污泥资源化系统（烧结陶粒系统20万吨/年）

| 编号 | 1 | 2 | 3 | 4 | 5 | 6 | 7 | 8 | 9 | 10 | 11 | 12 | 13 | 14 | 15 | 16 | 17 | 18 | 19 | 20 | 21 | 22 | 23 | 24 | 25 | 26 | 27 | 28 | 29 | 30 |
|---|---|---|---|---|---|---|---|---|---|---|---|---|---|---|---|---|---|---|---|---|---|---|---|---|---|---|---|---|---|---|
| 品名 | 料仓 | 矿用给料机 | 颚式破碎机 | 皮带输送机 | 圆锥破碎机 | 斗式提升机 | 三个原料仓 | 电子配料均化 | 斗式提升机 | 料仓 | 电磁振动给料 | 球磨机 | 脉冲除尘器 | 选粉机 | 气流回料、出气斜槽 | 斗式提升机 | 斗式提升机 | 成品粉料罐 | 螺旋输送机 | 造粒机 | 斗式提升机 | 成品球料仓 | 阴筒筛 | 皮带输送机 | 斗式提升机 | 电磁振动给料 | 回转窑 | 冷却剂 | 斗式提升机 | 直线筛 |

5. 智能化系统

（1）背景介绍。郑州鼎盛工程技术有限公司目前正在进行湘潭市高新技术开发区城中村改造遗留建筑垃圾的环保化处理项目，该项目涉及面广、影响力大。鼎盛公司员工立志以鼎盛公司的"移动破"精神，将本项目做成湘潭市环保行业的模范项目。

（2）需求分析。根据与鼎盛公司项目指挥部和工程部的前期沟通与调研，我们将初步的需求总结如下：

1）将项目现场的移动破碎站、环保设备等工程设备系统状态进行联网采集并发送至项目指挥部和鼎盛公司总部指挥大厅两级指挥中心，并通过数据统计和分析功能，具备将指定报表发送至移动手机端的能力。

2）在项目现场设置视频监控，对现场指挥部、施工场地、堆料场等重点区域进行监控，并传输至项目指挥部和鼎盛公司总部指挥大厅两级指挥中心。

3）在项目现场配置粉尘（PM2.5，PM10）监控手段。

4）建立现场指挥中心，实现网络通信、现场数据监控、现场视频监控、演示与展示等功能。

（3）总体方案。根据上节所述需求，我们给出初步的总体方案设计。总体方案如图 7-16 示意。根据总体方案，我们将项目划分为以下几个子系统并进一步详细描述。

1）通信子系统。通信子系统主要负责三个地理位置的互联（施工场地、现场指挥中心、鼎盛总部指挥中心）。

其中施工场地中的节点与现场指挥中心通过大功率 WIFI 设备进行覆盖，传输实时监控视频和设备状态数据。使用的设备包括室外大功率 WIFI 路由器，室外 WIFI 中继器，高增益天线，供电电源等。

现场指挥中心和鼎盛总部指挥中心通过联通运行商的地面网络进行连接，传输部分实时监控视频和所有的设备状态数据。使用的设备包括 VPN 路由器、交换机等。

2）视频监控子系统。视频监控子系统主要对现场各个地点进行视频监控覆盖。

该系统特殊的地方在于移动破碎站监控摄像头要与设备同时移动。经调研，建议与电控箱设施放置在同一平台，使用 360 度摄像头，可转换角度进行监控，在 BME（柏美迪康）设备旁设置一个监控点。

同时，由于施工场地较大而且情况复杂，变化较多，建议在现场指挥中

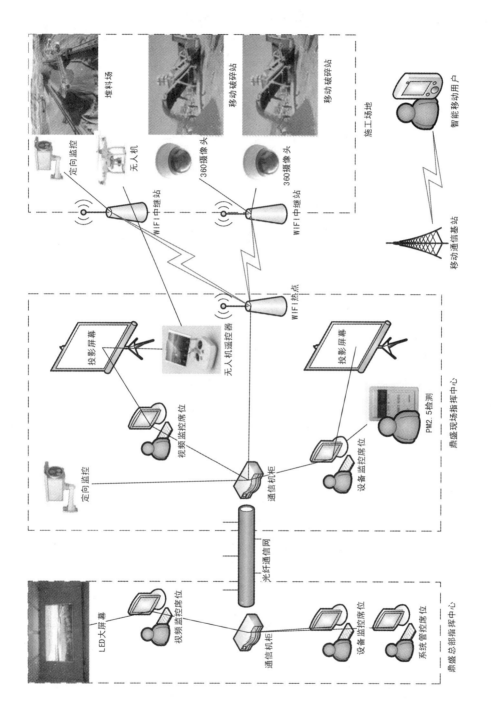

图7-16 总体方案

心配备无人机一台，可以随时在空中对整体场地进行拍照和视频监控，从而可以起到明确破碎作业施工路线规划、整体施工进度监控的作用，并且在参观时可以进行现场直播，能够非常好地整体展示效果。

监控子系统在现场指挥中心拟布设 6 个监控点，每台移动破碎站布设 2 个监控点，堆料场布设 2 个监控点。设现场有两台移动破碎站，则共需布设 12 个监控点。

监控子系统所有的视频点视频流将通过 WIFI 网络和数据线汇集到统一监控平台上，通过视频监控软件平台进行访问。

3）设备监控子系统。设备监控子系统主要对现场各个可采集设备的信息进行采集和汇集，并发送至鼎盛总部指挥中心。

设备监控子系统主要包括与设备对接的串口服务器和 WIFI 发射模块，以及需要配套开发的数据解析与处理、显示程序。设备监控子系统在现场指挥中心拟部署一台电脑用于设备状态监控，在鼎盛总部指挥中心也将设备数据集成在监控系统软件中。

本项目需要对接的设备，移动破使用的是西门子 S7-200 系列 PLC，BME 设备使用的是欧姆龙 PLC 和 MODBUS 协议，物理协议均使用 485 接口，在设备工程师提供了相应的数据协议内容后就可以进行开发工作。

4）现场指挥中心子系统。现场指挥中心主要是实现在现场对设备数据进行监控，并管理现场实时视频和网络通信的功能。

现场指挥中心需要配备至少两台电脑，以及用于大屏幕展示的投影机两台，分别用于展示视频和数据界面。

现场指挥中心需配备一台便携式 PM2.5/PM10 粉尘检测仪，从而可以在指定地点定期检测粉尘情况，并进行记录和发布。

5）鼎盛指挥中心子系统。鼎盛指挥中心中不需要添置硬件设备，但需要根据现场设备情况对监控软件进行修改和增加界面以及功能，并需要调试视频平台接入。

对于移动平台的策略，鉴于对外信息的敏感性，建议由专职人员申请微信公众号，将筛选过的报表、污染指数、现场监控照片、工作宣传报道等定期发送。经认证后可以通过视频平台查看现场监控数据，但由于现场网络条件可能需要限制可访问监控视频的人员范围。

（4）系统方案报价。系统方案报价如表 7-3 所示。

表 7-3　智能化系统方案报价表

（单位：元）

| 子系统 | 序号 | 单项名称 | 单价 | 数量 | 总价 |
|---|---|---|---|---|---|
| 通信子系统 | 1 | WIFI 大功率热点（附带 10 分贝天线和防雷器） | 2 400 | 1 | 2 400 |
| | 2 | WIFI 中继器 | 550 | 3 | 1 650 |
| | 3 | WIFI 支架 | 240 | 4 | 960 |
| | 4 | VPN 路由器 | 950 | 1 | 950 |
| | 5 | 16 口交换机 | 280 | 1 | 280 |
| 视频监控子系统 | 6 | 360 网络摄像头（高清） | 650 | 4 | 2 600 |
| | 7 | 室外网络摄像头（高清） | 600 | 8 | 4 800 |
| | 8 | WIFI 网桥 | 400 | 12 | 4 800 |
| | 9 | 摄像头支架和防护罩 | 140 | 8 | 1 120 |
| | 10 | 电源线、监控电源、信号线材及零散耗材（预计） | 4 000 | 1 | 4 000 |
| | 11 | 大疆 Phontom 3 无人机（含高清相机、双电池、遥控显示终端（iPadmini）、显示器罩、遥控 HDMI 输出模组、备用桨和螺旋桨防护器） | 16 000 | 1 | 16 000 |
| 设备监控子系统 | 12 | 485 转 WIFI 串口服务器 | 600 | 4 | 2 400 |
| | 13 | 软件开发与调试费 | 20 000 | 1 | 20 000 |
| 现场指挥中心子系统 | 14 | 台式计算机 | 3 499 | 2 | 6 998 |
| | 15 | 投影机（3000 流明商用高清） | 4 999 | 2 | 9 998 |
| | 16 | 100 寸幕布及投影机支架、视频线 | 900 | 2 | 1 800 |
| | 17 | 激光粉尘 PM2.5/PM10 检测仪 | 2 600 | 1 | 2 600 |
| | | 小计 | | | 83 356 |

（5）实施周期与步骤。开始实施后需要 3 天左右的订货期，之后需要 3~4 天的调试时间，即可以将视频监控系统部署完毕。

软件开发需要在协议交付后开始，待设备正常运行后进行调试，需要 2~4 周不等，即可完成初步的显示和集成工作，后续的报表和优化等工作需要根据项目实施情况而定。

# 第8章 建筑垃圾中有机物质的再生利用

## 8.1 有机物质再生利用的必要性

近年来，由于高分子合成技术进一步提高，国内塑料工业迅速发展，再加上人们生活水平的提高，对室内家具和室内装修也有了更高的要求，越来越多的有机制品走进千家万户，成为人们日常生活中必不可少的物质资料之一。这些有机物质在建筑物的拆迁、修缮以及管网的建设、铺设过程中被毁坏、丢弃而成了废弃物。

### 8.1.1 有机物质的分类

建筑垃圾中的有机物质数量巨大而且种类繁多，国内目前有两种分类方法：按用途可分为塑料门窗、塑料开关、墙踢脚、护墙板、天花板、壁板、塑料电线外皮、塑料壁纸、塑料电线管、保温墙板以及废弃的木制家具和木质结构件等；按成分可分为聚乙烯（PE）、聚丙烯（PP）、聚氯乙烯（PVC）、聚苯乙烯（PS）及木纤维类等。

### 8.1.2 有机物质的危害

世界各国每年都产生大量废旧塑料，带来巨大的环境压力。塑料在建筑垃圾中所占比例不足 10%（按质量计），但由于其不易分解且体积大，难以处理，不仅占用了大量土地，而且严重污染了环境。

1. 对环境的危害

填埋和焚烧是常规的有机垃圾处理方法，但由于垃圾填埋不仅占地大、选址难、有用资源难以回收，而且填埋过程中的渗滤液、恶臭和气体更会对周围环境造成危害。废弃塑料的相对分子质量为 104~105，分子与分子之间结合十分牢固，在自然条件下，分解速度极为缓慢。如聚乙烯、聚氯乙烯，在土壤中需三四百年才能完全降解，它们滞留在土壤中会破坏土壤的透气性能，降低土壤的蓄水能力，影响农作物对水分、养分的吸收，阻碍作物的生长，从而造成农作物的大幅度减产，使耕地劣化。此外，塑料添加剂中的重金属离子及有毒物质会在土壤中通过扩散、渗透，直接影响地下水质和植物生长。

2. 对人体的危害

塑料废弃物的焚烧会产生有害的气体，如聚氯乙烯燃烧产生氯化氢、聚氨酯燃烧产生氰化物、聚碳酸酯燃烧产生光气等有害气体，它们对人体的伤害极为严重；废弃的木料长期堆放，浸水后不仅容易腐烂，而且容易滋生蚊虫，传播疾病，对人类健康埋下祸患。

鉴于废弃有机物质的上述危害，同时也为了达到节约资源和保护环境的要求，必须对建筑垃圾中的有机物质进行回收处理再利用，而且要系统化、全面化、最优化，保证有机物质得到最有效的利用。

# 8.2 废弃有机物质的综合利用

## 8.2.1 概述

垃圾的焚烧处理已经成为城市有机垃圾的主要处理方式之一，具有回收热能和减量最彻底的特点。焚烧后的垃圾，体积可比原来减少 85%~95%。但是城市有机垃圾如果不经处理直接作为固体燃料，还存在许多问题：

（1）垃圾中常含有塑料以及其他含氯化合物，高温受热时产生具有腐蚀性的氯化氢气体，氯化氢排放可形成酸雨，而且在炉内腐蚀金属设备。

（2）由于含氯化合物的存在，还可能产生剧毒有害物质——二噁英，对人类健康形成很强的危害。

（3）垃圾焚烧后排出的灰渣通常含有有害金属，如汞、铅等，若处理不善，也会造成环境的二次污染。

世界各国正在发展垃圾衍生燃料（Refuse Derived Fuel，RDF）技术。垃圾衍生燃料具有热值高、燃烧稳定、易于运输、易于储存、二次污染低和二噁英类物质排放量低等特点，广泛应用于干燥工程、水泥制造、供热工程和发电工程等领域。垃圾衍生燃料（RDF）的诞生，无疑为垃圾能源化带来了生机，成为垃圾利用领域新的生长点。

我国对 RDF 的研究起步较晚，1996 年中国科学院广州能源研究所固体废物实验室和太原理工大学煤科学与技术山西省重点实验室在国内率先开展一系列的垃圾衍生燃料的成型、热解、气化、污染物控制等方面的研究，并联合培养了 RDF 技术领域方面的博士研究生。另据报道，2001 年中国科学院工程热物理研究所与日本石川岛播磨重工业公司在环境能源领域进行了技术合作，并接受了一套对方赠送的价值6 000万日元的RDF生产设备，安装于北京市延庆县。根据该所在国内第一条日产6吨的RDF生产线上的试验研究，表明中国垃圾进行RDF工艺是可行的，它是一种优质燃料，热值与无烟煤相当，可用来作为替代燃料。目前制备RDF的成本偏高，随着生产规模的扩大，成本会大幅降低，而制备RDF焚烧所产生的环境效益非常有吸引力。

发达国家对RDF技术的重视，使其应用范围不断扩大，目前主要应用在以下几个方面：

（1）中小公共场合。主要是指温水游泳池、体育馆、医院、公共浴池、老人福利院、融化积雪等方面。

（2）干燥工程。在特质的锅炉中燃烧RDF，将其作为干燥和热脱臭中的热源利用。

（3）水泥制造。日本将RDF的燃烧灰作为水泥制造中的原料进行利用，从而取消RDF的燃烧灰处理过程，降低运行费用，此技术已实现了工业化应用。

（4）地区供热工程。在供热工程基础建设比较完备的地区，只需建设专门的RDF燃烧锅炉就可以实现RDF供热，投资较少。

（5）发电工程。在火力发电厂将RDF与煤混烧进行发电，十分经济。在特制的RDF燃烧锅炉中进行小型规模的燃烧发电，也得到了较快的发展。日本政府从1993年开始研究RDF燃烧发电方案，并已投资进行RDF燃烧发电厂的建设。

（6）作为炭化物应用。将RDF在空气隔绝的情况下进行热解炭化，制得的可燃气体燃烧，作为干燥工程的热源，热解残留物即为炭化物，可作为还原剂在炼铁高炉中替代焦炭进行利用。

### 8.2.2 垃圾衍生燃料分类组成及特性

1. RDF分类

美国检查及材料协会（ASTM）按城市有机垃圾衍生燃料的加工程度、形状、用途等将RDF分成7类（表8-1）。在美国RDF一般指RDF22和RDF23，瑞士、日本等国家RDF一般是指RDF25，其形状为$\phi$（10~20）毫米×（20~80）毫米圆柱状，其热值为14 600~21 000千焦/千克。

表 8-1　美国检查及材料协会的 RDF 分类

| 分类 | 内容 | 备注 |
|---|---|---|
| RDF21 | 仅仅是将普通城市有机垃圾中的大件垃圾选出去而得到的可燃固体废弃物 | |
| RDF22 | 将城市有机垃圾中去除金属和玻璃，粗碎通过 152 毫米的筛后得到的可燃固体废弃物 | Coarse（粗）RDF C2RDF |
| RDF23 | 将城市有机垃圾中去除金属和玻璃，粗碎通过 50 毫米的筛后得到的可燃固体废弃物 | Fluff（绒状）RDF F2RDF |
| RDF24 | 将城市有机垃圾中去除金属和玻璃，粗碎通过 1.83 毫米的筛后得到的可燃固体废弃物 | Powder（粉）RDF P2RDF |
| RDF25 | 将城市有机垃圾分捡出金属和玻璃等不燃物，粉碎、干燥、加工成型后得到的可燃固体废弃物 | Densitied（细密）RDF D2RDF |
| RDF26 | 将城市有机垃圾加工成液体燃料 | Liquid Fuel（液体燃料） |
| RDF27 | 将城市有机垃圾加工成气体燃料 | Gaseous Fuel（固体燃料） |

2. RDF 的组成

RDF 的性质随着地区、生活习惯、经济发展水平的不同而不同。RDF 的物质组成一般为：纸 68.0%，塑料胶片 15.0%，硬塑料 2.0%，非铁类金属 0.8%，玻璃 0.2%，木材、橡胶合计 4.0%，其他物质 10.0%。

3. RDF 的特性

（1）防腐性。RDF 的水分 10%，制造过程加入一些钙化合物添加剂，具有较好的防腐性，在室内保管 1 年无问题，而且不会吸湿而粉碎。

（2）燃烧性。热值高，发热量在 14 600~21 000 千焦/千克，且形状一致而均匀，有利于稳定燃烧和提高效率。可单独燃烧，也可和煤、木屑等混合燃烧。其燃烧和发电效率均高于垃圾发电站。

（3）环保特性。由于含氯塑料只占其中一部分，加上石灰，可在炉内进行脱氯，抑制氯化物气体的产生，烟气和二噁英等污染物的排放量少，而且在炉内脱氯后形成氯化钙，有益于排灰固化处理。

（4）运营性。RDF 可不受场地和规模的限制而生产，生产方便。一般用袋装，卡车运输即可，管理方便。适于小城市分散制造后集中于一定规模的发电站使用，有利于提高发电效率和进行二噁英等治理。

（5）利用性。作为燃料使用时虽不如油、气方便但和低质煤类似。另外，据报道，在日本川野田水泥厂用 RDF 作为水泥回转窑燃料时，其较多的灰分也变成有用原料，并开始在其他水泥厂推广。

（6）残渣特性。RDF 制造过程产生的不燃物占 1%~8%，适当处理即可；燃后残渣占 8%~25%，比焚烧炉灰少，且干净，含钙量高，易利用，对减少填埋场有利。

（7）维修管理特性。RDF 燃烧炉无高温部，寿命长，维修管理方便，开停方便，利于处理废塑料。而焚烧炉寿命为 15~20 年，定检停工 2~4 周，管理严格，处理废塑料不便，不宜做填埋处理。

### 8.2.3 垃圾衍生燃料的生产工艺

城市有机垃圾固型燃料的制备工艺一般有散装 RDF 制备工艺、干燥成型 RDF 制备工艺和化学处理的 RDF 制备工艺。根据中国有机垃圾的现状，从改变焚烧炉的工作条件入手，可研究设计符合中国国情的混合垃圾焚烧炉颗粒燃料生产线。本文主要介绍由我们中国四川雷鸣生物环保工程有限公司研发的一项垃圾燃料处理制备工艺。

1. 垃圾燃料处理制备工艺设计的内容

（1）对垃圾进行有效的机械化分拣和破碎，保证破碎率≥95%，出料块度≤100 毫米。

（2）对含水 50%破碎垃圾进行有效的水分蒸发和充分混合，在有尾气热源的情况下采用尾气烘干；在没有尾气的情况下采用沥离处理，在充氧正压系统进行。

（3）垃圾含水 40%左右时，进行二次半湿粉碎至块度≤50 毫米。

（4）对块度≤50 毫米的垃圾进行均质混合和添加氧化钙等助剂后进行挤压造粒，φ20 毫米粒径长度 40~100 毫米，水分降至 36%。

（5）对含水 36%的颗粒燃料在 150 ℃进气温度下进行烘干，至含水≤25%颗粒燃料，送往焚烧炉。

2. 工艺流程图

整套工艺由垃圾接收破碎单元、垃圾含水率降低及热值提高单元、造粒烘干单元、配套工程单元组成。

很明显，图 8-1 中流程可分为 3 个单元：

（1）垃圾接收破碎单元：该单元分别设计大件分选和一体化破碎，以及辅助人工分选。

（2）垃圾含水率降低及热值提高单元：中国垃圾含水率平均在 35%~55%。为确保焚烧的低燃点和发热值的有效利用，采用两次烘干加一次冷却的方法实现。确保焚烧炉进料水分≤25%，燃料热值≥1 700 千卡/千克。

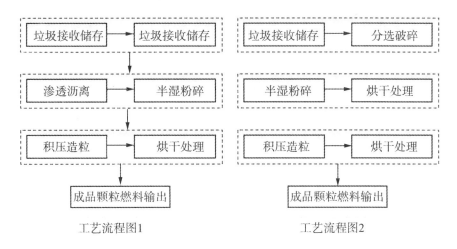

图 8-1　工艺流程图

（3）造粒烘干单元：原料的粉碎粒度，直接影响生态圈薄片的造粒加工。因此，采用半湿粉碎的方法，将造粒进料块度控制在 5 厘米以内，同时设计造粒机防堵孔机构及时清理挤压孔板，确保造粒机正常高效运行。

因垃圾处理的特殊性，在工艺设计时，尽量实现设备的"口对口"连接模式，通过过程设备的选用，尽最大限度减少用工。同时在有人值守岗位，设定喷洒除臭剂的方法减少空气污染，确保人员身心健康。

3. 仪器设备的选择及改进

该工艺首次对含水 35% ~ 55% 的混合垃圾颗粒燃料生产线进行研发，为资源的再利用创造良好条件。同时，其工艺路线比美国现在完整的 RDF 生产线减少设备近一半，各种运行费用极低，平均按垃圾计 32 ~ 36.3 元/吨，属国内首创。为了达到最佳的垃圾处理效果，优化选择处理的设备仪器，并对部分设备进行了合理的改进。

（1）管束式干燥机的选用：该机由机壳、搅拌传动装置、换热列管、风机、尾气收集系统、空气补充系统及蒸汽排放处理系统构成，主要用于将含水 50% 以上的破碎垃圾进行烘干处理，将其含水率降至 35% 甚至更低，同时由于搅拌过程的物料均匀混合，保证出机垃圾的综合成分及含水率与发热值均衡，以保证焚烧炉经济有效运行。该机水分蒸发量为 2 000 ~ 3 000 千克/时。该系统共需热 190 万 ~ 280 万千卡/时（2.3 ~ 2.9 兆瓦/时），进料垃圾水分 40% ~ 50%，处理能力 12 吨/时出料水分 32% ~ 35%，锅炉厂确认锅炉尾气排放情况为：180 ℃，91 000 米³/时。经恒算为 2 200 兆卡/时（2.6 兆瓦/时），刚好符合干燥机使用要求。该干燥机使用工况为：进气

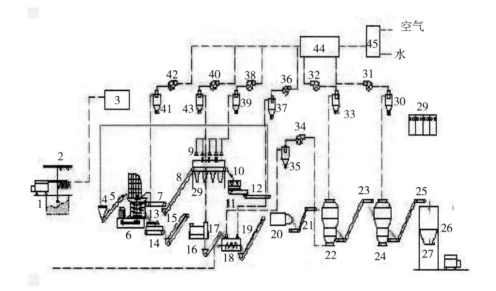

图 8-2 工艺流程拓展图

1 垃圾接收槽 2 行车抓斗 3 除臭系统 4 格筛 5 板式给料机 6 垃圾分拣破碎机
7、11、12、17、19 皮带输送机 8 人工分拣机 9 人工分拣平台 10 大件垃圾复合式
粉碎机 13 磁选机 14、15 封闭式皮带输送机 16 半湿粉碎机 18 搅拌预脱水干机
20 有机垃圾切片熟化挤出机 21、23、25 大倾角皮带机 22、24 流化床 26 料仓
27 气动闸门 28 人工分拣平台 29 自动电控系统 30、33、35、37、39、41、43 旋风
除尘器 31、32、34、36、38、40、42 风机 44 尾气处理系统 45 空气过滤器

180 ℃，出气 65~75 ℃。尾气排放 85 万千卡/时（1.05 兆瓦/时），出气相对湿度 0.09%，相对饱和度 50%，具备较强的传质能力。

（2）沸腾床干燥机的选用：管束式干燥机排气，温度接近造粒机出料温度，可以将燃料颗粒直接进入恒速干燥段，为强化传质推动力，故增加沸腾床干燥机一台，用于利用此部分余热蒸发水分。该机由带通透性进风机壳、传动机构、热风渗透系统、机架等构成。采用沸腾流化操作，该机主要用于将造粒机出来的含水 30% 的颗粒燃料烘干至含水 ≤26%~27%，出料温度 60~65 ℃ 利于冷却床的高效运行。该机供热采用管式干燥机尾气，同时对造粒颗粒在水分蒸发过程中实现强度提高，保证燃烧的充分和挥发分的有效利用。

（3）沸腾床冷却机的选用：经沸腾床干燥机出料温度 40~45 ℃，利用一台沸腾床冷却机实现，此间脱水 2%~3%，消除燃料颗粒结块可能。该机由带通透性进风机壳、传动机构、冷风渗透系统、机架等构成。采用沸腾流化操作再次通过自然风冷却至室温。该机主要用于将沸腾床干燥机出来的含水 27%左右的颗粒燃料烘干至含水≤24%~25%，出料温度接近室温利于焚烧炉高效运行和燃料的可靠储存。该机供冷采用自然洁净空气，同时对造粒颗粒在水分冷却过程中实现强度再次提高，保证燃烧的充分和挥发分的有效利用。

（4）垃圾破袋分拣破碎机：该机由组合式垃圾综合处理系统、驱动装置、机架操作检修平台构成。对城市有机垃圾同时进行破袋，分拣和破碎三种加工。破碎率≥95%，硬性物有效分拣率≥80%，设备出口物料块度≤100 毫米。

（5）粉碎机：该机由粉碎执行机构、机壳、机架和驱动装置构成。该机主要用于对从沥离仓出来之含水 40%左右垃圾进行二次粉碎，以保证造粒机运行良好的制粒性能，粉碎出料块度≤50 毫米，产量≥14 000 千克/时。

（6）挤压成形机：该机为组合式挤压造粒机。由均质搅拌、挤压成形、孔板清理三部分机构组成。均质搅拌机构由双轴桨叶轴和机壳构成，挤压成形由变径变距螺杆、出料孔板、壳体构成。孔板清理机构由滑动孔板、滑槽、液压系统、滑动孔板表面清理系统构成。该机将由半湿粉碎机出来之 5 厘米以下块度的物料进行挤压，成柱状条形颗粒。颗粒粒径 $\phi$20~30 毫米，长度≤100 毫米。由于垃圾中大量废塑料、破布等在挤压过程中极易出现在出料孔间搭桥结块，堵塞出料孔，故本机设有滑动孔板作为物料导向孔，当导向孔受堵，受液压系统控制，滑动孔板自动脱离挤压孔板，并剪断堵孔长纤维移向挤压筒外侧，经自动清理表面附着物后，自动归位，确保造粒机有效运行，减小停机损失。

本工艺采用了先进的热量内循环系统，使系统热效率提高 40%，且系统采用大量具有自主知识产权的高新技术产品，使工艺简化，性能提高，属国内外首创。

通过以上分析可以看出：整个生产线设备技术水平处于全球领先地位，设备运行率大于80%，保证正常运行，节约大量的运行费用和维护费用。

### 8.2.4　产品的性质与燃烧性能及排放指标

1. 产品性质

（1）有效提高发热值：试验证明，低位发热值 800 千卡/千克的垃圾，经上述过程加工后热值可达到 1 500~1 600 千卡/千克。

（2）水分含量降低，着火点也降低，可以不加任何热能补充物资（生炉发火除外），实现垃圾的焚烧作业。

（3）热值稳定。经垃圾加工后的颗粒燃料，热值基本一致，改善焚烧炉运行稳定性。

（4）孔隙率高与空气混合均匀度高，燃烧充分，通过造粒对细粉状物料的固定，尾气粉尘排放减少近80%。

（5）减量明显。试验证明，垃圾经加工成颗粒燃料后，垃圾减量60%，有效提高焚烧炉处理能力近1倍。

（6）由于燃烧条件改善，焚烧炉输出有效利用热能提高40%左右，扣除原料加工成本，总系统能量回收利用率提高近20%，排放质量有效提高。

（7）本系统所生产焚烧炉颗粒燃料性能见表8-2。

表8-2 焚烧炉颗粒燃料性能

| 项目 | 发热值 | 成品水分 | 颗粒形状 | 颗粒强度 | 颗粒堆比重 |
|------|--------|----------|----------|----------|------------|
| 性能参数 | 1 600~4 000 kcal/kg | ≤20% | （柱状）$\phi 20 \times$ 40~100 mm | 6~8 N | $r = 600$ kg/m³ |

2. 产品的燃烧性能及排放指标

本系统所生产焚烧炉颗粒燃料与普通不预处理垃圾直接燃焚使用性能比较见表8-3。

表8-3 焚烧炉颗粒燃料与普通不预处理垃圾直接焚烧使用性能比较

| 序号 | 项目 | 直接焚烧 | 颗粒焚烧 |
|------|------|----------|----------|
| 1 | 对原生垃圾要求 | $Q_{dv}^7 \geq 1\,000$ kcal/kg | $Q_{dv}^7 \geq 600$ kcal/kg |
| 2 | 堆密度 | $r = 250 \sim 350$ kg/m³ | $R \geq 600$ kg/m³ |
| 3 | 燃烧温度 | 724~1 050 ℃ | 1 050~1 300 ℃ |
| 4 | 垃圾在焚烧炉停留时间 | 1.5~2.5 h | 1~1.5 h |
| 5 | 垃圾料层厚度 | 500~1 000 mm | 500~1 500 mm |
| 6 | 燃烧尾热负荷 | $8 \times 10^4 \sim 15 \times 10^4$ kcal/（m³·h） | $1.5 \times 10^4 \sim 25 \times 10^4$ kcal/（m³·h） |
| 7 | 焚烧炉负荷范围 | 90%~100% | 100%~140% |
| 8 | 高热值物料添加 | 15%~30% | — |
| 9 | 焚烧炉渣热灼减量 | 5%~10% | ≤1% |
| 10 | 焚烧炉渣有机质含量 | 0.1%~3% | — |
| 11 | 出口烟气粉尘浓度 | 80~120 mg/m³ | 30~40 mg/m³ |
| 12 | 林格曼黑度 | I 级 | — |
| 13 | 炉膛空气过剩系数 | 1.5~2 | 2~4 |

总之，采用此技术将垃圾加工成燃料后再进行焚烧处理，垃圾减容率95%以上，热能回收率70%以上，电能回收率提高20%~30%，尾气排放质

量各项指标均优于散装垃圾焚烧处理 10~100 倍，燃烧剩余物可直接用于水泥厂、砖厂原料，完全实现零填埋。本系统对垃圾进行预处理后，再进行焚烧，是改变现有焚烧炉工作状况的最佳途径，同时降低了垃圾焚烧处理对原料、热值及水分的要求，提高了焚烧法处理垃圾的适用范围，减少能耗及成本，提高处理能力和热能输出，并极大降低尾气所造成之二次污染，是一项重要技术突破。

# 第9章 建筑垃圾的其他再生利用

## 9.1 建筑垃圾在载体桩复合地基中的应用

### 9.1.1 复合载体桩简介

载体桩是由混凝土桩身和载体组成的桩，施工时通过柱锤夯击成孔，反压护筒，将护筒沉到设计标高后，分批向孔内投入填充料反复夯实、挤密，并通过三击贯入度进行密实度控制，当三击贯入度满足设计要求后，再填入干硬性混凝土，形成载体；然后放置钢筋笼、灌注混凝土或放置预应力管节而形成桩。根据混凝土桩身的施工工艺的不同，载体桩分为现浇混凝土载体桩、预制桩身载体桩及载体桩复合地基。

建筑垃圾复合载体夯扩桩，是采用细长锤（直径为 250～500 毫米，长为 3 000～5 000 毫米，锤的质量为 3.5～6 吨），在护筒内边打边沉，沉到设计标高后，分批向孔内投入建筑垃圾，用细长锤反复夯实、挤密，在桩端处形成复合载体，放入钢筋笼，浇筑桩身（传力杆）混凝土面层的一种载体桩。

### 9.1.2 建筑垃圾在复合载体桩中的应用

在一般情况下土体是由三相组成：土颗粒、空气和水。从物理力学性质上分析，土体中的空气和水占总体积的比例越低，土体密实度和压缩模量就越高，承载力也就越高。地基土是经过若干万年土体的沉积而成的，土层越深，沉积年代就越久远，土体就越密实，其承载力就越高。只要埋得足够深、基础底面积足够大，任何一种建筑的基础都可以采用天然地基。但由于受施工技术的限制或由于施工造价原因，并非所有建筑基础都能采用天然地基，当天然地基承载力不满足设计要求时，相当多的建筑物则采用地基处理方法或桩基础。

载体桩施工技术是在一定埋深下的特定土层中，通过柱锤冲击能量的作用成孔，并填以适当的填充料进行夯实挤密，在一定的约束下使桩端土体实现最优的密实，达到设计要求的三击贯入度，形成等效计算面积为 Ae 的多级扩展基础，实现应力的扩散。一定埋深是为了保证足够的侧向约束，是土体密实的边界条件；柱锤夯击提供的夯实能量，是土体密实的外力条件；测量三击贯入度是为检测土体的密实度，是夯实土体的最终结果。故载体桩技术的核心为土体的密实，通过实现土体密实形成等效扩展基础。

由于土体只有在一定的约束条件下才能实现密实，故在设计时必须保证载体的埋深，若埋深太浅，周围约束力太小，将无法达到设计要求的密实度。载体施工的填充料也受加固土体的土性和施工间距的影响，若施工一根载体桩，为了达到较高的承载力，可以增加填充料，提高夯实效果，直至达到设计要求的贯入度。在实际工程中，由于受到相邻载体桩基础的影响，填充料不可能无限增加，当填充料增加到一定量后，就有可能影响到临近载体的成桩质量，针对不同的桩间距和地质情况，都有一种相应的最佳填料量。

垃圾可用于地基基础加固。建筑垃圾中的石块、混凝土块和碎砖块也可直接用于加固软土地基。建筑垃圾夯扩桩施工简单、承载力高、造价低，适用于多种地质情况，如杂填土、粉土地基、淤泥路基和软弱土路基等。主要利用途径有以下两种：

## 1. 建筑垃圾作建筑渣土桩填料加固软土地基

建筑垃圾具有足够的强度和耐久性，置入地基中不受外界影响，不会产生风化而变成疏松体，能够长久地起到骨料的作用。建筑渣土桩是利用起吊机械将短柱形的夯锤提升到一定高度，使之自由落下夯实原地基，在夯击坑中填充一定粒径的建筑垃圾（一般为碎砖和生石灰的混合料或碎砖、土和生石灰的混合料）进行夯实，以使建筑垃圾能托住重夯，再进行填料夯实，直至填满夯击坑，最后在上面做 30 厘米的三七灰层（利用桩孔内掏出的土与石灰拌成）。要求碎砖粒径 60~120 毫米。生石灰尽量采用新鲜块灰，土料可采用原槽土，但不应含有机杂质、淤泥及冻土块等，其含水量应接近最佳含水量。

## 2. 建筑垃圾作复合载体夯扩桩填料加固软土地基

建筑垃圾复合载体夯扩桩施工技术是在利用建筑垃圾加固软土地基的基础上，针对软土地基和松散填土地基的特点，结合多种桩基施工方法的优点，研究开发的一种地基加固处理新技术。载体复合地基处理后，路基沉降不大，且大部分沉降发生在施工期间，沉降基本能满足铁路路基对变形和施工后沉降的要求。路基坡脚外靠近坡脚处沿深度方向的水平位移不大。桩顶和桩间土的土压力随路基填土的增加而增加，填土完成后随路基固结，桩土间应力略有转移，桩土应力比略微增加。采用建筑垃圾作建筑渣土桩填料加固的载体桩复合地基能满足高速铁路路基处理对承载力和变形的要求。与同类型的复合地基相比，该技术具有一定的经济优势，并且能够资源化利用建筑垃圾，绿色环保，符合国家提倡的低碳、节能的发展方向，在高速铁路路基处理中具有推广应用价值。

### 9.1.3 建筑垃圾复合载体桩的性能

载体桩的受力与普通桩基础一样，首先桩侧受力，随着桩侧土与桩的相对位移逐渐增大，桩侧阻力逐渐增大，当侧阻力发挥完毕后，上部结构的荷载由桩端传递给桩端下的载体。载体由三部分组成：混凝土、夯实填充料和挤密土体，因此力在混凝土桩身下的传递与在普通混凝土桩底的传递是不一致的。普通桩端力的传递遵循土力学最基本的附加压力扩散原理，即随着深度的逐渐增加附加压力逐渐减少。而载体桩由于载体的存在使得受力与普通桩基不同。

载体中从混凝土、填充料到挤密土体，材料的压缩模量逐级降低，承载力也逐级降低。下一层材料对于上一层材料，是软弱下卧层，软弱下卧层的受力与均匀地基受力的显著差别在于当力传递到软弱层的顶面时，压力以扩散角进行扩散，其扩散的幅度远大于均匀地基的扩散，因此传递到混凝土桩身底的压力被显著扩散，表现为桩端承载力比普通混凝土桩承载力明显偏大，这是载体桩单桩承载力大的主要原因。由于载体桩桩长较短，其侧阻所占的比例偏小，所以载体桩承载力主要来源于载体。这点可以从某工程的载荷试验曲线得到验证。北京波森特岩土工程有限公司在武夷花园进行了载体和载体桩承载力的对比试验。该工程的土层自地表以下依次为：填土、黏质粉土和粉砂，载体桩以粉砂层作为持力土层，该土层承载力为 160 千帕，压缩模量为 12.0 兆帕，为试验载体的承载力，在施工完载体，放入柱锤进行载荷试验，采用柱锤作为传力杆以消除桩侧的摩阻力。

通过载体的载荷试验和载体桩的载荷试验发现，载体的载荷试验曲线和载体桩的载荷试验曲线形状较为相似，变形也大致相等。采用桩基础载荷试验的方法进行试验，并对没有达到极限状态的载体试验曲线以逆斜率法推算极限承载力。根据试验数据桩载体的平均承载力特征值约为 850 千牛。工程桩采用与试验桩相同的参数施工，施工完毕后按规范进行检测，经检测单桩承载力特征值为 950 千牛，侧摩阻承载力占比例为（950 − 850）/950 = 10.5%。通过试验对比发现：载体桩承载力主要来源于载体的承载力，载体桩的承载力与载体的承载力较接近，可见载体桩侧阻较小。

土体的密实与很多因素有关，如夯击能量、土体的含水量等。土体的密实度也并非越大越好，一方面，现场夯实与室内的击实试验不完全相同，不可能达到室内试验的密实度，另一方面，若过分严格要求三击贯入度可能造成施工工效的降低从而增加施工成本。

### 9.1.4　建筑垃圾复合载体桩工程案例

1. 载体桩技术在黏性土层中的应用

工程位于南京市某开发区，为一栋层高为三层（局部四层）的标准厂房，高度为 16.8 米，主体为框架结构，柱距为 6 米×12 米，厂房活荷载为 5.0 千帕/米$^2$。采用载体桩基础，设计桩径为 410 毫米，桩长为 8.2 米，设计单桩承载力特征值为 1 000 千牛。拟建建筑单柱荷载大，厂房跨度及活荷载大，对变形要求高，层土工程性质差，分布不均，且强度低、压缩性不均匀，因此对该工程而言，不能采用天然地基，可作为桩端持力层。根据南京地区的工作经验，结合工程的勘察地质资料，初步确定基础形式为桩基础，桩基础形式可以选择载体桩、钻孔灌注桩、人工挖孔桩和预应力管桩。

根据不同的方案进行对比，故最终确定采用北京博森特岩土工程有限公司的载体桩方案，设计桩径为 410 毫米，桩长 8.2 米，单桩承载力设计值为 1 000 千牛，工程设计载体桩 935 根。施工时桩身长度控制以载体进入持力层深度一半作为深度控制指标，混凝土强度等级为 C25。施工时三击贯入度控制为 10 厘米，单桩填入建筑垃圾量为 0.70~0.8 米$^3$。

2. 载体桩技术在卵石土层中的应用

北京万科紫台小区是北京万科置业有限公司投资开发的一个高档纯板式建筑，位于丰台区岳各庄，基础埋深在±0.00 标高以下约 8.00 米。该场区的地貌单元上位于永定河冲积扇的上部，整体地势平坦开阔，局部略有起伏。场地原分布有采石坑，现已回填为建筑渣土、生活垃圾等，据勘探结果，采石坑最深可达 17.0 米，厚度差异较大，回填物质成分复杂多样，局部夹有较大的漂石、块石及混凝土块，地面以下 30 米深度范围内存在地下水。回填坑下的卵石、圆砾石和砂层可作为桩基础良好的持力层。根据上部荷载的设计要求，共设计两种承载力的载体桩，承载力分别达到 1 550 千牛和 2 000 千牛，桩径分别取 450 毫米和 600 毫米。

通过万科紫台会所载体桩方案与人工挖孔桩方案的造价对比，最终选用了北京博森特岩土工程有限公司的载体桩技术，该楼采用载体桩可为投资方节省造价约 44%，可见载体桩方案具有明显的经济效益。

### 3. 载体桩技术在软土地区的应用

天津一〇五厂整体搬迁项目位于天津市东丽空港物流加工区的航空路和航天路之间，属于软土地区。基础原设计方案为静压管桩，但其桩数多，造价高，后改为载体桩方案，设计要求单桩承载力为1 300千牛，共布桩2 656根。该场地地形平坦，静止水位埋深较浅，地基土中含水量较高，在约15米范围内地基土承载力较低，压缩模量大，属于软土地基，从地面开始以下依此为素填土、黏土、淤泥质土、粉质黏土、粉细砂、粉土和粉质黏土。根据该工程地质条件及上部结构，采用预应力管节作为桩身的载体桩。工程桩施工完毕后，经检测，载体桩桩身完整性良好，承载力也满足设计要求，表明载体桩在软土中施工能取得良好的效果。

该工程原设计方案为静压管桩，需布桩3 300根，桩长大于21米，采用预应力管节作为桩身的载体桩后大大提高了单桩承载力，减少了桩数，为甲方节约造价300多万元，且工期比预计提前15天。

## 9.2　建筑垃圾在路面基层中的应用

建筑垃圾主要由碎混凝土、碎砖瓦、碎砂石土等无机物构成。其化学成分是硅酸盐、氧化物、氢氧化物、碳酸盐、硫化物及硫酸盐等，性能优于黏土、粉砂土，甚至优于沙土和石灰土，具有较好的硬度、强度、耐磨性、韧性、抗冻性、水稳性、化学稳定性，且遇水不收缩、冻胀危害小，是公路工程难得的水稳定性好的建筑材料。建筑垃圾颗粒大，比表面积小，含薄膜水少，不具备塑性，透水性好，能够阻断毛细水上升。在潮湿状态的环境下，用建筑垃圾进行基础垫层，强度变化不大，是理想的强度高、稳定性好的筑路材料。

建筑垃圾主要应用于以下领域：

### 1. 公路工程

公路工程具有工程数量大、耗用建材多的特点。耗材量决定着公路工程的基本造价，因此公路设计的一项基本原则就是因地制宜，就地取材，努力降低工程造价。而建筑垃圾具备其他建材无可比拟的优点：数量大、成本低、质量好。因此，建筑垃圾的主要应用对象，首选应该是公路工程、城市街道工程和广场建设工程。

### 2. 铁路工程

建筑垃圾可以应用在铁路的路基、松软土路基处理工程中。在粉土路基、黏土路基、淤泥路基和过水路基等领域，建筑垃圾可以用作改善路基加固土。

3. 其他工程

建筑垃圾不仅可以用于建筑工程地基与稳定土基础、粒料改善土基础、回填土基础、地基换填处理和楼地面垫层等，还可用于机场跑道、城市广场、街巷道路工程的结构层和稳定层等。

### 9.2.1　西安市某 I 级公路

在西安市某 I 级公路的改扩建过程中，部分路段采用了 RSLF（二灰稳定再生骨料）作为路面基层材料。该试验路段位于平坡、无弯道地区，试验路段设计采用水泥：石灰：粉煤灰：再生骨料 = 2 : 3 : 15 : 80，其中石灰和粉煤灰的质量均满足高等级路面基层的规范要求。此外，考虑到石灰和粉煤灰所组成的结合料，在黏结力方面稍显不足，因此在工程中用水泥代替部分石灰，以提高结合料的黏结力和早期强度。在施工过程中，按有关施工验收和检测规程，对工程的压实度、抗压强度等进行了现场测试，检测结果表明，RSFL 的力学性能和有关指标均满足 I 级路面基层的规范要求，试验路段基层中没有出现明显的缩裂现象；在外观上，RSFL 与普通二灰稳定骨料也没有差别，且 RSFL 的温缩和干缩性能也满足工程要求。证明二灰稳定再生骨料是一种力学性能较好的道路基层材料。

### 9.2.2　开兰路和国道 310 线

开封地区在开兰路改建工程和过境 310 国道改线工程中分别铺筑一段无机结合料稳定再生骨料基层和再生水泥混凝土路面试验路段。其中开兰路试验段是在不同路段采用 6 厘米沥青混凝土下 15 厘米水泥稳定再生骨料和 15 厘米二灰稳定再生骨料基层两种形式；过境 310 国道是在 15 厘米二灰碎石基层上加铺 24 厘米再生混凝土路面。施工时全部按照普通道路施工操作方法，而无须采用特殊手段。经过数年的通车使用，目前使用状况正常，与相邻其他路段相比，没有什么区别。再生骨料基层路面弯沉检测和再生混凝土现场抽检结果表明，试验路段与普通路段没有本质上的差别，均满足设计弯沉的要求，并随着通车使用还有所降低，符合半刚性基层的要求；再生水泥混凝土无论是抗压强度还是抗折强度都满足研究过程中所提的设计要求，表明再生骨料能够满足在半刚性基层或水泥混凝土中应用的技术要求，再生骨料混凝土除耐磨性稍差之外与普通混凝土无明显差别。

### 9.2.3　上海市某城郊公路

上海市某城郊公路，由于原混凝土路面大部分路段破损较为严重，道路的平整度稍差，雨后积水，严重影响了车辆的正常通行。经过批准，有关部门拟对原混凝土路面进行改扩建。在原路面扩改建过程中，为了充分利用这些废混凝土，保护周围环境，承建单位采用50%的再生骨料代替天然骨料，修建一段长400米的SFRC路面作为试验路面。王军龙、肖建庄等对含50%再生粗骨料的钢纤维混凝土路面进行了较为系统的研究：首先，在室内对再生粗骨料的密度、洛杉矶磨耗、压碎指标等基本性能进行了测试；其次，针对拟定的三组不同配合比的钢纤维再生混凝土试件，在室内进行了抗折强度、抗压强度等试验；最后，根据实验结果并结合工程经验，选取了一组较为理想的钢纤维再生混凝土配合比，完成了钢纤维再生混凝土路面的施工。

# 9.3 建筑垃圾透水砖的生产应用

## 9.3.1 透水混凝土路面砖及其透水机制

透水混凝土路面砖是指可以渗透水的具有协调人类生存环境的混凝土铺地砖。透水砖属一种新型生态建材制品，具有透水调湿的功能。铺于路面不仅能快速渗透雨水，减少路面积水，而且降低城市地面温度，改善人们在城市里的生活质量。透水混凝土路面砖的透水机制：采用特殊级配的骨料、水泥、外加剂和水等经特定工艺制成砖，其骨料间以点接触形成混凝土骨架，骨料周围包裹一层均匀的水泥浆薄膜，骨料颗粒通过硬化的水泥浆薄层胶结而成多孔的堆聚结构，内部形成大量的连通空隙。在下雨或路面积水时，水能沿着这些贯通的孔隙通道顺利地渗入地下或存在于路基中。该砖可用于铺设人行道或非机动车道等的混凝土路面及地面工程等，但其抗冻融循环能力较差，不适合寒冷地区使用。

## 9.3.2 透水混凝土路面砖的分类

按照透水方式与结构特征，透水混凝土路面砖通常分为正面透水型透水砖和侧面透水型透水砖。

1. 正面透水型透水砖

正面透水型透水砖的透水方式有两种：一种是水分由砖表面直接渗透或从砖侧面渗入砖中后再渗入地基；另一种是水分由砖的接缝处直接渗透。正面透水型透水砖的透水方式以水从砖表面直接渗透为主，结构形式有三种：

（1）单型。该砖结构上下层材料组成相同，若制成彩色透水砖，成本相对较高，单一结构透水砖表面粗糙，耐磨性较差。

（2）局部透水型。该砖表面只能局部区域透水，这种砖因可透水面积较小，透水速度较慢，正面透水型透水砖的最大特点是透水系数较大，但耐磨性差些。

（3）上、下层复合型。下层要求有较高的强度和透水系数；上层除要具有足够的强度外，耐磨性要求较高，透水系数也必须满足设计要求，这种复合型透水砖可制成彩色面层，铺设时组成各种图案，装饰效果较好。

2. 侧面透水型透水砖

该透水砖的透水方式是由砖接缝处（侧面）渗入透水砖的基层，然后再渗入透水性地基中。侧面透水型透水砖的结构均为上下复合型。基层要求同时具有较高的透水系数和强度，面层与普通路面砖相同，具有很好的耐磨性。

### 9.3.3　透水混凝土路面砖的原材料

抗压强度和透水性能是透水砖的两个关键指标，而它们与透水砖的材料组成有很大的关系。该砖主要是用水泥、特殊级配骨料、水及外加剂等材料通过特殊的成型制造工艺制成。利用废旧的混凝土作为主要原料研制透水砖，用于城市广场和城市道路的铺设，不仅能防止雨水汇集，保持道路畅通，吸尘、吸音、降低噪声，还可以美化环境，变废为宝，节约自然资源。因此，利用废旧混凝土研制透水砖具有重要的意义。为保证透水砖应具有的足够强度和良好的渗透性能，骨料应采用间断级配的单粒级骨料。生产透水砖一般选用硅酸盐水泥、普硅水泥、矿渣水泥，也可以使用硫铝酸盐水泥或铁铝酸盐水泥。透水性混凝土的骨料间为点接触，颗粒间黏结强度对透水砖整体力学性能的影响至关重要，因此一般选用强度等级较高和耐久性较好的水泥。此外，生产该砖对于再生混凝土骨料自身强度（包括抗压强度、抗折强度、抗拉强度）、颗粒形状、含泥率均有一定要求。

### 9.3.4　再生混凝土透水砖的性能

1. 配合比设计原则

透水砖的性能指标主要包括抗压强度、抗折强度、耐磨性、保水性、透水系数、抗冻性等。再生骨料透水混凝土的配合比设计应该满足透水性混凝土的结构要求。混凝土越密实，强度越高，孔隙越细小，透水性越差；反之，混凝土越疏松，强度越低，孔隙越粗大，透水性越好。因此在满足一定强度的同时，尽可能使界面产生更多的连通孔隙。

透水性混凝土的特性是高渗透性，但作为路面制品又必须满足一定的抗压强度和抗折强度。通常混凝土强度的增加会引起透水系数的减小，因此，如何使混凝土既满足一定的强度要求，又具有良好的透水性是配合比设计的主要任务。骨料级配是决定透水砖质量的另一个重要因素。为保证透水性混凝土应具有的足够强度和良好的渗透性能，骨料应采用间断型单粒级配。若骨料级配不良，混凝土结构中将含有大量孔隙，那么透水砖透水系数就大，而强度会偏低；反之，如果粗细骨料达到最佳配合，孔隙率小，强度必然高，而渗透性会很差。

透水混凝土抗压强度和水灰比之间影响关系并不像普通水泥混凝土一样，随着水灰比降低，抗压强度提高，应有一个最佳水灰比，即在单位体积下有一个最佳用水量。这是由于水灰比提高，骨料表面的水泥浆体厚度减薄和水泥强度下降，造成骨料间黏结强度下降而使透水混凝土强度降低。当水灰比过小，虽然骨料表面的水泥浆厚度增加和水泥浆强度提高，但混凝土成型困难造成压实度不够从而使透水混凝土强度降低。骨料粒径、集灰比和水灰比是影响透水混凝土透水性能的关键因素。随着集灰比降低，骨料粒径减小，透水混凝土透水系数明显下降。

试验研究表明，透水混凝土抗压强度与骨料粒径有着密切关系。随骨料尺寸的增大，其抗压强度下降的较多，大粒径骨料的透水混凝土抗压强度下降主要是因为骨料粒径大，骨料颗粒之间的咬合点减少，由此产生的交合摩擦力及其与水泥浆体的黏结力减小，因此，对有一定力学性能要求的透水混凝土，应选择合适的骨料粒径。

2. 力学性能和透水系数关系

一般透水砖由底层和面层两层组成，透水砖的透水系数最直接的影响因素为材料的孔隙率。面层材料一般均采用 2.36~4.75 毫米的单粒径骨料，透水性能比较好，因此透水砖的整体透水性能主要取决于底层材料的透水性能。通过分析，透水砖的抗压强度与透水砖面层水泥用量关系密切，随着面层水泥用量的增加，透水砖的抗压强度也不断提高，而其透水能力却降低。透水砖抗压强度与面层水泥用量的关系对于透水人行道面砖，最关键的控制指标为抗压强度和透水系数，两者是一对矛盾体，如何协调两者的关系是生产控制的重点。通过实验测试，对于透水砖性能来说，要满足透水系数 ≥ 1.0×10 厘米/秒的要求，低层材料的空隙率至低要达到 28%；根据透水砖检测指标来看，要满足透水系数指标时的抗压强度应控制在 21 兆帕以下。因此根据分析，对透水砖所用原材料的骨料当量指标应控制在 70% 以上，面层水泥用量建议不大于 25%。

### 9.3.5　工程实例

福建省泉州市建设局组织有关专家编写了《预制混凝土透水路面砖铺设施工工法》，并着手指导了几项示范工程，均取得很好的效果，达到了预期目的。该项目技术可大量消化建筑业废弃混凝土，所产生的透水路面砖可广泛应用于城乡工业与民用建筑的厂区、庭院、人行道及停车场等，对补充地下水资源、减轻城市"热岛效应"和道路积水具有积极作用，社会效益非常显著，是一种值得推广的环保型建筑材料，市场前景广阔。

## 9.4　建筑垃圾在水泥生产中的应用

目前，国内外对建筑垃圾再利用的研究主要集中在再生骨料及再生混凝土等方面。建筑垃圾回收利用时要经过破碎、清洗、分级等操作工序，不能全成分地利用。另一方面，水泥工业是自然资源和能源的消耗大户，也是多种固体废弃物的消纳大户。为了提高建筑垃圾再生利用效果，水泥混合材是建筑垃圾全成分资源化利用的新途径。本节主要介绍国内建筑垃圾在水泥生产中应用所做的部分研究。

### 9.4.1　建筑垃圾用于水泥生产的可行性

水泥粉磨过程中往往掺入某些非煅烧的材料作为水泥替代材料或添加材料，这些添加材料称为水泥混合材料，它们一般为矿渣或其他工业废料。混合材料的掺入具有降低水泥生产成本，提高经济效益，调节水泥强度，改善水泥的凝结、流变、力学和耐腐蚀等性能的作用，以满足不同的工程建筑质量要求。

水泥活性混合材的本质特征是具有直接或潜在的水化活性，即其组成中含有与水接触或在一定的激发条件下能发生水化反应形成胶凝性水化产物的相应组分，这是寻求和开发水泥混合材的基本出发点。废弃混凝土中含有部分未水化的水泥熟料颗粒，它们经再次粉磨细化后成为细颗粒，具有一定的水化活性。此外，骨料制备和水泥粉磨过程中的机械力作用导致粉体产生大量的新生表面，提高了二氧化硅与水泥熟料间的水化反应活性。因此，废弃混凝土骨料分离后的硬化水泥浆体作为水泥混合材在理论上是可行的。

### 9.4.2　建筑垃圾作为水泥混合材的试验研究

建筑垃圾在水泥生产中的利用，节省了土地资源，降低了能耗，解决了垃圾排放问题，变废为宝，符合国家可持续发展战略，利国利民，也为解决水泥生产提供了原料。烟台大学研究了利用不同成分的建筑垃圾作为混合材生产水泥。实验表明，当废砖或废混凝土掺量小于 15% 时，可生产 42.5R 或 42.5 普通硅酸盐水泥。

1. 原材料与试验方法

（1）原材料

1）建筑垃圾：烟台市某旧建筑物的拆除物，主要是粘有砂浆的废砖块、废混凝土和其他渣土。其化学组成见表 9-1。

表 9-1　建筑垃圾主要化学成分（%）

| 项目 | SiO$_2$ | Al$_2$O$_3$ | Fe$_2$O$_3$ | CaO | MgO | SO$_3$ | 总计 |
|---|---|---|---|---|---|---|---|
| 废砖 | 74.46 | 11.49 | 3.61 | 4.38 | 1.09 | 0.76 | 95.79 |
| 废混凝土 | 57.11 | 9.09 | 3.72 | 22.48 | 3.49 | 0.60 | 96.49 |

2）水泥与水泥熟料：烟台东源水泥有限公司生产的 42.5R 普通硅酸盐水泥性能见表 9-2。该厂的 42.5 硅酸盐水泥熟料，经试验球磨机粉磨 45 分，细度为 0.08 毫米方孔筛筛余 7.7%，加入 5% 二水石膏后的性能见表 9-2。

表 9-2　水泥及熟料的主要性能

| 材料种类 | 凝结时间（min） | | 安定性 | 抗折强度（MPa） | | 抗压强度（MPa） | |
|---|---|---|---|---|---|---|---|
| | 初凝 | 终凝 | | 3 d | 28 d | 3 d | 28 d |
| 水泥 | 125 | 200 | 合格 | 5.55 | 7.91 | 29.5 | 55.6 |
| 水泥熟料 | 115 | 210 | 合格 | 6.10 | 8.60 | 31.9 | 57.14 |

3）石膏：工业用二水石膏，SO$_3$ 含量 42.3%。

4）标准砂：国产 ISO 水泥胶砂强度检验标准砂。

（2）试验方法

试验按照水泥生产的方法进行，将建筑垃圾作为水泥混合材与水泥熟料、二水石膏按照设计的配合比共同粉磨制成水泥，然后测定该水泥的强度及其他性能指标。胶砂强度按《水泥胶砂强度检验方法（ISO 法）》（GB/T 17671—1999）进行检测，水泥细度、凝结时间、安定性等指标分别按相应的国家标准进行检测。

考虑到废砖与废混凝土性质有差异，所以试验将两者分开，分别探讨对水泥性能的影响。首先，将废砖与废混凝土分别经颚式破碎机破碎至小于 15 毫米，然后按配合比在实验室试验球磨机中进行粉磨，细度控制在 0.08 毫米方孔筛筛余 7.8% 左右。

## 2. 试验结果与分析

试样的设计配合比及强度试验结果见表 9-3。

表 9-3　建筑垃圾不同掺量与强度的关系

| 试验编号 | 式样配比（%）废混凝土：熟料：石膏 | 水灰性 | 抗折强度（MPa） | | | 抗压强度（MPa） | | |
|---|---|---|---|---|---|---|---|---|
| | | | 3 d | 7 d | 28 d | 3 d | 7 d | 28 d |
| A-1 | 10：85：5 | 0.5 | 4.67 | 7.58 | 8.36 | 26.76 | 34.48 | 55.36 |
| A-2 | 15：80：5 | 0.5 | 4.41 | 7.35 | 8.02 | 22.28 | 30.96 | 52.93 |
| A-3 | 20：75：5 | 0.5 | 4.49 | 6.53 | 7.52 | 21.36 | 22.92 | 45.12 |
| A-4 | 25：70：5 | 0.5 | 4.11 | 6.84 | 7.85 | 19.68 | 19.80 | 39.80 |
| A-5 | 30：65：5 | 0.5 | 3.50 | 5.52 | 6.78 | 14.64 | 18.32 | 29.56 |

| 试验编号 | 式样配比（%）废砖：熟料：石膏 | 水灰性 | 抗折强度（MPa） | | | 抗压强度（MPa） | | |
|---|---|---|---|---|---|---|---|---|
| | | | 3 d | 7 d | 28 d | 3 d | 7 d | 28 d |
| B-1 | 10：85：5 | 0.5 | 4.22 | 5.42 | 8.58 | 21.11 | 27.10 | 53.19 |
| B-2 | 15：80：5 | 0.5 | 3.92 | 5.11 | 7.39 | 19.60 | 25.65 | 47.29 |
| B-3 | 20：75：5 | 0.5 | 3.46 | 4.53 | 7.66 | 17.30 | 23.55 | 40.30 |
| B-4 | 25：70：5 | 0.5 | 3.41 | 4.71 | 6.82 | 17.05 | 22.55 | 37.10 |
| B-5 | 30：65：5 | 0.5 | 2.87 | 3.92 | 6.23 | 14.35 | 19.60 | 31.15 |

从表 9-3 可见，当建筑垃圾掺量在 10% 时，试样强度与 42.5R 普通硅酸盐水泥强度基本相当；掺量为 15% 时，也能够达到 42.5 普通硅酸盐水泥的强度要求，所以从胶砂强度指标来看，建筑垃圾可以作为水泥混合材。但随着建筑垃圾掺量的增大，试样强度下降较大，特别是抗压强度下降更为明显，表明在大掺量使用建筑垃圾时，应采取一定的措施，如提高水泥细度、加入激发剂等，否则当掺量为 25% 时，只能生产 32.5 级硅酸盐水泥。

另外，还可以看出掺废混凝土的试样各龄期强度普遍高于掺废砖的试样，特别是早期强度差距更为明显，当掺量为 15% 时，A-2 试样仍能达 42.5R 普通硅酸盐水泥的要求，而 B-2 由于早期强度较低只能达到 42.5 普通硅酸盐水泥的要求。原因在于，与废砖相比，废弃混凝土骨料分离后的物料（细骨料和硬化水泥浆体的混合物）中除 $SiO_2$ 含量较高外，其他化学组成还具有直接的水硬性，也具有潜在的水硬性。

利用建筑垃圾生产水泥，除胶砂强度满足要求外，还应进行凝结时间、安定性等性能检测，结果见表 9-4。水泥凝结时间随着建筑垃圾掺量的增加而延长，废砖试样凝结时间较废混凝土试样长。各试样的凝结时间、安定性均符合水泥的国家标准要求。

表 9-4　水泥其他性能的检测结果

| 试样编号 | 凝结时间（min） | | 安全性 |
| --- | --- | --- | --- |
| | 初凝 | 终凝 | |
| A-1 | 163 | 242 | 合格 |
| A-3 | 177 | 243 | 合格 |
| A-5 | 185 | 265 | 合格 |
| B-1 | 194 | 279 | 合格 |
| B-3 | 200 | 282 | 合格 |
| B-5 | 222 | 285 | 合格 |

建筑垃圾作为水泥混合材是可行的，其掺量与建筑垃圾粉体的组成、性能及水泥熟料的质量有关，一般情况下，建筑垃圾粉体的产量为 10% ~ 15%。利用建筑垃圾生产水泥，不改变水泥厂原来的生产工艺，利用废物降低了生产成本，技术上可行，经济上合理，在建设节约型社会、大力发展循环经济的今天有着广阔的应用前景。

# 9.5　建筑垃圾在人工造景工程中的应用

利用建筑垃圾进行人工造景不是建筑垃圾资源化利用的最好途径，但是，对于建筑垃圾资源化利用水平较低和不具备高效资源化的城市来说，也是建筑垃圾处理的一种有效途径。

## 9.5.1　建筑垃圾在人工造景中利用的可行性

### 1. 实用性

建筑垃圾很难分解，堆放填埋又会占用有限的土地资源。可以利用建筑垃圾堆山，经过绿化处理，还可吸纳浮尘和噪声，既能减少污染，又能美化环境，为市民提供休闲好去处。对于没有山的城市，如果用建筑垃圾堆山，可以把处理垃圾与美化环境结合起来。利用建筑垃圾堆山造景，既有利于处理建筑垃圾，为建设节约型社会做贡献；也可以修建出比较好的市民休闲娱乐或者健身的场所，这是两全其美的事情。

绿化是堆山造景工程的重要内容之一，应该充分考虑气候因素和园内地形、土壤、工期等条件，合理分区，科学应用抗旱、抗碱等植物营造乔、灌、草复层结构，利于形成远期动态的生物平衡，达到最好的生态效益，保证可持续发展。一个地区的绿化覆盖率每提高 10%，该地区的温度便能降低 2 ℃；水面和绿地蒸发的大量水分，可使周边地区的相对湿度提高 10%。这对改善周边地区的环境具有重要作用。

2. 经济性

有效处置城市建筑垃圾，变废为宝，增加财政收入。人工造景计划的另一个亮点是用废弃物作为人工堆山的填充材料。例如郑州城市建设和拆迁改造等产生的巨量垃圾，成为占据城市空间的累赘。所以，从经济的角度考虑，人工造景还是很有利的。

### 9.5.2　利用过程中所遇到的技术难题及解决方法

1. 改善建筑垃圾山土壤结构

建筑垃圾山建成后，周围绿化、美化是必不可少的。但是建筑垃圾山上的土壤多被建筑垃圾污染。这些污染物主要是砖头、石灰、水泥、沙子及石块等，使土壤变为碱性，土壤结构不适合植物生长，如果不更换土壤，一般的园林植物都很难生长。目前解决绿化问题采用人工更换土壤的方法，例如就地挖坑掘湖，取出土来覆盖于垃圾山之上，可以改变建筑垃圾山上的土壤结构，适合植物生长。

2. 选择合适的浇灌方法

新栽植物需要充足的地表水，但如果仅靠人工供水，建筑垃圾山绿化需很长时间才能把山上所有绿地浇上一遍，会导致严重的供水不足。若是真正的土山，厚实的土层可以保水，浇足一遍水，能维持植物生长较长一段时间。但是建筑垃圾山土层不厚，松软，水分在这样的土层中下渗速度很快，而下面就是空隙很多、海绵一样的碎渣乱石。植物的根系没及时把水分吸足，土层中的水就渗漏了，植物再要吸水，要等到下次灌溉；加上人工灌溉给水不匀，总有浇灌不足或不到的地方，结果是某些缺水地方旱情更重。

更严重的是，橡胶水管人工浇灌，水大的地方、特别是在坡地上，容易出现径流，细小径流不断地将土壤带走，甚至能让土壤成块成片的滑坡、塌落。大量黄土被冲下山坡导致植被不能生长，坡地上土壤被冲下山坡，暴露出建筑垃圾。要解决难题，可以在灌溉上引进国际先进技术，例如美国的地上自动喷灌系统和地下滴灌系统，或者以色列的小流量微喷技术和小流量地表滴灌技术。运用中央计算机控制系统，根据人工堆山的特殊环境，对不同形态的山体、不同的等高线和各种不同的植物，乃至不同季节，予以不同方式、不同灌水强度的精准灌溉。

# 参考文献

[1] [日] 废弃物学会. 废弃物手册 [M]. 金东振, 金晶立, 金永民, 等, 译. 北京: 科学出版社, 2004.

[2] 刘贵文, 陈露坤. 香港建筑垃圾的管理及对内地城市的启示 [J]. 生态经济, 2007 (2): 227-230.

[3] 石峰, 宁利中, 刘晓峰, 等. 建筑固体废物资源化综合利用 [J]. 水资源与水工程学报, 2007, 18 (5): 39-41.

[4] 刘数华, 冷发光. 再生混凝土技术 [M]. 北京: 中国建材工业出版社, 2007.

[5] 杜婷, 李慧强. 强化再生骨料混凝土的力学性能研究 [J]. 混凝土与水泥制品, 2003 (2): 18-22.

[6] 肖建庄. 再生混凝土 [M]. 北京: 中国建筑工业出版社, 2008.

[7] 王罗春, 赵由才. 建筑垃圾处理与资源化 [M]. 北京: 化学工业出版社, 2004.

[8] 李秋义. 建筑垃圾资源化再生利用技术 [M]. 北京: 中国建材工业出版社, 2011.

[9] 毋雪梅, 杨久俊, 黄明. 建筑垃圾磨细粉作矿物掺合料对水泥物理力学性能的影响 [J]. 新型建筑材料, 2004 (4): 16-18.

[10] 张长森, 祁非. 建筑垃圾作水泥混合材的试验研究 [J]. 环境污染治理技术与设备, 2004 (9): 41-43.

[11] 何池全, 智光源, 钱光人. 建筑垃圾制作植被生态混凝土的实验研究 [J]. 建筑材料学报, 2007 (5): 592-593.

[12] 梁修勇. 建筑垃圾的回收利用 [J]. 安徽科技, 2007 (11): 49.

[13] 王武祥. 粉煤灰改性再生废砖骨料混凝土性能的研究 [J]. 建筑砌块与砌块建筑, 2007 (1): 12-14.

[14] 李云霞, 李秋义, 赵铁军. 再生骨料与再生混凝土的研究进展 [J]. 青岛理工大学学报, 2005 (5): 16-19.

[15] 李秋义, 王志伟, 李云霞. 加热研磨法制备高品质再生骨料的研究 [C]. 智能与绿色建筑文集. 北京: 中国建筑工业出版社, 2005.

[16] 邢振贤, 周曰农. 再生混凝土的基本性能研究 [J]. 华北水利水电学

院学报，1998，19（2）：30-32.

[17] 肖建庄，李佳彬，孙振平，等. 再生混凝土的抗压强度研究［J］. 同济大学学报，2004，32（12）：1 558-1 561.

[18] 杜婷，李惠强，吴贤国. 再生混凝土的研究现状和存在问题［J］. 建筑技术，2003（2）：133-135.

[19] 王武祥，刘立，尚礼忠，等. 再生混凝土集料的研究［J］. 混凝土与水泥制品，2001（4）：9-12.

[20] 宋瑞旭，万朝均，王冲，等. 高强度再生骨料和再生高性能混凝土试验研究［J］. 混凝土，2003（2）：29-31.

[21] 邱怀中，何雄伟，万惠文，等. 改善再生混凝土工作性能的研究［J］. 武汉理工大学学报，2003（12）：34-37.

[22] 孙跃东，肖建庄. 再生混凝土骨料［J］，混凝土，2004（6）：33-36.

[23] 邢锋，冯乃谦，丁建彤. 再生骨料混凝土［J］. 混凝土与水泥制品，1999（2）：10-13.

[24] 肖开涛. 再生混凝土的性能及其改性研究［D］. 武汉：武汉理工大学，2004.

[25] 苏达根. 土木工程材料［M］. 2版. 北京：高等教育出版社，2008.

[26] 李秋义，全洪珠，秦原. 再生混凝土性能与应用技术［M］. 北京：中国建材工业出版社，2010.

[27] 庄广志. 再生骨料砂浆性能的研究［D］. 哈尔滨：哈尔滨工业大学，2009.

[28] 郑子麟. 再生细骨料的制备及其在砂浆和混凝土中的应用研究［D］. 广州：华南理工大学，2014.

[29] 史巍，侯景鹏. 再生混凝土技术及其配合比设计方法［J］. 建筑技术开发，2001（8）：18-20.

[30] 余乃宗，刘卫东，陈冲. 再生细骨料砂浆配合比优化分析［J］. 混凝土，2015（9）：116-118.

[31] 俞淑梅. 水化硅酸钙脱水相及其再水化特性研究［D］，武汉：武汉理工大学，2012.

[32] 中国建筑科学研究院，青建集团股份公司. 再生骨料应用技术规程［S］. 北京：中国建筑工业出版社，2011.

[33] 赵桂云. 混凝土再生粉体基本性能及其活性技术［D］. 徐州：中国矿业大学，2014.

［34］ 孔哲，李秋义，郭远新，等. 再生粉体对砌筑砂浆性能的影响 ［J］. 铁道建筑，2015（12）：142-146.

［35］ 于显强，建筑垃圾再生细粉用于保温砂浆的研究 ［D］，北京：北京建筑大学，2014.

［36］ 孙惠镐. 混凝土小型空心砌块生产技术 ［M］. 北京：中国建材工业出版社，2001.

［37］ 于伯林，俞海勇，黄迎春，等. 用建筑渣制造砌块配比和性能研究 ［J］. 砖瓦世界，2006（7）：39-42.

［38］ 郝彤，刘立新，李春跃. 再生混凝土多孔砖（碎混凝土）的配合比优化设计 ［J］. 河南科学，2006，24（3）：393-395.

［39］ 肖建庄，王幸，黄键，等. 再生混凝土空心砌块受压性能分析 ［J］. 住宅科技，2005（12）：32-35.

［40］ COLLINS R J, HARRIS D J, MILLARD S G. Blocks with recycled aggregate: beam and block floors. BBR Report IP 14/98, Building Research Establishment, United Kingdom, 1998.

［41］ JONES N, SOUTSOS M N, MILLARD S G, et al. Developing precast concrete products made with recycled construction and demolition waste ［J］. Limbachiya M C, Roberts J J. Proceedings of the international conference on sustainable waste management and recycling: construction demolition waste, London Kingston University, 2004：133-140.

［42］ POON C S, KOU S C, LAM L. Use of recycled aggregates in molded concrete bricks and blocks ［J］. Construction and Building Material, 2002（5）：281 -289.

［43］ 袁运法，张利萍. 建筑垃圾生产混凝土小型空心砌块试验研究 ［J］. 河南建材，2001（3）：9-10.

［44］ 唐晓翠. 利用再生骨料生产混凝土空心节能砌块试验研究 ［J］. 新型建筑材料，2006（8）：15-18.

［45］ 周贤文. 再生骨料混凝土空心砌块的试验研究 ［J］. 混凝土，2007（5）：89-91.

［46］ PADRON I, ZOLLO R F. Effect of synthetic fibers on volume stability and cracking of Portland cement concrete and mortar ［J］. ACI matcrials Journal, 1990, 87（4）：327 -332.

［47］ MINDESS S, VONDRAN G. Properties of concete reinforced with fibrillated polypropylene fibres under under impact loading［J］. Cement Concrete Research，1988，18（1）：109-115.

［48］ALHOZAIMY A M, SOROUSHIAN P, MIRZA F. Mechanical properties of polypropylene fiber reinforced concrete and the effects of pozzolanic materials［J］. Cement and Concrete Composites，1996，18（2）：85-92.

［49］吴自强. 新型墙体材料［M］. 武汉：武汉理工大学出版社，2002.

［50］邢振贤，刘利军，赵玉青，等. 碎砖骨料再生混凝土配合比研究［J］. 再生资源研究，2006（2）：38-40.

［51］CHI SUN POON, DIXON CHAN. Paving blocks made with recycled concrete aggregate and crushed clay brick［J］. Construction and Building Materials，2006（20）：569-577.

［52］常庆芬. 建筑垃圾砖与混凝土空心砌块的对比分析［J］. 建材技术与应用，2007（7）：25-26.

［53］王守谦，张耀成. 空心砌块混凝土中水的作用及对砌块性能的影响［J］. 山西建筑，2004（11）：99-100.

［54］崔琪，姚燕，李清海. 新型墙体材料［M］. 北京：化学工业出版社，2005.

［55］盛强敏，陈胜霞，周皖宁，等. 非承重用混凝上多孔（空心）砖耐久性能的检测与分析［J］. 建筑砌块与砌块建筑，2006（5）：35-38.

［56］李从典. 利用废渣生产新墙材［J］. 砖瓦世界，2005（2）：14-16.

［57］张继绍，张燕祁. 谈高掺量高强度粉煤灰蒸压砖生产前景［J］. 粉煤灰综合利用，2004（5）：46-47.

［58］李升宇，张明华，刘纪者，等. 高性能高掺量粉煤灰蒸压砖的研究和应用［J］. 砖瓦，2004（7）：15-17.

［59］李国强. 综合利用粉煤灰和工业废料的有效途径［J］. 粉煤灰，2003（6）：44-46.

［60］周理安. 建筑垃圾再生砖制备技术及其性能研究［D］. 北京：北京建筑工程学院，2010.

［61］吴自强，张季. 废旧塑料的处理工艺［J］. 再生资源研究，2003（2）：10-13.

［62］鲁青. 欧洲废塑料回收利用［J］. 国际化工信息，2003（11）.

［63］陈占勋. 废旧高分子材料资源及综合利用［M］. 北京：化学工业出版社，1997.

［64］ 徐静，孙可伟，李如燕．废旧塑料的综合利用［J］．再生资源研究，2004（1）：18-20.

［65］ ROBERT SMITH, Ren-JyeShiau. An Industry Evaluation of the Reuse, Recycling and Reduction of Spent CCA Wood Products［J］. Forest Products Journal, 1999, 48（28）：4-48.

［66］ 褚莲清，徐长法，杨卫英，等．垃圾固形燃料（RDF）技术及其应用［J］．环境卫生工程，2006，9（2）：79-81.

［67］ 陈盛建，高宏亮，余以雄，等．垃圾衍生燃料（RDF）的制备及应用［J］．节能与环保，2004（4）：27-29.

［68］ HO K, DOANE E P. Current evidence concerning coal chlorine and fireside corrosion in coal-fired PC and fluidized bed boilers［J］. Fuel and Energy Abstracts, 2002, 43（3）：203-204.

［69］ MCHAY G. DIOXIN characterization, formation and minimization during municipae solid waste（MSW）incineration：review［J］. Chemical Engineering Journal, 2002, 86（3）：343-368.

［70］ OSAKO M, KIM Y J, LEE D H. A pilot and fisld investigation on mobility Of PCDDs/PPCDFs in landfile site with municipal solid waste incineration residue［J］. Chemosphere, 2002, 48（8）：846-856.

［71］ ［日］新井纪男．燃烧生成物的发生与抑制技术［M］．赵黛青，赵哲石，王昶，等，译．北京：科学出版社，2001.

［72］ 宋志伟，吕一波，梁洋，等．新型复合垃圾衍生燃料的制备及性能分析［J］．环境工程学报，2007，1（6）：114-117.

［73］ 郭小汾．垃圾衍生燃料（RDF）洁净燃烧技术的基础性研究［D］．太原：太原理工大学，2000.

［74］ 许海峰．关于建筑垃圾在市政工程中应用的探讨［J］．民营科技，2008（6）.

［75］ 刘建．西安市建筑垃圾替换二灰碎石基层中部分石料的研究［D］．西安：长安大学，2006.

［76］ 交通部公路科学研究院．公路工程无机结合料稳定材料试验规程［S］．北京：人民交通出版社，2009.

［77］ 交通部公路科学研究所．公路工程集料试验规程［S］．北京：人民交通出版社，2000.

［78］ 王振．高等级公路二灰碎石集料级配和综合路用性能研究［D］．西

安：长安大学，2004.

[79] 赵鸣，吴广芬．不同建筑垃圾作水泥混合材的试验研究［J］．烟台大学学报：自然科学与工程版，2008，21（2）：153-155.

[80] 赵福颖，赵薇，石丽艳．用建筑垃圾砖生产水泥［J］．辽宁建材，2006（2）．

[81] 马保国，郝先成，蹇守卫，等．建筑垃圾中细粉料的活性研究［J］．新型建材与施工技术，2006（4）：9-12.

[82] 吕雪源，张健，李秋义．再生微粉混凝土渗透性实验研究［J］．商品混凝土，2009（3）．

[83] 庄占龙，张云波，严捍东，等．改性材料对混凝土空心砌块性能的影响［J］．建筑砌块与砌块建筑，2006（6）：7-9.

[84] 朱锡华．利用建筑垃圾生产轻质砌块［J］．砖瓦，2001（4）：41-42.

[85] 肖建庄，王幸，胡永忠，等．再生混凝土空心砌块砌体受压性能［J］．结构工程师，2006（3）：68-71.

[86] 朱剑锋．再生混凝土条板应用研究［D］．上海：同济大学，2006.